Prüfungssituationen
Energie- und Gebäudetechnik

Herausgegeben von Wolfgang E. Schmidt

Ulrich Eberle
Matthias Körber
Friedrich Lauterbach
Matthias Link
Dr. Dieter Postl
Kurt Rebennack
Detlev Röpke
Michael Schmitt

2., durchgesehene Auflage

Handwerk und Technik – Hamburg

Impressum

Die Normblattangaben werden wiedergegeben mit Erlaubnis des DIN Deutsches Institut für Normung e. V. und des VDE Verband Elektrotechnik Elektronik Informationstechnik e. V. Maßgebend für das Anwenden der Norm ist deren Fassung mit dem neuesten Ausgabedatum.

DIN-Normen sind erhältlich beim Beuth Verlag GmbH, Burggrafenstraße 6, 10787 Berlin
DIN VDE-Normen sind erhältlich beim VDE Verlag GmbH, Bismarckstraße 33, 10625 Berlin

ISBN 3-582-**36712**-9

Das Werk und seine Teile sind urheberrechtlich geschützt. Jede Nutzung in anderen als den gesetzlich zugelassenen Fällen bedarf der vorherigen schriftlichen Einwilligung des Verlages.
Hinweis zu § 52 a UrhG: Weder das Werk noch seine Teile dürfen ohne eine solche Einwilligung eingescannt und in ein Netzwerk eingestellt werden. Dies gilt auch für Intranets von Schulen und sonstigen Bildungseinrichtungen.
Die Verweise auf Internetadressen und -dateien beziehen sich auf deren Zustand und Inhalt zum Zeitpunkt der Drucklegung des Werks. Der Verlag übernimmt keinerlei Gewähr und Haftung für deren Aktualität oder Inhalt noch für den Inhalt von mit ihnen verlinkten weiteren Internetseiten.

Verlag Handwerk und Technik GmbH,
Lademannbogen 135, 22339 Hamburg; Postfach 63 05 00, 22331 Hamburg – 2011
E-Mail: info@handwerk-technik.de – Internet: www.handwerk-technik.de

Computersatz: comSet Helmut Ploß, 21031 Hamburg
Druck: Offizin Andersen Nexö Leipzig, 04442 Zwenkau

Vorwort

Lernfeldorientierter Unterricht und auftragsorientierte Ausbildung erfordern eine Leistungskontrolle, die den Verhältnissen der betrieblichen Praxis angepasst ist.

Diesem Anspruch will die vorliegende Aufgabensammlung genügen. Sie soll die Auszubildenden vor der Gesellen- und Facharbeiterprüfung damit vertraut machen, wie projektorientierte Prüfungsaufgaben gestellt sein können. Lehrern und Ausbildern möchte sie Anregungen für die Ausarbeitung von auftragsorientierten Prüfungen geben. So können den Auszubildenden Lösungsstrategien für den späteren Berufsalltag vermittelt werden.

Der Aufbau der „Prüfungssituationen" ist realen Aufträgen und Abläufen in Elektrobetrieben ähnlich. Die geforderten Lösungen setzen Qualifikationen voraus, die die Auszubildenden in ihrer Lehrzeit erworben haben müssen, um den Anforderungen eines Gesellen im Beruf zu genügen.

Die zur Lösung erforderlichen Vorgaben sind stets im Aufgabentext und in Hinweisen im Buch enthalten. Nützliche Zusatzinformationen, Erleichterungen zur Lösungsabwicklung oder Datenblätter von Bauteilen und Geräten, sind auf der beigefügten CD zu finden. Diese Zusatzinfos unterstützen eine hohe Flexibilität und Variabilität bei der Aufgabenstellung, entsprechend dem Kenntnisstand der Auszubildenden. Während für manche bereits die Erstellung einer Materialliste ein Lösungserfolg ist, sind andere in der Lage, komplexe Anforderungen zu bewältigen und nutzen eben jene Materialliste lediglich als Vorgabe dafür.

Die Verfasser geben mit diesem Prüfungsbuch Auszubildenden, Ausbildern und Lehrern die Möglichkeit, mit geringen Änderungen in den Vorgaben, eine große Vielfalt an Schwierigkeitsgraden, Anspruchsniveaus zu wählen und so die Qualifikation der Prüflinge wie auch deren Grenzen auszutesten.

Die angegebenen Lösungen beziehen sich immer auf die Vorgaben in den Aufgabenstellungen und in den Anlagen. Die Lösungszeiten können durch Hinzufügen oder Weglassen von Vorgabedaten beeinflusst werden.

Für eine möglichst weitgehende Übereinstimmung der geprüften Qualifikationen mit den beruflichen Anforderungen an Gesellen, werden ausschließlich Aufgaben aus der Betriebspraxis gestellt.

Fachkunde, Tabellenbuch, Formelsammlung oder Firmenkataloge sind in vielen Fällen hilfreich, in der Regel aber neben Buch und CD nicht erforderlich.

Wir wünschen Ihnen viel Erfolg bei der Arbeit mit den „Prüfungssituationen" und sind dankbar für Hinweise und Anregungen.

Die Verfasser

Inhaltsverzeichnis

		Aufgabe Seite	Lösung Seite	Für die Lernfelder
1	**Planen der Elektroinstallation einer Kfz-Werkstatt**	**9**		1, 2, 3
1.1	Installation	10	13	
1.2	Steuerungstechnik	10	16	
1.3	Sensorik der Belüftungsanlage	12	17	
1.4	Überprüfen der Elektroinstallation und Anlagenübergabe an den Kunden	12	18	
2	**Anschließen und Integrieren eines Anlassofens in einer Maschinenwerkstatt**	**19**		1, 2, 5, 7, 10
2.1	Dimensionierung der Anschlussleitung	20	22	
2.2	Auswählen eines RCD	20	25	
2.3	Auslegung der Beleuchtungsanlage in der Werkstatt	21	25	
3	**Modernisieren und Erweitern eines Internetcafés**	**27**		1, 2, 3, 4, 5, 6, 7, 10, 12
3.1	Erneuern der Elektroinstallation in der Küche	28	35	
3.2	Zeichnen des Stromlaufplans	28	35	
3.3	Bereitstellen der Energieversorgung für sechs PC-Plätze	28	36	
3.4	Erstellen einer Materialliste für die Energieversorgung der PCs	29	37	
3.5	Überprüfen der Anlagensicherheit	29	37	
3.6	Energiekostengegenüberstellung von zwei Elektrogeräten	29	37	
3.7	Planen der Zuleitung zu einer Espressomaschine	30	38	
3.8	SPS-Programm für eine Markisensteuerung (Sonnenschutz)	30	39	
3.9	Energieverteiler im Internetcafé	30	41	
3.10	Auswahl des Antriebmotors für die Markise 1	31	42	
3.11	Berechnen der Leuchtenanzahl für die Küche	32	43	
3.12	Materialliste für das PC-Netzwerk	32	44	
3.13	Beschalten einer Einbruchmeldezentrale	32	44	
3.14	Fehlerbeseitigung bei der Inbetriebnahme	34	46	
3.15	Prüfung des Isolationswiderstandes	34	46	
4	**Sanieren der Flutlichtanlage für einen Waldsportplatz**	**47**		3, 10, 11, 12, 13
4.1	Feststellen und Beurteilen des Zustandes der Flutlichtanlage	48	51	
4.2	Entwickeln von Sanierungsvorschlägen mit Kostenabwägung	48	53	
4.3	Erstellen einer Materialliste mit Angabe der Materialkosten	48	54	

Inhaltsverzeichnis

		Aufgabe Seite	Lösung Seite	Für die Lernfelder 1 2 3 4 5 6 7 8 9 10 11 12 13
5	**Modernisieren einer Treppenhausbeleuchtung**	**55**		■ ■ ■
5.1	Installation	56	59	
5.2	Steuerungstechnik	57	64	
5.3	Überprüfen der Elektroinstallation und Auftragsübergabe an den Kunden	58	66	
6	**Beleuchtungs- und Lüftungssteuerung mit KNX**	**67**		■ ■ ■ ■
6.1	Blockschaltbild der gesamten Steuerung	69	71	
6.2	Programmieren des Nachlaufs	69	75	
6.3	Programmeinrichtung für KNX-Teilnehmer	70	75	
6.4	Dimmen von Niedervoltlampen	70	75	
6.5	Bereichstrennung	70	75	
7	**Füllstandsregelung an einem Hochbehälter**	**76**		■ ■ ■ ■
7.1	System- und Funktionsanalyse	76	81	
7.2	Systementwurf	78	81	
8	**Einbau der Steuerung einer Dunstabzugshaube**	**83**		■ ■ ■ ■ ■
8.1	Änderung der Installation einer Dunstabzugshaube	84	86	
8.2	Einbau des Sensors	85	86	
8.3	Umbau der Leuchtenschaltung der Dunstabzugshaube	85	87	
8.4	Beschreibung des physikalischen Prinzips des Sensors	85	88	
8.5	Entwurf des Schaltplans für die Steuerung	85	89	
9	**Fehlersuche in einer Wohnungsinstallation**	**90**		■ ■ ■ ■ ■
9.1	Beschreibung der physikalischen Prinzipien zur Suche von verlegten elektrischen Leitungen	93	94	
9.2	Leitungssuchgeräte im Internet	93	97	
9.3	Fehlerquellen für den aufgetretenen Defekt	93	99	
9.4	Vor- und Nachteile von Verbindungsklemmen	93	100	
10	**Erweiterung eines ISDN-Anschlusses auf DSL**	**102**		■ ■
10.1	Erstellen eines Installationsplans	104	105	
10.2	Beschreiben der Komponenten Splitter, Fritz!Box, WLAN-Stick	104	105	
10.3	Maßnahmen zur sicheren Datenübertragung bei WLAN	104	106	
10.4	Einsatz von DSL bei Analog- und ISDN-Anschlüssen	104	107	

Inhaltsverzeichnis

		Aufgabe Seite	Lösung Seite	Für die Lernfelder
11	Reparatur eines Kaffeevollautomaten	**108**		1 2 3 4 5 6 7 10 11
11.1	Beschreibung der systematischen Fehlersuche	109	110	
11.2	Gerätewartung	109	113	
11.3	Erstellen eines Kostenvoranschlags/Reparaturberichts	109	115	
11.4	Erstellen einer detaillierten Rechnung	109	116	
11.5	Einweisen des Kunden	109	117	
12	Planung einer DVB-S-Empfangsanlage (Digital Video Broadcasting-Satellite-Empfangsanlage)	**118**		2 3 4 7 10
12.1	Realisierungsvorschlag	119	121	
12.2	Übergabe an den Kunden	119	124	
12.3	Erweiterung der Anlage	119	124	
12.4	Fehlersuche	119	125	
13	Planung und Installation einer Breitbandkommunikations (BK)-Verteilanlage (DVB-C = (Digital Video Broadcasting-Cable)	**129**		2 3 4 7 10
13.1	Entwerfen einer Hausanlage für einen Kabelanschluss	130	131	
13.2	Aufbauen und Einpegeln der geplanten Anlage	130	132	
13.3	Übergabe der Anlage an den Kunden	130	133	
13.4	Beratung über eine mögliche Erweiterung	130	133	
13.5	Systematische Fehlersuche in einer Breitbandkommunikations-Verteilanlage	130	135	
14	Planung und Installation einer DVB-T-Empfangsanlage (Digital Video Broadcasting-Terrestric-Empfangsanlage)	**136**		2 3 5 7 10 12
14.1	Systematische Fehlersuche mit einem Messempfänger	137	138	
14.2	Wichtige Auswahlkriterien für digitales Fernsehen DVB-S, DVB-C und DVB-T	137	139	
14.3	Kundenberatung über Programmangebot, Verfügbarkeit und Ausbau des DVB-T-Sendernetzes	137	140	
14.4	Übergabe der Anlage und Unterweisung des Kunden in die Benutzerführung	137	143	
14.5	Installation einer DVB-T-Antenne	137	143	
15	Dimensionierung einer Solarstromanlage für Netzparallelbetrieb	**145**		6 11 12 13
15.1	Anzahl der Module ermitteln	145	147	
15.2	Generator anpassen/Wechselrichter prüfen	146	147	
15.3	Jahresertrag ermitteln	146	148	
15.4	Vergütung ermitteln	146	148	
	Quellenverzeichnis	149		
	Inhalt der CD	160		

1 Planen der Elektroinstallation einer Kfz-Werkstatt

LF				
	1	2	3	4
	5	6	7	8
9	10	11	12	13

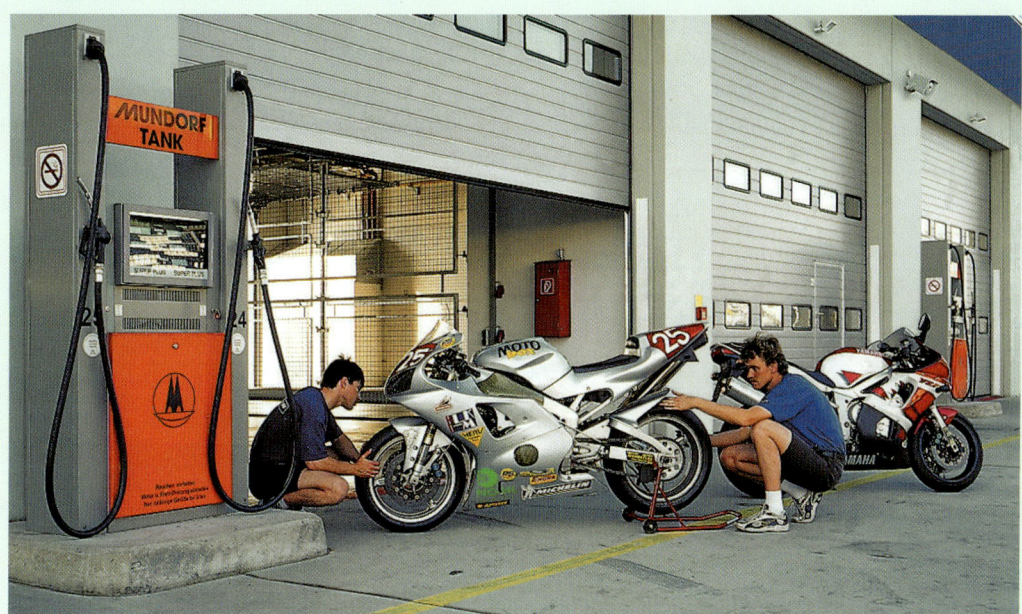

Diese Projektaufgabe ist für alle neu geordneten Elektroberufe geeignet.

Projektbeschreibung

Ein Architekturbüro beauftragt Ihre Firma mit der Planung der Elektroinstallationen für eine Kfz-Werkstatt. Die Kfz-Werkstatt wird neu errichtet und bietet Service- und Reparaturleistungen für Pkw und Motorräder an.
Sie werden mit der Planung der Elektroinstallationsarbeiten der Werkstatt (Raum 03) beauftragt. Ein Teil der Planung wurde bereits von dem Architekturbüro vorgenommen. Die geforderten Ausführungen werden in den nachfolgenden Aufgabenstellungen näher beschrieben. In Abb. 1.1 sind die Räume der Kfz-Werkstatt bezeichnet.

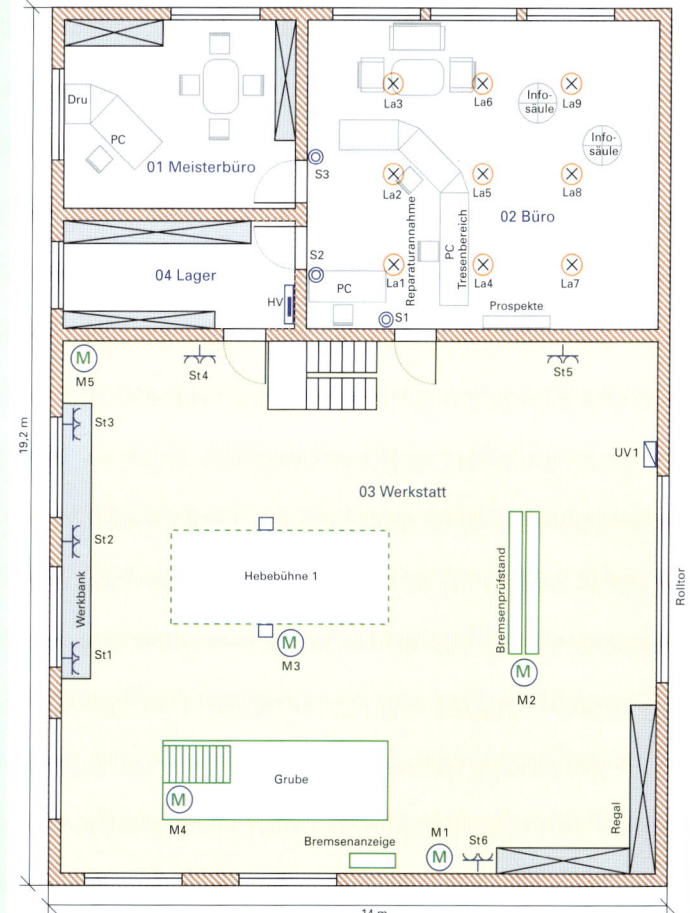

Abb. 1.1 Grundriss der Kfz-Werkstatt:
Raum 01: Meisterbüro
Raum 02: Büro/Reparaturannahme
Raum 03: Werkstatt
Raum 04: Lager

1 Planen der Elektroinstallation einer Kfz-Werkstatt

Elektrotechnische Angaben:
- Netzspannung: 400 V/230 V
- Schutzmaßnahme: TN-System mit Schutz durch RCD
- Die Einspeisung durch den VNB (Verteilungsnetzbetreiber) erfolgt über die Hauptverteilung (HV) 25 kW 400 V im Raum 04 (Lager).
- Die Unterverteilung (UV1) befindet sich in Raum 03 (Werkstatt).

Anschlussdaten ausgewählter Betriebsmittel in der Werkstatt

Strom-kreis-Nr.	Bezeichnung	Leistung P/kW	Anschluss-art	Leitung	Schutzorgan
1	M1 Hochdruckreiniger	4,50	CEE	NYM-J 5 x 2,5 mm^2	LS 20 A, Typ B, RCD
2	M2 Bremsanlage und Anzeige	5,44	direkt	NYM-J 5 x 2,5 mm^2	LS 20 A, Typ B
3	M3 Hydraulikpumpe (Hebebühne)	0,80	direkt	NYM-J 5 x 1,5 mm^2	LS 16 A, Typ B
4	M4 Hydraulikpumpe (Grube)	0,80	direkt	NYM-J 5 x 1,5 mm^2	LS 16 A, Typ B
5	M5 Reifenmontagegerät	1,00	CEE	NYM-J 5 x 1,5 mm^2	LS 16 A, Typ B, RCD

Anlagen A 1.1 und A 1.2 auf CD

Aufgaben

1.1 Installation

1.1.1 Führen Sie die Installationsplanung im Raum 03 (Werkstatt) für die Stromkreise 1 bis 5 durch. Zeichnen Sie dabei auf dem beigefügten Gebäudegrundriss (Anlage A 1.1) die benötigten Spannungsversorgungen für die Betriebsmittel M1 bis M5 ein. Es ist keine Leitungsführung einzuzeichnen.

1.1.2 Erstellen Sie einen Verteilerplan für die Stromkreise 1 bis 5 in einpoliger Darstellung in der Anlage A 1.2.

1.1.3 Eine Schutzkontaktsteckdose (230 V) wird im Raum 02 (Büro/Reparaturannahme) über eine 21 m lange NYM-Leitung angeschlossen. Über die Schutzkontaktsteckdose sollen „Verbraucher" mit maximal 3,6 kW versorgt werden. Die Verlegung der Leitung erfolgt in einem Elektroinstallationskanal. Die Umgebungstemperatur ist mit 30 °C anzunehmen. Für diesen Leitungsabschnitt ist ein Spannungsfall von 2,5 % zu berücksichtigen.
- Ermitteln Sie den erforderlichen Querschnitt der Leitung unter Berücksichtigung der maximalen Strombelastbarkeit sowie den notwendigen Leitungsschutzschalter.
- Überprüfen Sie den zulässigen Spannungsfall von 2,5 % auf der Leitung.
- Laut Herstellerangaben beträgt der Abschaltstrom im Kurzschlussfall des Leitungsschutzschalters $I_a = 5 \cdot I_N$. Überprüfen Sie, ob der Leitungsschutzschalter im Kurzschlussfall auslöst, wenn die Impedanz der Netzeinspeisung $Z_i \approx R_i = 0{,}2\ \Omega$ (induktive und kapazitive Einflüsse vernachlässigt) beträgt.

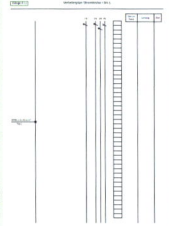

Anlage A 1.3 auf CD

1.2 Steuerungstechnik

Das in der Einfahrt der Werkstatt vorhandene Rolltor wird durch eine Relaissteuerung gesteuert. In Abb. 1.2 sind das Technologieschema und der Arbeitsstromkreis dargestellt.

1.2.1 Vervollständigen Sie den Steuerstromkreis in Anlage A 1.3. Ergänzen Sie auch die Bezeichnungen der vorhandenen Betriebsmittel.

Folgende Funktionen sollen durch die Relaissteuerung erfüllt sein:

Allgemein:
- Der Torantrieb schaltet bei Erreichen der Grenzpositionen automatisch ab.

Bedienung von außen:
- Beim Betätigen des Schlüsselschalters S4/S5 fährt das Tor entweder ganz nach oben oder ganz nach unten.
- S4/S5 müssen nur kurzzeitig betätigt werden.

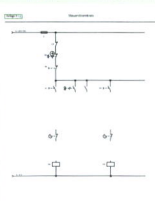

Aufgaben 1

Bedienung von innen:
- S1: Tor fährt aufwärts, nur kurzzeitige Betätigung notwendig
- S2: Tor fährt abwärts, nur kurzzeitige Betätigung notwendig
- S3: Torbewegung kann gestoppt werden, Tor verharrt in der augenblicklichen Position
- S0: Not-Aus

1.2.2 Die Rolltorsteuerung soll um zwei Funktionen erweitert werden und wird deshalb durch eine Kleinsteuerung (z. B. Siemens LOGO!) ersetzt.

Funktionserweiterung:
- Mit der Lichtschranke B3 soll das Einklemmen einer Person unter dem Rolltor verhindert werden. Befindet sich ein Objekt im Bereich der Lichtschranke, so liefert B3 ein log. „0"-Signal.
- bei Störungen (hier: Betätigen des Not-Aus-Tasters) leuchtet die Meldelampe P1.
- ■ Ergänzen Sie den Klemmenbelegungsplan in Anlage A 1.4 der Kleinsteuerung (Spannungsversorgung, Eingänge, Ausgänge).
- ■ Vervollständigen Sie den Funktionsplan der Kleinsteuerung in Anlage A 1.5.

Anlagen A 1.4 und A 1.5 auf CD

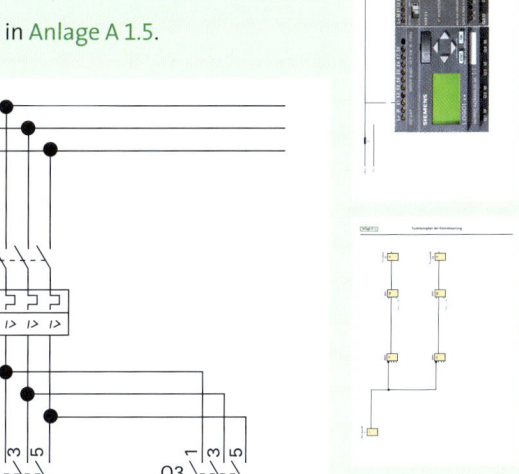

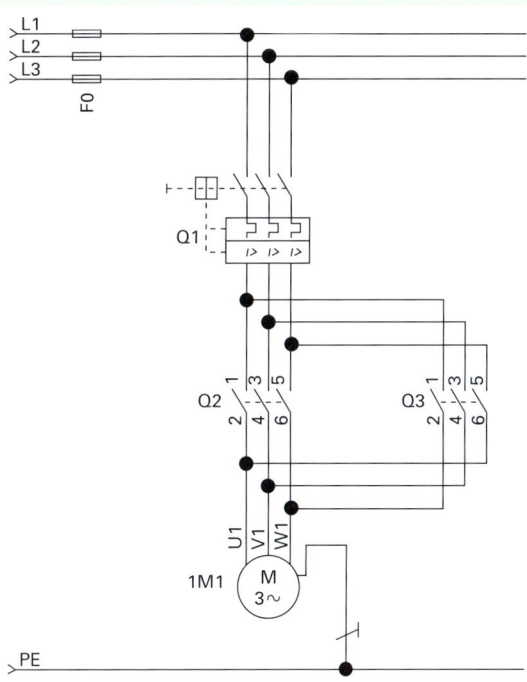

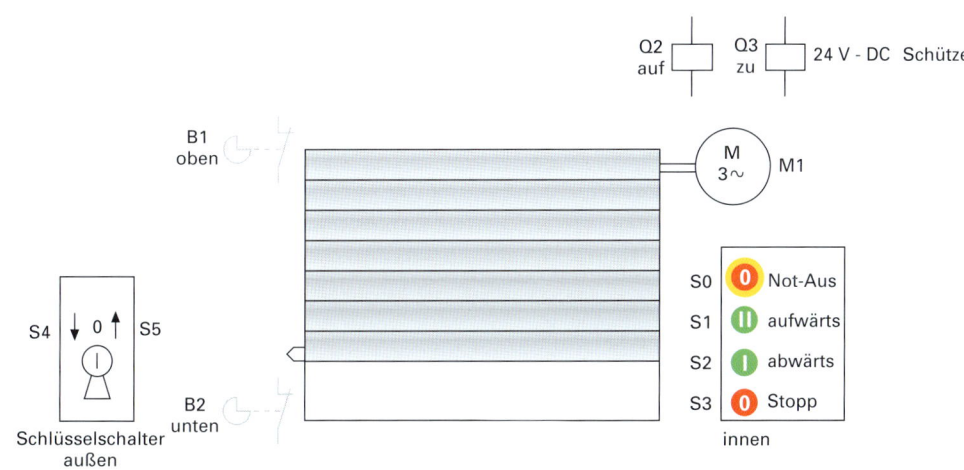

Abb. 1.2   Technologieschema und Arbeitsstromkreis

1 Planen der Elektroinstallation einer Kfz-Werkstatt

1.3 Sensorik der Belüftungsanlage

Die Werkstatt wird mit einer automatisierten Belüftungsklappe ausgestattet. Diese Klappe wird dann geöffnet, wenn die Temperatur im Inneren der Werkstatt (unter dem Dach) $\vartheta_i = 35\,°C$ überschreitet. Zur Messung der Innenraumtemperatur wird ein Silizium-Temperatursensor verwendet (Abb. 1.3).

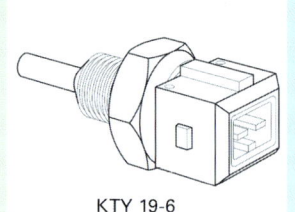

KTY 19-6

- Messbereich –50 °C ... + 150 °C
- lineares Ausgangssignal
- $R_{25} = 2000\,\Omega \pm 1\,\%$
- kurze Ansprechzeit
- Edelstahlgehäuse mit Schraubgewinde

Abb. 1.3 Silizium-Temperatursensor

Anlage A 1.6 auf CD

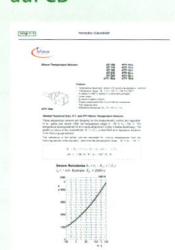

1.3.1 Ermitteln Sie den Widerstandswert des Temperaturfühlers anhand der Abbildung $R = f(T_A)$ des Hersteller-Datenblatts in Anlage A 1.6, bei $\vartheta_i = 35\,°C$.

1.3.2 Errechnen Sie den Widerstandswert des Temperarturfühlers anhand der gegebenen Formel des Hersteller-Datenblatts in Anlage A 1.6 für $\vartheta_i = 35\,°C$. Vernachlässigen Sie in der gegebenen Form den Term $\beta \cdot \Delta T_A^2$.

1.3.3 Mit welcher Abkürzung wird das Temperaturverhalten des Sensors beschrieben?

1.3.4 Der Temperaturfühler soll an einen Analogeingang der Kleinsteuerung angeschlossen werden. Hierbei soll durch eine Widerstandsbeschaltung erreicht werden, dass bei $\vartheta_i = 50\,°C$ eine Spannung von $U = 10\,V$ am Analogeingang anliegt. Berechnen Sie den hierzu notwendigen Widerstandswert von R1.

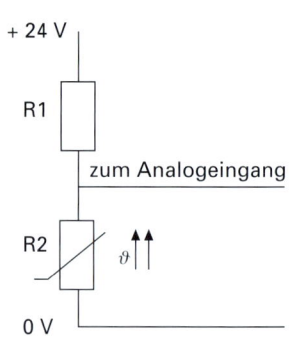

Abb. 1.4 Widerstandsbeschaltung

1.4 Überprüfen der Elektroinstallation und Anlagenübergabe an den Kunden

Nach Fertigstellung der Installationsarbeiten in der Kfz-Werkstatt muss die neu errichtete elektrische Anlage abgenommen und auf Sicherheit geprüft werden. Diese Prüfungen werden nach:
- UVV „Elektrische Anlagen und Betriebsmittel" und
- DIN VDE 0100 Teil 600

durchgeführt.

1.4.1 Die Prüfungen der DIN VDE-Bestimmungen werden in drei Schritten durchgeführt:
- Besichtigen
- Messen
- Erproben

Erklären Sie jeden dieser Schritte anhand von mindestens zwei Beispielen zu der durchgeführten Elektroinstallation.

1.4.2 Laut den nach DIN VDE 0100 Teil 600 vorgeschriebenen Messungen müssen unter anderem eine Isolationsmessung und die Messung der Schleifenimpedanz durchgeführt werden.
- Beschreiben Sie die Vorgehensweise zur Messung des Isolationswiderstandes.
- Bei der Isolationsmessung wurde zwischen dem Außenleiter L1 und N-Leiter ein Widerstand von $R_{iso} = 0{,}5\,k\Omega$ gemessen. Beurteilen Sie den Messwert.

1.4.3 Bei der Messung der Schleifenimpedanz ergab sich ein unzulässig hoher Wert. Welche Gefahr stellt eine zu hohe Schleifenimpedanz dar?

1.4.4 Sie haben die Installationsarbeiten abgeschlossen und alle vorgeschriebenen Messungen und Überprüfungen durchgeführt. Zur Übergabe der Anlage an den Kunden müssen Sie das Kundengespräch vorbereiten. Beschreiben Sie stichwortartig, welche Aspekte bei der Anlagenübergabe im Kundengespräch von Bedeutung sind.

Lösungen

1.1 Installation

Lösung 1.1.1

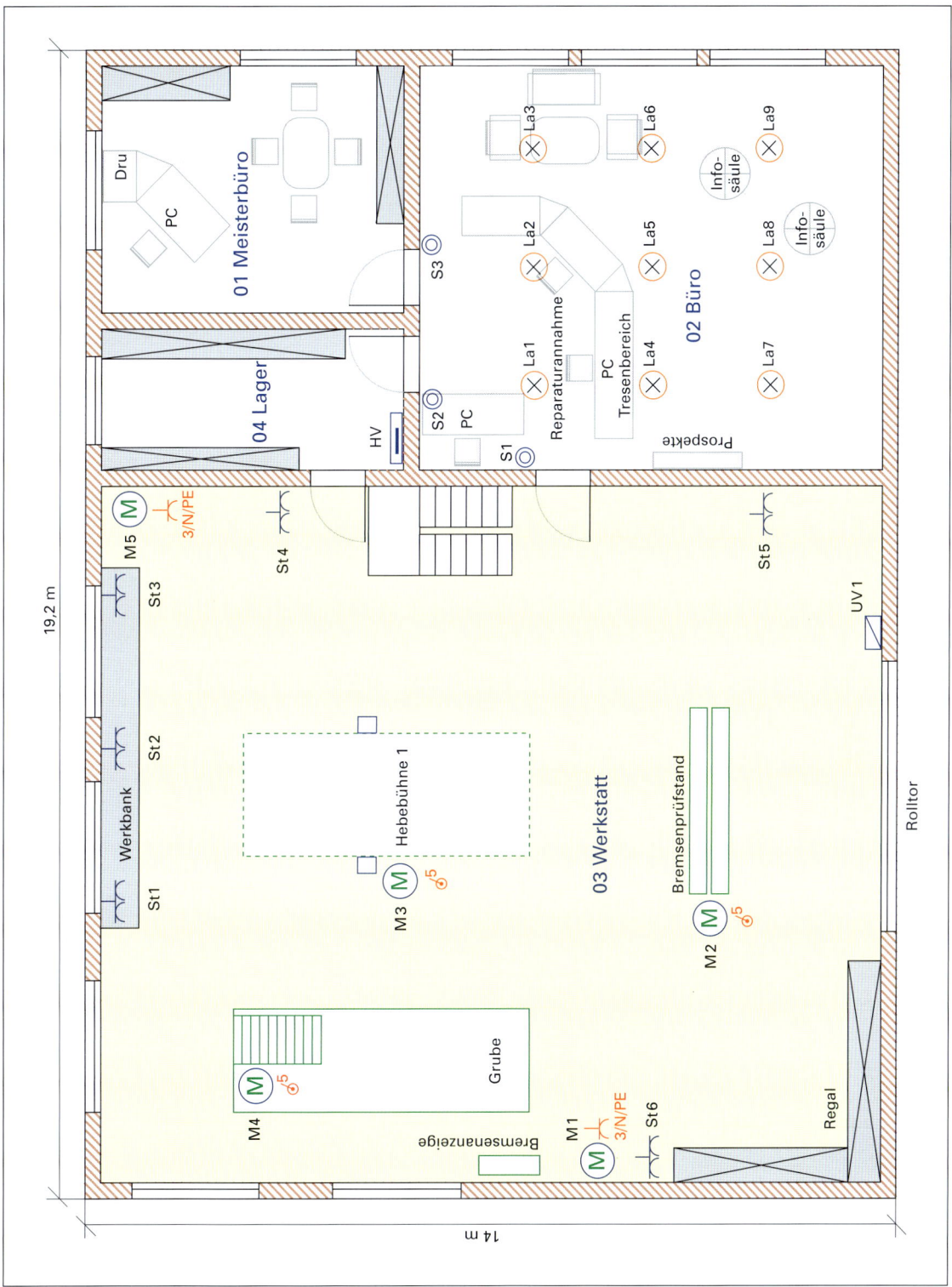

Abb. 1.5 Installationsplanung der Kfz-Werkstatt (Anlage A 1.1)

1 Planen der Elektroinstallation einer Kfz-Werkstatt

Lösung 1.1.2

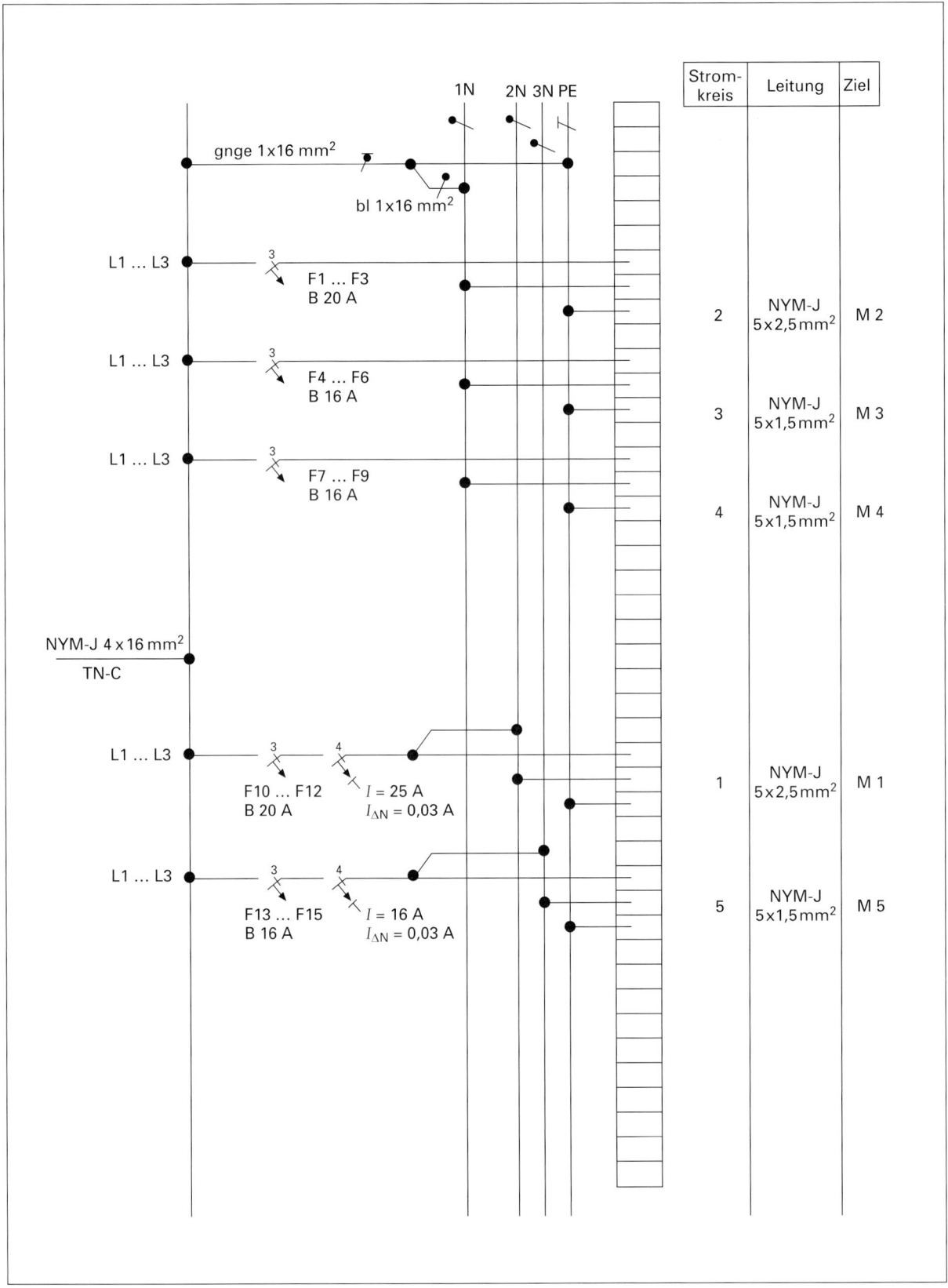

Abb. 1.6 Verteilerplan für die Stromkreise 1 bis 5 (Anlage A 1.2)

Lösung 1.1.3

Berechnung der Leiterquerschnittsfläche aufgrund der Strombelastbarkeit

Berechnung des Betriebsstrom I_B:

$P = 3600\text{ W}$; $\cos\varphi = 1$; $U_N = 230\text{ V}$

$$I_B = \frac{P}{U_N \cdot \cos\varphi} = \frac{3600\text{ W}}{230\text{ V} \cdot 1} = 15{,}65\text{ A}$$

Nennstrom I_N der Überstromschutzeinrichtung nach DIN VDE 0636 Teil 10:

$I_B \leq I_N \leq I_Z$ $15{,}65\text{ A} \leq 16{,}00\text{ A} \leq 16{,}5\text{ A}$

Verlegeart: B2   Anzahl der belasteten Adern: 2

Leitungsschutzschalter: $I_N = 16{,}00\text{ A}$, B-Charakteristik

Leiterquerschnittsfläche: $A = 1{,}5\text{ mm}^2$

Berechnung des Spannungsfalls nach DIN VDE 18015 Teil 1

$U_N = 230\text{ V}$; $l = 21\text{ m}$; $\Delta u_\% = 2{,}5\,\% => \Delta U = 5{,}75\text{ V}$;
$\cos\varphi = 1$; $I_N = 16\text{ A}$; $\varkappa = 56\,\frac{\text{m}}{\Omega \cdot \text{mm}^2}$

$$\Delta U = \frac{2 \cdot l \cdot I_N \cdot \cos\varphi}{\varkappa \cdot A} = \frac{2 \cdot 21\text{ m} \cdot 16\text{ A} \cdot 1}{56\,\frac{\text{m}}{\Omega \cdot \text{mm}^2} \cdot 1{,}5\text{ mm}^2} = 8\text{ V}$$

Der maximal zulässige Spannungsfall beträgt 5,75 V. Tatsächlich entsteht ein Spannungsfall von $\Delta U = 8\text{ V}$.

gewählte Leiterquerschnittsfläche: $A = 2{,}5\text{ mm}^2$ ($\Delta U = 4{,}8\text{ V}$ bei $A = 2{,}5\text{ mm}^2$)

Die erforderliche Leiterquerschnittsfläche der zu verlegenden Leitung nach der Überprüfung des Spannungsfalls beträgt $A = 2{,}5\text{ mm}^2$.

Auslösung des LS-Schalters (Auslösecharakteristik B) im Kurzschlussfall

$I_a = 5 \cdot I_N = 5 \cdot 16\text{ A} = 80\text{ A}$

Widerstand der Leitung: $R_{Ltg} = \frac{2 \cdot l}{\varkappa \cdot A} = \frac{2 \cdot 21\text{ m}}{56\,\frac{\text{m}}{\Omega \cdot \text{mm}^2} \cdot 2{,}5\text{ mm}^2} = 0{,}3\ \Omega$

Gesamtwiderstand: $Z_{Sch} \approx R_{ges} \approx R_{Ltg} + R_i = 0{,}3\ \Omega + 0{,}2\ \Omega = 0{,}5\ \Omega$

Kurzschlussstrom: $I_K = \frac{U}{R_{ges}} = \frac{230\text{ V}}{0{,}5\ \Omega} = 460\text{ A}$

$I_K > I_a$ $460\text{ A} > 80\text{ A}$

Der LS-Schalter löst unter Berücksichtigung des Leitungs- und Schleifenwiderstandes in der geforderten Zeit $t \leq 0{,}4\text{ s}$ aus.

1.2 Steuerungstechnik

Lösung 1.2.1

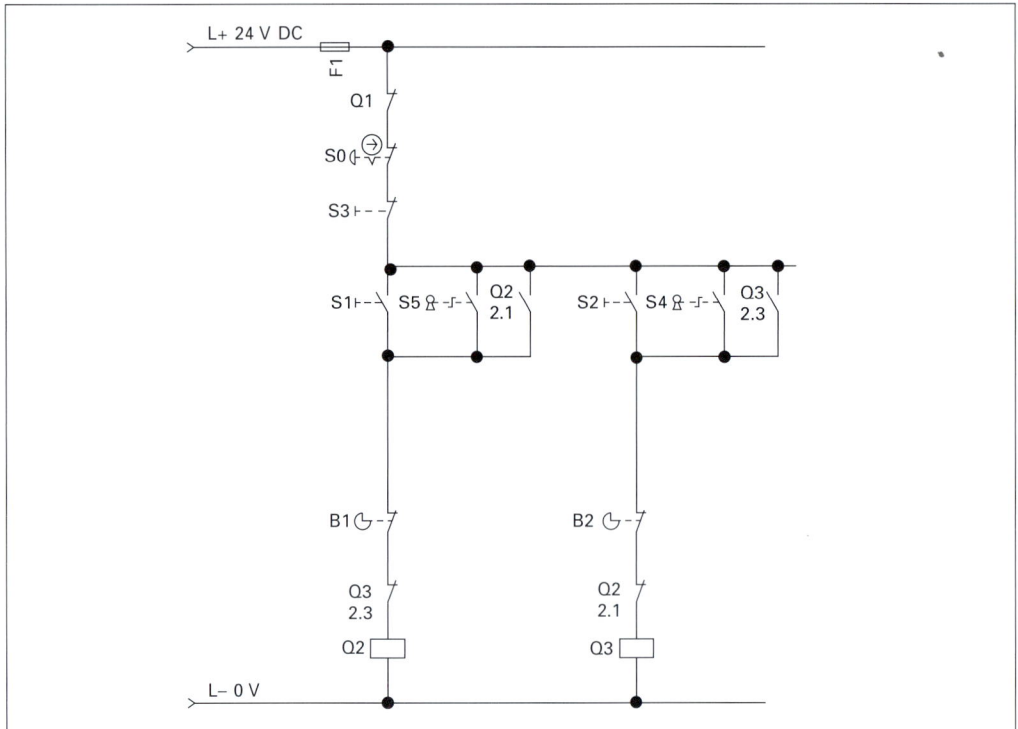

Abb. 1.7 Steuerstromkreis mit Bezeichnung der Betriebsmittel (Anlage A 1.3)

Lösung 1.2.2

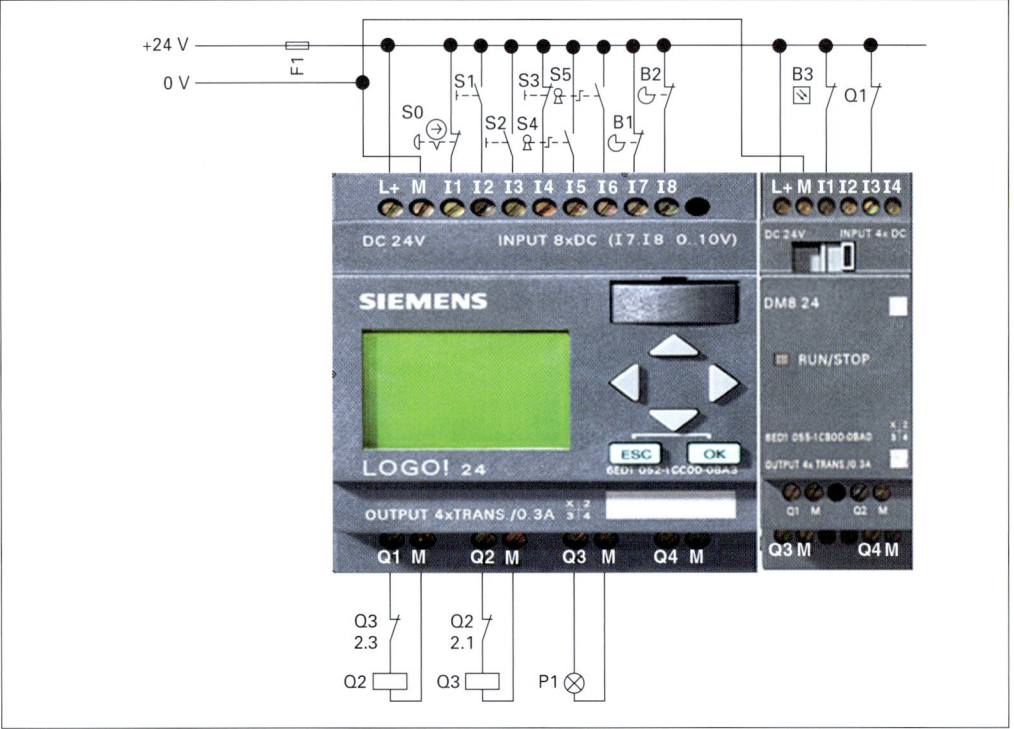

Abb. 1.8 Klemmenbelegungsplan der Kleinsteuerung (Anlage A 1.4)

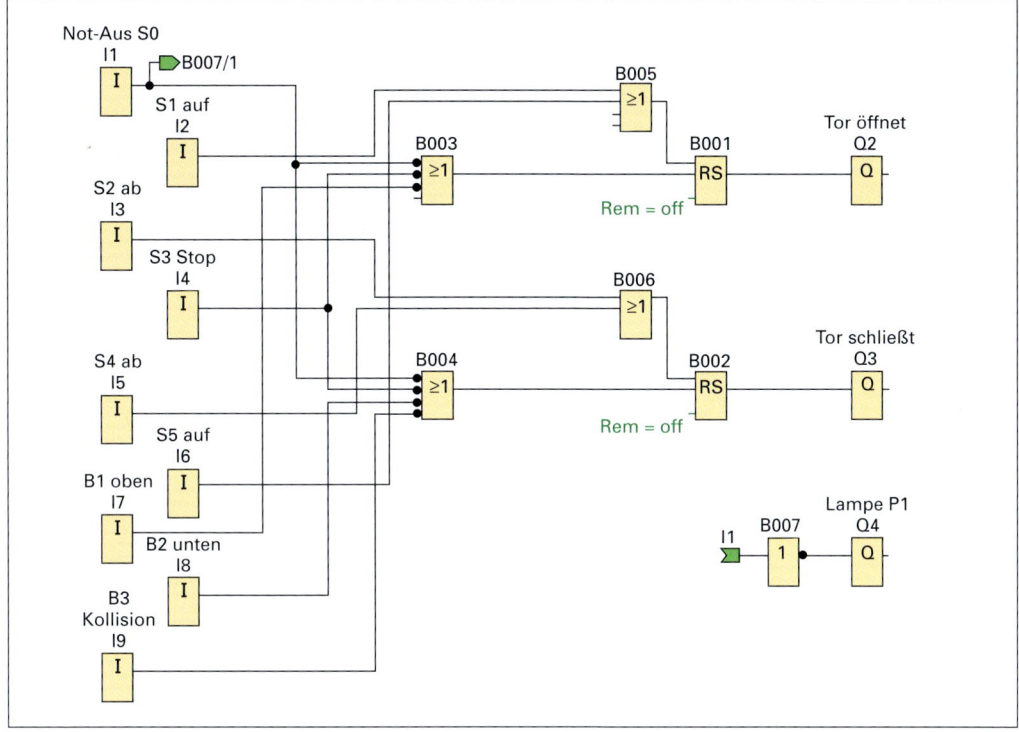

Abb. 1.9   Funktionsplan der Kleinsteuerung (Anlage A 1.5)

1.3 Sensorik der Belüftungsanlage

Lösung 1.3.1

Der Widerstand des Temperaturfühlers beträgt nach Diagramm $R_{35} = 2200\ \Omega$.

Lösung 1.3.2

Nach Formel:

$$R_T = R_{25}(1 + \alpha \Delta T)$$

ergibt sich mit

$R_{25} = 2000\ \Omega$
$\alpha = 7{,}88 \cdot 10^{-3}\ 1/K$
$\Delta T = 10\ K$

$R_{35} = 2000\ \Omega \cdot (1 + 7{,}88 \cdot 10^{-3}\ 1/K \cdot 10\ K)$
$\quad\ = 2157{,}6\ \Omega$

Lösung 1.3.3

Es handelt sich um einen PTC-Widerstand.

Lösung 1.3.4

$U_{ges} = 24\ V$ mit $U_2 = 10\ V => U_1 = 14\ V$

$$\frac{R1}{14\ V} = \frac{R2}{10\ V}$$

$$=> R1 = R2 \cdot \frac{14\ V}{10\ V} = 2157{,}6\ \Omega \cdot 1{,}4 = 3020{,}64\ \Omega$$

1 Planen der Elektroinstallation einer Kfz-Werkstatt

1.4 Überprüfen der Elektroinstallation und Anlagenübergabe an den Kunden

Lösung 1.4.1

Besichtigen: Kontrolle der fachgerechten Installation, Leitungsverlegung, Leiterquerschnittsfläche, Sicherungsautomaten, Klemmstellen; Prüfung, ob alle Schutzleiter sowie Potenzialausgleichsleiter mit der PE-Schiene verbunden sind.

Messen: Messung des Schleifenwiderstandes und Messung des Isolationswiderstandes.

Erproben: Umfasst im Wesentlichen die Funktionsprüfung der Installationsschaltungen und die Prüfung des FI-Schutzschalters (RCD) durch die Prüftaste.

Lösung 1.4.2

Ziel der Messung: Aufspüren von schadhaften bzw. beschädigten Isolationen an Leitungen.

Vorgehensweise: Alle elektrischen Geräte müssen abgeschaltet sein. Die gesamte Anlage muss spannungsfrei sein (Sicherungen zu Unterverteilungen entfernen).
Mit einem Isolationsmessgerät muss der Isolationswiderstand gegen Erde gemessen werden, Phase L1 gegen PE, Phase L2 gegen PE und Phase L3 gegen PE. Hierbei muss der Isolationswiderstand (bei $U_N \geq 500$ V) bei jeder Messung mindestens $R_{iso} \geq 0{,}5$ MΩ betragen. Wegen Messtoleranzen müssen 30 % dazugerechnet werden. Bei SELV/ PELV-Anlagen ist $R_{iso} \geq 0{,}25$ MΩ.

Der gemessene Isolationswiderstand $R_{iso} = 0{,}5$ kΩ weist auf eine schadhafte bzw. beschädigte Isolation im entsprechenden Stromkreis hin.

Lösung 1.4.3

Überschreitet der Schleifenwiderstand einen unzulässig hohen Wert, kann im Falle eines Körperschlusses der zum Abschalten der Überstromschutzeinrichtung notwendige Strom nicht fließen.

Lösung 1.4.4

Aspekte, die bei der Anlagenübergabe an den Kunden zu berücksichtigen sind:
- Einweisung des Kunden in die Anlage (speziell in der Kfz-Werkstatt)
- Übergabe von Mess- und Prüfprotokollen
- Hinweise auf Garantie und Gewährleistungen
- Hinweise auf mögliche Abweichungen und Änderungen gegenüber dem Pflichtenheft

2 Anschließen und Integrieren eines Anlassofens in einer Maschinenwerkstatt

Projektbeschreibung

Die Maschinenwerkstatt Friedhelm Ackermann kauft einen gebrauchten Anlassofen, um beispielsweise Kugellager zu erhitzen, die aufgeschrumpft werden sollen.
Sie erhalten den Auftrag, den Anschluss des Anlassofens zu planen und auszuführen. Der Anlassofen soll zusätzlich in die bestehende elektrische Anlage integriert werden.

Vorgaben:

Bemessungswerte des Anlassofens:
U = 230/400 V; f = 50 Hz; P = 10 kW; $\cos \varphi_{Ofen}$ = 1

Daten der bestehenden Anlage (ohne Anlassofen):
Gesamtanschlusswert P_{ges} = 78 kW, $\cos \varphi_{ges}$ = 0,7

Die bestehende Anlage ist in der Niederspannungs-Hauptverteilung (NHV) mit I_N = 50 A abgesichert.

Die Anlage A 2.1 zeigt den Grundriss der Maschinenwerkstatt.

Anlage A 2.1
auf CD

2 Anschließen und Integrieren eines Anlassofens in einer Maschinenwerkstatt

Aufgaben

2.1 Dimensionierung der Anschlussleitung

Sie erhalten den Auftrag, für die Spannungsversorgung des Anlassofens eine neue Leitung zu dimensionieren. Im ersten Schritt haben Sie die Leitungsführung festgelegt und die Leitungslänge ermittelt.

Anlage A 2.2 auf CD

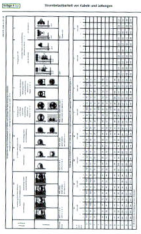

2.1.1 Die neue Leitung wird von der Unterverteilung zum Anlassofen auf einer vorhandenen perforierten Kabelwanne geführt, wie sie in Abb. 2.1 zu sehen ist.

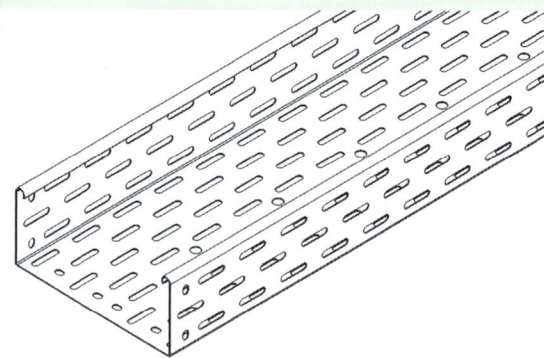

Abb. 2.1
Perforierte Kabelwanne

> *Lösungshinweis*
> *Überlegen Sie welche Schritte zur Leiterquerschnittsflächenbestimmung notwendig sind. Berechnen Sie zuerst den Bemessungsstrom des Ofens, dann die Mindeststrombelastbarkeit, die Verlegeart usw. Berücksichtigen Sie auch den Spannungsfall. Es sind keine Oberschwingungen vorhanden.*

Die Leitungslänge der Mantelleitung beträgt l = 40 m, die Umgebungstemperatur erreicht ϑ = 35 °C. Auf der Kabelwanne sind bereits fünf mehradrige Leitungen verlegt.
Bestimmen Sie die notwendige Leiterquerschnittsfläche unter Berücksichtigung der Strombelastbarkeit nach DIN 0298, Teil 4, und des zulässigen Spannungsfalls von $\Delta u \leq 3\,\%$ der Leitung vom Unterverteiler bis zum Verbraucher.

2.1.2 Wählen Sie eine geeignete Überstromschutzeinrichtung aus und begründen Sie Ihre Wahl.

2.1.3 Durch den Anschluss des Ofens erhöht sich die Gesamtstromstärke und es ergibt sich ein neuer Gleichzeitigkeitsfaktor von g = 0,4.
Die Mantelleitung vom Niederspannungs-Hauptverteiler (NHV) zum Unterverteiler (UV) ist einzeln im Kabelkanal verlegt.
Umgebungstemperatur ϑ = 35 °C.
Überprüfen Sie, ob die bisherige Leitung (NYM-J 4 x 10 mm²) vom NHV zum UV ausreichend dimensioniert ist. Gehen Sie dabei von einem bisherigen Gleichzeitigkeitsfaktor von g = 0,3 aus, Verlegart C und ϑ = 25 °C (keine Häufung).

2.2 Auswählen eines RCD

2.2.1 Als Schutzmaßnahme für den Anlassofen sollen Sie das TN-S-System mit RCD anwenden (Abb. 2.2).

Wählen Sie unter Berücksichtigung der Grenzwerte gemäß DIN VDE 0701 den geeigneten RCD für dieses Wärmegerät aus und begründen Sie Ihre Wahl.

Dafür stehen zur Verfügung:
- RCD mit $I_{\Delta n}$ = 10 mA, I_n = 40 A
- RCD mit $I_{\Delta n}$ = 30 mA, I_n = 40 A

Aufgaben 2

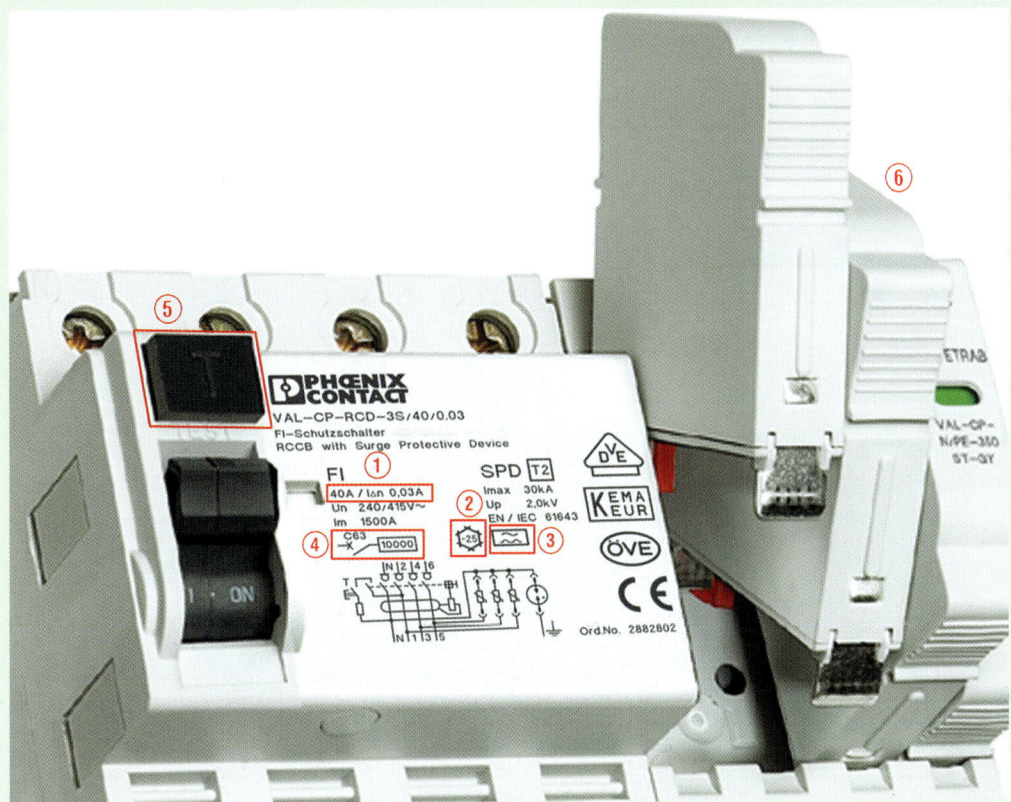

Abb. 2.2
RCD mit $I_{\Delta N}$ = 30 mA in Kombination mit einem Überspannungsableiter

2.2.2 Erklären Sie die in Abb. 2.2 gekennzeichneten Werte, Symbole und Komponenten ① bis ⑥.

> **Lösungshinweis**
> Nach DIN VDE 0701 dürfen bei Geräten und Heizelementen mit einer Gesamtleistung P > 3,5 kW der Schutzleiterstrom und der Ersatzableitstrom nicht größer als 1 mA/kW sein.

2.3 Auslegung der Beleuchtungsanlage in der Werkstatt

Der Eigentümer der Maschinenwerkstatt wendet sich mit der Bitte an Sie, die Beleuchtungsanlage der Werkstatt zu erneuern.

2.3.1 Bestimmen Sie die Anzahl der Leuchtstofflampen in der Werkstatt (s. Anlage A 2.1).
Bei der Auslegung der Beleuchtungsanlage sind folgende Forderungen des Kunden zu beachten:
- Leuchtstofflampe mit Spiegelreflektor η_{LB} = 0,75
- Raumwirkungsgrad η_R = 0,6
- Leuchtstofflampen mit elektronischem Vorschaltgerät verwenden
- Beleuchtungsstärke der Werkstatt E_m = 500 lx

2.3.2 Nennen Sie mehrere Vorteile des Einsatzes von elektronischen Vorschaltgeräten in der Werkstatt.

2.3.3 Der Kunde wünscht nach der Installation der Beleuchtungsanlage die Kontrolle der tatsächlichen Beleuchtungsstärke. Sie sollen deshalb eine Messung der Beleuchtungsstärke durchführen und die Messwerte protokollieren.
- ■ Beschreiben Sie die Durchführung der Beleuchtungsstärkemessung am Beispiel des Raumes „Werkstatt".
- ■ Beschreiben Sie, wie Sie die einzelnen Beleuchtungsstärke-Messergebnisse auswerten und nach welchen Kriterien Sie das Ergebnis der Auswertung beurteilen.

2 Anschließen und Integrieren eines Anlassofens in einer Maschinenwerkstatt

Lösungen

2.1 Dimensionierung der Anschlussleitung

Lösung 2.1.1

- Stromaufnahme des Ofens (Bemessungsstrom):

$$I_{Ofen} = \frac{P}{\sqrt{3} \cdot U \cdot \cos\varphi_{Ofen}} = \frac{10 \text{ kW}}{\sqrt{3} \cdot 400 \text{ V} \cdot 1} = \mathbf{14{,}4 \text{ A}}$$

- Mindeststrombelastbarkeit I_Z: I_n = 16 A; I_Z = 19,5 A

  I_Z = maximal zulässige Stromstärke

  I_n = Bemessungsstromstärke der Überstromschutzeinrichtung

- Verlegeart nach DIN 0298–4:   Verlegeart E, 3 belastete Adern
- Bestimmung der Bemessungsstromstärke:

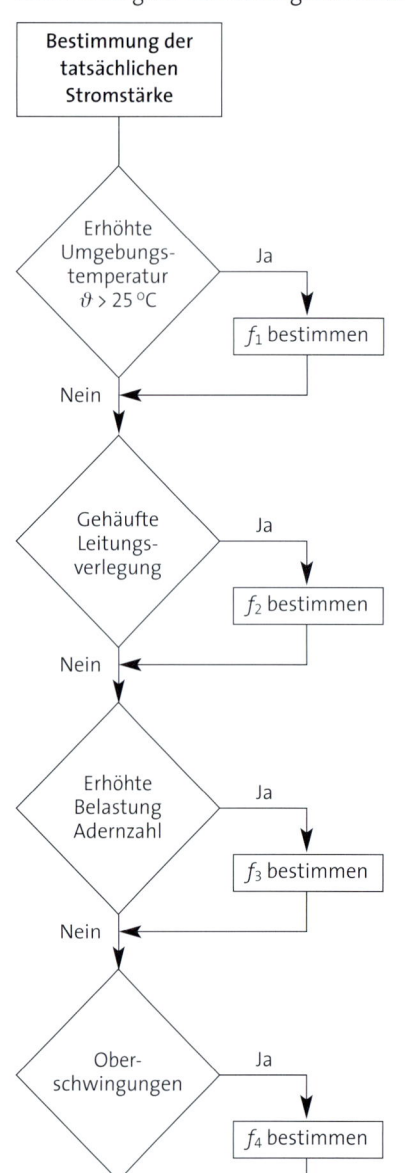

Erhöhte Umgebungstemperatur (Faktor f_1)						
ϑ in °C	10	15	20	25	30	35
f_1	1,15	1,1	1,06	1,0	0,94	0,89
ϑ in °C	40	45	50	55	60	65
f_1	0,82	0,75	0,67	0,58	0,47	0,33

ϑ = 35 °C
f_1 = 0,89

Hinweis zu gehäufter Leitungsverlegung:
Da bereits fünf Leitungen vorhanden sind und eine Zuleitung für den Anlassofen zu verlegen ist, also sechs mehradrige Leitungen, ist der Faktor f_2 zu bestimmen.

Gehäufte Leitungsverlegung (Faktor f_2)						
Verlegung	Anzahl der mehradrigen Leitungen					
	1	2	3	4	6	9
gebündelt im Elektroinstallationsrohr/-kanal	1,0	0,8	0,7	0,65	0,57	0,5
einlagig direkt auf Wand oder Fußboden	1,0	0,85	0,79	0,75	0,72	0,7
in gelochter Kabelwanne	1,0	0,88	0,82	0,79	0,76	0,73
auf einer Kabelpritsche	1,0	0,87	0,82	0,8	0,79	0,78

perforierte Kabelwanne, 6 belastete Leitungen
f_2 = 0,76

Verlegung vieladriger belasteter Leitungen (Faktor f_3)							
belastete Adern	2	3	5	7	10	14	19	24
f_3	1,0	1,0	0,75	0,65	0,55	0,5	0,45	0,4

3 belastete Adern
f_3 = 1,0

Auswirkung von Oberschwingungen (Faktor f_4)						
Wirkleistungsanteil der Geräte mit Oberschwingungen zur Gesamtwirkleistung in Prozent	0 %	11 %	23 %	31 %	35 %	39 %
	...	...	...	...	...	...
	10 %	22 %	30 %	34 %	38 %	41 %
f_4	1,0	0,86	0,70	0,67	0,61	0,56

keine Oberschwingungen
f_4 = 1

$f_{ges} = f_1 \cdot f_2 \cdot f_3 \cdot f_4 = 0{,}89 \cdot 0{,}76 \cdot 1 \cdot 1 = 0{,}67$

Lösungen 2

- Bemessungswert der Strombelastbarkeit:

$$I_r = \frac{I_Z}{f_1 \cdot f_2 \cdot f_3 \cdot f_4} = \frac{19{,}5 \text{ A}}{0{,}67} = 29{,}1 \text{ A}$$

- Querschnittbestimmung der Leitung, Verlegeart E, 3 belastete Adern, gewählt 35 A (I_r = 29,1 A), aus Tabelle 2.1 ⇒ $q = 4 \text{ mm}^2$, Absicherung I_N = 16 A

DIN VDE 0298-4: 03-08

Verlegearten und Strombelastbarkeit von Kabeln und Leitungen für feste Verlegung in Gebäuden (Umgebungstemperatur 25 °C; zulässige Betriebstemperatur am Leiter 70 °C)

Referenz Verlegeart	A1	A2	B1	B2	C	E	F	G
	in wärmegedämmten Wänden im Elektro-Installationsrohr Aderleitungen	in wärmegedämmten Wänden Mehradrige Kabel und Mantelleitung	im Elektro-Installationsrohr auf Wand Aderleitungen	auf Wand Mehradrige Kabel und Mantelleitung	Verlegung auf und in Wand Kabel und Mantelleitung Abstand zur Wand: ≤ 0,3 · d	Perforierte Kabelwanne Mehradrige Kabel und Mantelleitung Abstand zur Wand: ≥ 0,3 · d	Verlegung in Luft Einadrige Kabel und Mantelleitung Abstand zur Wand: ≥ 1 · d mit Berührung	mit Abstand d
Leitungsbeispiel	H07V-U/-R/-K, H07V3-U/-R/-K	NYM, NYMZ, NYMT, NYBUY, NYY, N05VV-U/-R	H07V-U/-R/-K, H07V3-U/-R/-K	NYM, NYMZ, NYMT, NYBUY, NYY, N05VV-U/-R	NYM, NYMZ, NYMT, NYIFY, NYBUY, NYDY, NYY, N05VV-U/-R		NYY	NYY blanke Leiter

Zulässige Strombelastbarkeit I_Z der Leitung – Bemessungsstromstärke I_n der zugehörigen Überstrom-Schutzorgane in A

q_n in mm² (Cu)	A1 Aderzahl 2		A1 Aderzahl 3		A2 Aderzahl 2		A2 Aderzahl 3		B1 Aderzahl 2		B1 Aderzahl 3		B2 Aderzahl 2		B2 Aderzahl 3		C Aderzahl 2		C Aderzahl 3		E Aderzahl 2		E Aderzahl 3		F Aderzahl 2		F Aderzahl 3		G Aderzahl 2		G Aderzahl 3	
	I_Z	I_n	I_Z	I_n	I_Z	I_n	I_Z	I_n	I_Z	I_n	I_Z	I_n	I_Z	I_n	I_Z	I_n	I_Z	I_n	I_Z	I_n	I_Z	I_n	I_Z	I_n	I_Z	I_n	I_Z	I_n	I_Z	I_n	I_Z	I_n
1,5	16,5	16	14,5	13	16,5	16	14,0	13	18,5	16	16,5	16	17,5	16	16	16	21	20	18,5	16	23	20	19,5	20	–	–	–	–	–	–	–	–
2,5	21	20	19,0	16	21	20	18,5	16	25	25	22	20	24	20	20	20	29	25	25	25	32	32	27	25	–	–	–	–	–	–	–	–
4	28	25	25	25	28	25	24	20	34	32	30	25	32	32	25	25	38	32	32	32	42	40	36	35	–	–	–	–	–	–	–	–
4	–	–	–	–	–	–	–	–	–	–	–	–	–	–	–	–	–	–	35¹⁾	35	–	–	–	–	–	–	–	–	–	–	–	–
6	36	35	33	32	34	32	31	25	43	40	38	35	40	40	36	35	49	40	43	40	54	50	46	40	–	–	–	–	–	–	–	–
10	49	40	45	40	46	40	41	40	60	50	53	50	55	50	49	40	67	63	60	50	74	63	64	63	–	–	–	–	–	–	–	–
10	–	–	–	–	–	–	–	–	–	–	–	–	–	–	–	–	–	–	63¹⁾	63	–	–	–	–	–	–	–	–	–	–	–	–
16	65	63	59	50	60	50	55	50	81	80	72	63	73	63	66	63	90	80	81	80	100	100	85	80	–	–	–	–	–	–	–	–
25	85	80	77	63	80	80	72	63	107	100	94	80	95	80	85	80	119	100	102	100	126	125	107	100	139	125	121	100	155	125	138	125
35	105	100	94	80	98	80	88	80	133	125	117	100	118	100	105	100	146	125	126	125	157	125	134	125	172	160	152	125	192	160	172	160
50	126	125	114	100	117	100	105	100	160	160	142	125	141	125	125	125	178	160	153	125	191	160	162	160	208	200	160	160	232	200	209	200
70	160	160	144	125	147	125	133	125	204	200	181	160	178	160	158	125	226	200	195	160	246	200	208	200	266	250	220	200	298	250	269	250

¹⁾ gilt nicht für die Verlegung auf einer Holzwand

Tabelle 2.1 Strombelastbarkeit von Kabeln und Leitungen (Anlage A 2.2)

2 Anschließen und Integrieren eines Anlassofens in einer Maschinenwerkstatt

- Spannungsfall berücksichtigen!

$$\Delta U = \frac{\sqrt{3} \cdot l \cdot I_n \cdot \cos \varphi_{Ofen}}{\varkappa \cdot A}$$

$$\Delta U = \frac{\sqrt{3} \cdot 40 \text{ m} \cdot 16 \text{ A} \cdot 1}{56 \frac{\text{m}}{\Omega \cdot \text{mm}^2} \cdot 4 \text{ mm}^2} = \mathbf{4{,}94 \text{ V}}$$

Vorliegender Spannungsfall in Prozent:

$$\Delta u_\% = \frac{\Delta U \cdot 100\%}{U} = \frac{4{,}94 \text{ V} \cdot 100\%}{400 \text{ V}} = \mathbf{1{,}23\%}$$

Spannungsfall also kleiner 3 % nach DIN 18015, Teil 1

$\Delta u_\% < 3\% \Rightarrow$ Leiterquerschnittsfläche ausreichend (Lösung siehe Tabellenbuch)

Lösung 2.1.2

- LS-Schalter-Auswahl nach der Auslösecharakteristik:
    Typ Z: Scheidet aus, weil weder ein Spannungswandlerstromkreis noch Halbleiter, noch Kleinspannung vorliegen.
    Typ K: Scheidet aus, weil betriebsmäßig keine Stromspitzen auftreten.
    Typ C: Scheidet aus, weil keine hohen Einschaltströme wirken.
    Aufgrund der ohmschen Last entsteht kein hoher Einschaltstrom $\Rightarrow$ Typ „B".

Lösung 2.1.3

Bisherige Absicherung im NHV mit I = 50 A.

- Stromaufnahme der bisherigen Anlage:

$$I = \frac{P}{\sqrt{3} \cdot U \cdot \cos \varphi_{ges}} = \frac{78 \text{ kW}}{\sqrt{3} \cdot 400 \text{ V} \cdot 0{,}7} = 161 \text{ A}$$

Stromaufnahme mit Gleichzeitigkeitsfaktor
$I' = I \cdot g = 161 \text{ A} \cdot 0{,}3 = 48{,}3 \text{ A} < 50 \text{ A}$

Neu hinzugekommener Anlassofen mit I_{Ofen} = 14,4 A ($\cos \varphi_{Ofen}$ = 1)

- Für die Bestimmung des neuen Gesamtstromes müssen die Ströme in Wirk- und Blindanteile zerlegt werden (zeichnerische Lösung möglich).
    $I_{W\,Ofen}$ = 14,4 A, da $\cos \varphi_{Ofen}$ = 1, $I_{B\,Ofen}$ = 0 A
    $I_W = I \cdot \cos \varphi_{ges}$ = 161 A · 0,7 = 112,7 A
    $I_B = I \cdot \sin \varphi_{ges}$ = 161 A · 0,71 = 114,9 A
    $\cos \varphi_{ges} = 0{,}7 \rightarrow \varphi_{ges} = 45{,}57° \rightarrow \sin \varphi_{ges} = 0{,}71$

    Neuer Gesamtstrom:
    $I_{neu} = \sqrt{(I_W + I_{W\,Ofen})^2 + I_B^2} = \sqrt{(14{,}4 \text{ A} + 112{,}7 \text{ A})^2 + (114{,}9 \text{ A})^2} = 171{,}3 \text{ A}$

Neuer Gesamtstrom mit Berücksichtigung des neuen Gleichzeitigkeitsfaktors
$I'_{neu} = I_{neu} \cdot g_{neu} = 171{,}3 \text{ A} \cdot 0{,}4 = \mathbf{68{,}5 \text{ A}}$

Dies bedeutet, dass die bisherige Vorsicherung von 50 A auf **80 A** geändert werden muss.

Damit muss die Leiterquerschnittsfläche auf q = 16 mm² erhöht werden (s. Tabelle 2.1).

Verlegeart C, 3 belastete Adern, I_N = 80 A $\Rightarrow$ $\boxed{q = 16 \text{ mm}^2}$

Es muss eine Leitung von NYM-J 4 x 16 mm² verlegt werden.

2.2 Auswählen eines RCD

Lösung 2.2.1

Wegen möglicher späterer Erweiterung, wurde ein RCD mit einem Bemessungsstrom I_n = 40 A gewählt.

Nach DIN VDE 0701–1 „Instandsetzung, Änderung und Prüfung elektrischer Geräte" darf bei Geräten und Heizelementen mit einer Gesamtanschlussleistung > 3,5 kW der Schutzleiterstrom und der Ersatzableitstrom nicht größer als **1 mA/kW** sein.

Der Anlassofen hat eine Bemessungsleistung von 10 kW, d. h. er dürfte alleine schon 10 mA Ableitstrom besitzen, ein RCD mit 10 mA Bemessungsdifferenzstrom würde also auslösen.

Gewählt: RCD mit Bemessungsdifferenzstrom von $I_{\Delta n}$ = 30 mA.

Lösung 2.2.2

① Der Bemessungsstrom des RCD beträgt I_n = 40 A.
   Der Bemessungsdifferenzstrom (Fehlerstrom) beträgt $I_{\Delta N}$ = 30 mA.
② Der RCD darf bis zu einer Temperatur von ϑ = −25 °C verwendet werden.
③ Es handelt sich um einen allstromsensitiven RCD (geeignet für Wechsel- und Mischströme).
④ Die Vorsicherung darf maximal I_N = 63 A betragen.
   Der maximale zulässige Kurzschlussstrom beträgt I_K = 10 000 A.
⑤ Prüftaste zur Auslösekontrolle.
⑥ Überspannungsschutz der drei Außenleiter und des N-Leiters.

2.3 Auslegung der Beleuchtungsanlage in der Werkstatt

Lösung 2.3.1

Berechnung der Anzahl der Leuchtstofflampen in der Werkstatt.

Vorgaben:
$\quad \eta_{LB}$ = 0,75; $\quad \eta_R$ = 0,6; $\quad \bar{E}_M$ = 500 lx

Aus Tabellenbuch:
$\quad \Phi_{LA}$ = 5200 lm (P = 58 W)   WF = 0,7, erhöhte Verschmutzung (Werkstatt)

Aus Grundriss:
$\quad l$ = 7,5 cm · 100 = 7,5 m
$\quad b$ = 7 cm · 100 = 7 m
$\quad A = l \cdot b$ = 7,5 m · 7 m = 52,5 m²

Berechnung:
$$n = \frac{\bar{E}_M \cdot A}{\Phi_{LA} \cdot \eta_{LB} \cdot \eta_R \cdot \text{WF}} = \frac{500 \text{ lx} \cdot 52{,}5 \text{ m}^2}{5200 \text{ lm} \cdot 0{,}75 \cdot 0{,}6 \cdot 0{,}7} = 16{,}03$$

Einheitenkontrolle:
$$[\bar{E}_M] = \text{lx} = \frac{\text{lm}}{\text{m}^2}$$

$$[n] = \frac{\text{lx} \cdot \text{m}^2}{\text{lm}} = \frac{\frac{\text{lm}}{\text{m}^2} \cdot \text{m}^2}{\text{lm}} = 1$$

Es werden 17 Leuchten benötigt. Eventuell auf doppelflammige Leuchten ausweichen wegen der Leuchtenlänge von ca. 1,55 m.

Lösung 2.3.2

Vorteile von elektronischen Vorschaltgeräten
- kein stroboskopischer Effekt (wichtig in einer Werkstatt wegen rotierender Maschinen)
- keine Kompensation notwendig, da $\cos \varphi \approx 1$
- kein Starter notwendig
- höhere Lichtausbeute

2 Anschließen und Integrieren eines Anlassofens in einer Maschinenwerkstatt

Lösung 2.3.3

Die Grundfläche der Werkstatt wird in deckungsgleiche Rechtecke aufgeteilt, in deren Mittelpunkten die Beleuchtungsstärken gemessen werden. Dabei ist die Höhe der Bewertungsebene (Arbeitsebene) zu berücksichtigen, z. B. 0,75 m. Der Abstand der Messpunkte liegt zwischen 1 m bis 2 m. Das Messraster darf nicht mit dem Raster der Leuchten übereinstimmen, damit nicht unter den Leuchten die jeweiligen Maximalwerte gemessen werden.

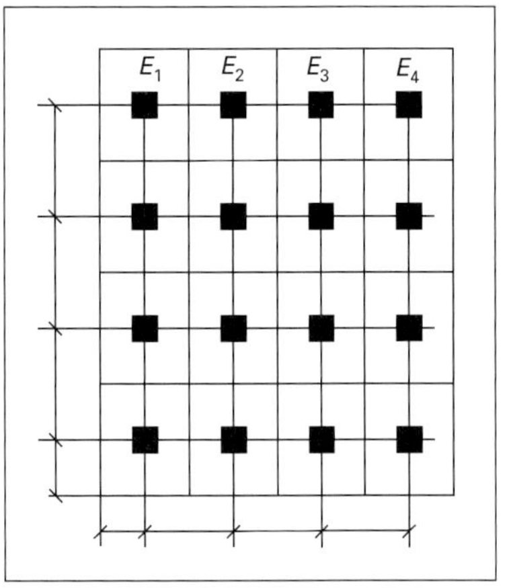

Abb. 2.3
Rasterbeispiel allgemein

- Zur Auswertung der Messergebnisse wird der Mittelwert der gemessenen Beleuchtungsstärke $\bar{E}_{Gem}$ berechnet.
  Der Wartungswert darf nicht unterschritten werden.

  $$\bar{E}_{Gem} = \frac{E_1 + E_2 + E_3 + \cdots}{n}$$

  $\bar{E}_{Gem}$ gemessene mittlere Beleuchtungsstärke
  E_1, E_2, E_3 Beleuchtungsstärke an den einzelnen Messpunkten
  n Anzahl der Einzelmessungen

Die gemessene mittlere Beleuchtungsstärke $\bar{E}_{Gem}$ darf nicht kleiner sein als der geforderte Mittelwert von $\bar{E}_M$ = 500 lx. Wird der Wert unterschritten, dann muss die Beleuchtunganlage gewartet werden (z. B. Reinigen der Leuchten).

3 Modernisieren und Erweitern eines Internetcafés

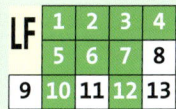

Projektbeschreibung

Nach Absprache mit dem Kunden, Bauleiter und Architekten sind mehrere Erweiterungen bzw. Modernisierungen im Internetcafé vorgesehen.

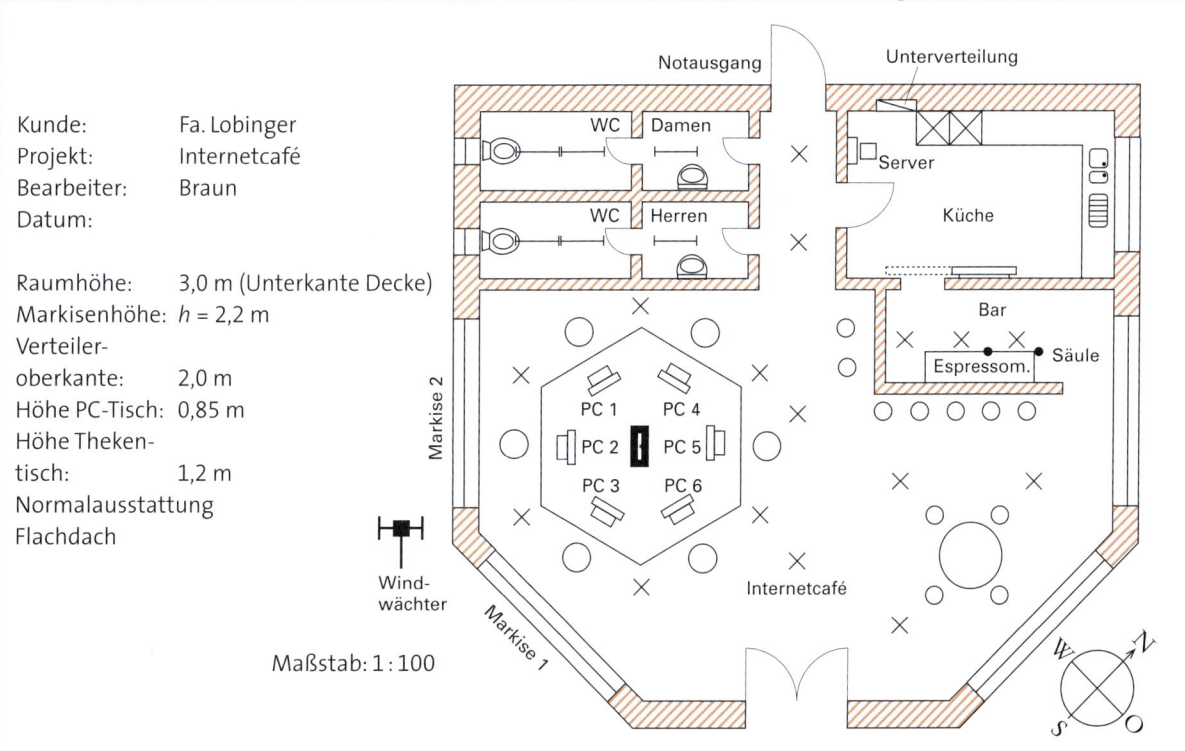

Kunde: Fa. Lobinger
Projekt: Internetcafé
Bearbeiter: Braun
Datum:

Raumhöhe: 3,0 m (Unterkante Decke)
Markisenhöhe: $h = 2,2$ m
Verteiler-
oberkante: 2,0 m
Höhe PC-Tisch: 0,85 m
Höhe Theken-
tisch: 1,2 m
Normalausstattung
Flachdach

Maßstab: 1 : 100

Abb. 3.1 Grundriss Internetcafé (gesamt)

3 Modernisieren und Erweitern eines Internetcafés

Aufgaben

Anlage A 3.1 auf CD
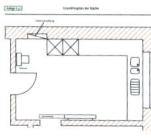

3.1 Erneuern der Elektroinstallation in der Küche

Zeichnen Sie die Schaltzeichen aller in der Küche verwendeten elektrischen Betriebsmittel (ausgenommen Verteiler) in den Grundrissplan (Anlage A 3.1) ein. Es sind keine Leitungen einzuzeichnen.

Verwendete Betriebsmittel:
- E-Herd
- Spülmaschine
- Mikrowelle
- Backofen
- Dunstabzugshaube
- Kühlschrank mit Gefrierteil
- Arbeitsplatzbeleuchtung
- allgemeine Beleuchtung

Anlage A 3.2 auf CD
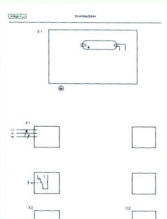

3.2 Zeichnen des Stromlaufplans

Zeichnen Sie den Stromlaufplan für die Küchenbeleuchtung (Sparwechselschaltung mit zwei Steckdosen unter den Schaltern und einer Leuchtstofflampe mit konventionellem Vorschaltgerät) in zusammenhängender Darstellung mit normgerechter Bezeichnung der Betriebsmittel (Anlage A 3.2).

3.3 Bereitstellen der Energieversorgung für sechs PC-Plätze

Für den Internetbereich ist die Energieversorgung bereitzustellen. Zu versorgen sind sechs PCs, jeweils mit Monitor und insgesamt zwei Drucker.

3.3.1 Wie würden Sie die Energieversorgung sinnvollerweise ausführen. Es soll eine hohe Versorgungssicherheit der PCs gewährleistet sein.

3.3.2 Ermitteln Sie mit Hilfe von Tabellen (siehe Tabellenbuch: Verlegearten und Strombelastbarkeit von Leitungen nach DIN VDE 0298) eine geeignete Zuleitung (Leiterquerschnittsfläche und Leitungstyp) sowie die Absicherung unter Berücksichtigung Ihres Vorschlags nach 3.3.1.

3.3.3 Überprüfen Sie durch Rechnung, ob der zulässige Spannungsfall bei ihrer gewählten Leiterquerschnittsfläche und Leitungslänge eingehalten wird ($\Delta u \leq 3\%$, DIN 18015).

> **Lösungshinweis**
> Die Häufung wird nicht berücksichtigt.
> Leistungsfaktor: $\cos \varphi = 0{,}9$ (Mittelwert)
> Verlegeart: vom Verteiler zur Decke im Rohr
> in der abgehängten Decke mit Kabelwanne
> von der Decke zum PC-Tisch im Rohr
> Leitungslänge: Berechnung nach dem Grundrissplan
> Leistungsaufnahme: PC: $P = 350\,W$
> Monitor: $P = 100\,W$
> Drucker: $P = 80\,W$
> Umgebungstemperatur: $\vartheta = 25\,°C$

3.4 Erstellen einer Materialliste für die Energieversorgung der PCs

Erstellen Sie eine Liste (Anlage A 3.3) des gesamten benötigten Materials nur für die Energieversorgung der PCs, Monitore und Drucker im Internetbereich.

Anlage A 3.3 auf CD

Abb. 3.2 PC-Arbeitsplatz

3.5 Überprüfen der Anlagensicherheit

Überprüfen Sie die Anlagensicherheit im TN-System U_0 = 230 V.

3.5.1 Bei der Messung der Schleifenimpedanz (VDE 0100, Teil 600) stellen Sie an der Steckdose der Spülmaschine eine Schleifenimpedanz von Z_{Sch} = 3,5 Ω fest (RCD nicht vorhanden).
Ist dieser Messwert ausreichend, bei einer Absicherung mit einem Leitungsschutzschalter von I_N = 16 A, B-Charakteristik?

3.5.2 Der Kunde möchte sich von der Sicherheit der PCs überzeugen.
Bei der Überprüfung (nach VDE 0100, Teil 701) ergibt sich bei einem PC ein Schutzleiterwiderstand von Z_{Sch} = 2,5 Ω.
Beurteilen Sie diesen Messwert.

Abb. 3.3
Schleifenimpedanzmessgerät

3.6 Energiekostengegenüberstellung von zwei Elektrogeräten

Der Kunde möchte für die Küche eine Spülmaschine kaufen. Er hat zwei Modelle in engerer Wahl, die in Preis und Qualität ähnlich sind. Die wichtigsten elektrischen Daten sind in unten stehender Tabelle aufgeführt.
Der Kunde möchte nun von Ihnen einen Energiekostenvergleich als Kaufhilfe erstellt haben. Die Nutzungsdauer soll sieben Jahre betragen. Das Internetcafé hat an 300 Tagen im Jahr geöffnet und die Spülmaschine wird täglich zweimal benutzt.

	Hersteller	Energieverbrauch pro Standardspülung in kWh	Wasserverbrauch in Liter	Energieeffizient
I	Simat SE 25 M	0,9	12	A
II	Banussi GSKF 140	1,3	18	B

Tabelle 3.1
Kostenvergleich zweier Spülmaschinen

3.6.1 Erstellen Sie einen Energiekostenvergleich wenn eine Kilowattstunde 20 Cent kostet.

3.6.2 Wie viel Geld kann der Kunde innerhalb der Nutzungsdauer sparen, wenn er die energiesparendere Spülmaschine wählt?
Die Wasserkosten betragen 4,00 € pro m³ (mit Abwasser).

3 Modernisieren und Erweitern eines Internetcafés

3.7 Planen der Zuleitung zu einer Espressomaschine

In der Bar soll eine Espressomaschine (P_{max} = 6,5 kW, $\cos\varphi \approx 1$) aufgestellt werden (siehe Grundrissplan).
Ermitteln Sie die Leiterquerschnittsfläche unter Berücksichtigung des maximal zulässigen Spannungsfalls von $\Delta u_\% \leq 3\,\%$.
Die Leitung wird in Rohr verlegt.
Umgebungstemperatur $\vartheta = 25\,°C$.

Abb. 3.4 Espressomaschine für die Gastronomie

3.8 SPS-Programm für eine Markisensteuerung (Sonnenschutz)

Die beiden Markisen sollen durch eine SPS-Steuerung (z. B. Logo!) gesteuert werden.
Die Markisen sollen durch die Taster „Hoch", „Ab" und „Halt" von Hand bedient werden. Bei Sturm, der durch einen Öffnerkontakt vom Sturmwächter gemeldet wird, werden die Markisen nach einer Zeitverzögerung (die Meldung „Sturm" muss mindestens 20 Sekunden vom Windwächter anstehen) selbsttätig eingefahren. Ein Herunterfahren der Markise während der Sturmmeldung oder ein „Halt" ist nicht möglich.

Anlagen A 3.4 und A 3.5 auf CD

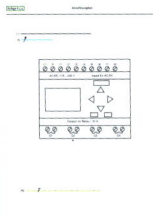

Erstellen Sie (nur Markise 1):
- die Zuordnungsliste,
- den Anschlussplan (Anlage A 3.4) und
- den Funktionsplan (Anlage A 3.5).

Zusatzaufgabe:
Erweitern Sie die Anlage durch einen Sonnensensor „0" ≙ Sonne (die Beleuchtungsstärke ist einstellbar, Bedingungen wie beim Windwächter).

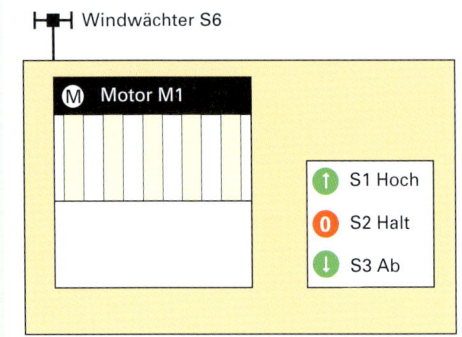

Abb. 3.5 SPS

Abb. 3.6 Technologieschema für die Senkrechtmarkise

Anlage A 3.6 auf CD

3.9 Energieverteiler im Internetcafé

Zeichnen Sie den Energieverteiler (Anlage A 3.6).
Für das Internetcafé ist der komplette Energieverteiler zu zeichnen. Für die Stromkreise in der Bar soll ein FI-Schutzschalter verwendet werden. Die Beleuchtung für das Internetcafé wird über Stromstoßschalter (im Energieverteiler) ein- bzw. ausgeschaltet. Es wird ein TN-C-S-Netzsystem verwendet. Die Vorsicherungen haben einen Wert von 3 x 63 A. Die Energieverteilung erhält einen Überspannungsschutz (Mittelschutz für die PCs).

Aufgaben 3

3.10 Auswahl des Antriebsmotors für die Markise 1

- Wählen Sie einen geeigneten Antriebsmotor (Abb. 3.8) für die Senkrechtmarkise aus. An zwei Fenstern befinden sich jeweils Markisen.
- Wählen Sie nun einen geeigneten Motortyp (Drehmoment) mit Bauform, Betriebs- und Schutzart aus.
- Ermitteln Sie das Gesamtgewicht der Senkrechtmarkise mit Reibung und verwenden Sie dann die Belastungstabelle (Anlage A 3.7).

Lösungshinweis

Wellendurchmesser 78 mm

Gewicht des Tuchs $k_T = \dfrac{600\ g}{m^2}$

Gewicht der Gleitschiene $k_G = 8\ \dfrac{kg}{m}$

Profilstärke 14 mm

Reibung v = 10 % vom Gesamtgewicht

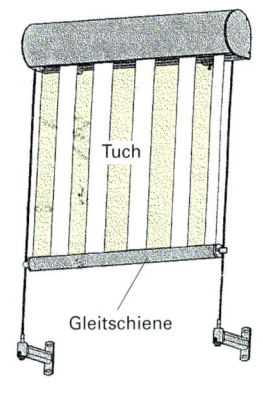

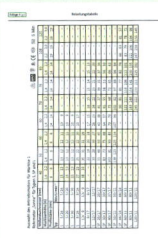

Anlage A 3.7 auf CD

Abb. 3.7 Senkrechtmarkise mit Seilführung

Endabschaltung
Weltweit sorgt die Somfy Endabschaltung in Millionen von Antrieben für ein perfekt geregeltes Auf und Ab. Dank dieser hält Ihre Markise genau auf der gewünschten Höhe an – ohne lästiges Nachlaufen.

Doppelscheibenbremsen
Ohne erstklassige Bremsen nützt der stärkste Antrieb nichts: Die Doppelscheibenbremsen von Somfy stoppen selbst große Markisen punktgenau.

Hochleistungsmotor
Das Kraftzentrum des Somfy Antriebs: der Hochleistungsmotor. Alles an ihm ist auf Hochleistung getrimmt – auch seine Lebensdauer. Die ist nämlich auf tausende von Zyklen ausgelegt. Vor Überlastung ist der Motor durch einen integrierten Thermoschutz geschützt.

Flüstergetriebe
Einen Somfy Antrieb hören Sie kaum. Das Getriebe ist gekapselt, sodass keine Schwingungen übertragen werden.

Rohrmotor

Die maximale Leistung der Motoren beträgt P_{max} = 700 W.

Steuerungselektronik mit integrierter Funkantenne
Weltweit sorgt die Somfy Steuerungselektronik in Millionen von Antrieben für ein perfekt geregeltes Auf und Ab. Dank der patentierten Endabschaltung beispielsweise hält Ihr Rolladen genau auf der gewünschten Höhe an – ohne lästiges Nachlaufen. Funkantriebe „erkennen" selbstständig Hindernisse oder Blockaden durch Vereisung und stoppen automatisch.

Hochleistungsmotor
Das Kraftzentrum des Somfy Antriebs: Der Hochleistungsmotor. Alles an ihm ist auf Hochleistung getrimmt – auch seine Lebensdauer. Die ist nämlich auf tausende von Zyklen ausgelegt. Mit Thermoschutz.

Doppelscheibenbremsen
Ohne erstklassige Bremsen nützt der stärkste Antrieb nichts: Die Doppelscheibenbremsen von Somfy stoppen selbst große, schwere Rollläden punktgenau – ohne gefährliches „Nachlaufen". Und sie machen Einbrechern das Leben schwer, denn das Hochschieben eines doppelt gebremsten Rollladens (mit Sicherheitszubehör) ist fast unmöglich.

Flüstergetriebe
Einen Somfy Antrieb hören Sie kaum. Das Getriebe ist abgekapselt, sodass keine Schwingungen übertragen werden. Betriebsgeräusche werden durch den Kunststoffadapter zwischen Antrieb und Rollladenwelle stark reduziert.

Einsteckmotor

Abb. 3.8 Markisen- (oben) und Rollladenmotor (unten)

3.11 Berechnen der Leuchtenanzahl für die Küche

Berechnen Sie die Anzahl der Leuchten in der Küche des Internetcafés.
Über die Anzahl der Leuchten sind Elektromeister und Architekt verschiedener Meinung. Der Elektromeister meint, dass eine Spiegelreflektorleuchte, doppelflammig tief strahlend, mit je P = 58 W (Kundenwunsch) notwendig ist. Der Architekt will zwei Leuchten einbauen lassen. Klären Sie den „Streit" durch Berechnung.

> **Lösungshinweis**
> Die Wände sind mit beigefarbener Raufasertapete tapeziert. Der Boden ist mit dunkelroten Fliesen ausgestattet. Die Decke besteht aus weißem Paneel.

Anlage A 3.8
auf CD

3.12 Materialliste für das PC-Netzwerk

Die sechs PCs sollen zu einem Netzwerk verbunden werden.
Die PCs sind für den Netzwerkbetrieb noch nicht vorbereitet.
Stellen Sie das benötigte Material für das Netzwerk zusammen. Geben Sie die genaue Bezeichnung an.
Es soll ein sternförmiges Netzwerk aufgebaut werden (Anlage A 3.8).

3.13 Beschalten einer Einbruchmeldezentrale

Der Kunde möchte im Rahmen der Sanierung des Internetcafés auch eine Alarmanlage einbauen lassen. Er hat sich für die Einbruchmeldezentrale L 108 von ABB (Abb. 3.9) entschieden.
Beschalten Sie diese Meldezentrale (Anlage A 3.9). Beachten Sie auch die Firmenunterlagen „Klemmenbelegung der Hauptplatine" (Abb. 3.10), Sicherungsklasse B.

Anlage A 3.9
auf CD

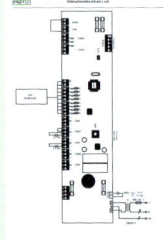

Anzuschließen sind:
- Deckelkontakt CN 24
- Sirene CN 19
- optischer Melder CN 16
- Ext. scharf und Überfall CN 4
- Brandmelder CN 3
- Meldegruppen CN 25 und CN 2

Auch bei Nichtverwendung müssen die Anschlüsse wie folgt beschaltet sein, damit keine Störung anliegt:
- Die Meldergruppe 1 bis 7 und 9 müssen mit 2,7 kΩ abgeschlossen sein (nach dem letzten Melder).
- Der ext. scharf Eingang MG 10 muss mit 2,7 kΩ und 560 Ω abgeschlossen sein (normalerweise in Schalteinrichtung enthalten).
- Die Signalgeberausgänge (28/29, 30/32 und 31/32) müssen mit 1 kΩ abgeschlossen sein.
- Die Verschlussmeldergruppe muss mit 0 V verbunden sein (Brücke 8–C).
- Um die Zentrale wieder in den Auslieferungszustand zu versetzen, muss LK4 für ca. 5 s gebrückt werden, während die Betriebspannung zugeschaltet wird.

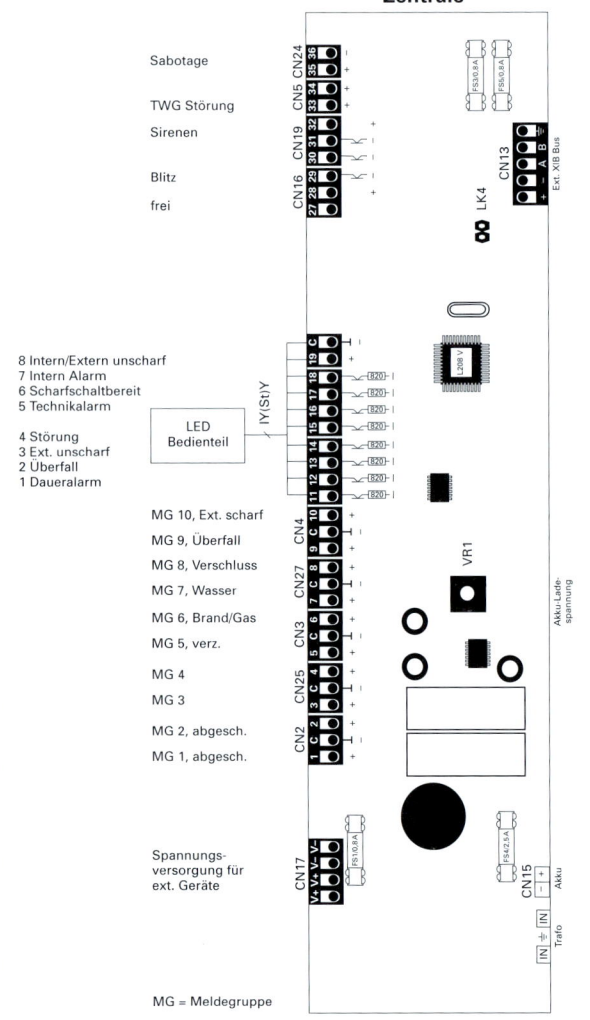

Abb. 3.9 Einbruchmeldezentrale L 108

Aufgaben 3

Klemmenbelegung der Hauptplatine (Klemmenbelegung im Uhrzeigersinn, beginnend links unten)

Klemme	Bezeichnung		Funktion	Reaktion
CN17	V+	+ 12 V	+ 12 V DC gepufferte Spannung für externe Geräte	Sicherung: FS1 0,8 A flink
	V−	0 V		
CN2	1	MG 1 (+)	Einbruch MG (abgeschaltet bei int. scharf)	unscharf: nur Anzeige intern scharf: nur Anzeige extern scharf: Externalarm + DA
	C	Gemeinsam (−)	Gemeinsame 0 V für MG 1 + 2	
	2	MG 2 (+)	Einbruch MG (abgeschaltet bei int. scharf)	unscharf: nur Anzeige intern scharf: nur Anzeige extern scharf: Externalarm + DA
CN25	3	MG 3 (+)	Einbruch MG	unscharf: nur Anzeige intern scharf: Internalarm extern scharf: Externalarm + DA
	C	Gemeinsam (−)	Gemeinsame 0 V für MG 3 + 4	
	4	MG 4 (+)	Einbruch MG	unscharf: nur Anzeige intern scharf: Internalarm extern scharf: Externalarm + DA
CN3	5	MG 5 (+)	Abhängig von MG 10: – bei sofortiger Scharfschaltung: Reaktion wie MG 3 + 4 – bei verzögerter Scharfschaltung: Einbruch MG, 45 s verzögert	unscharf: keine Reaktion intern scharf: keine Reaktion extern scharf: Summer und Externalarm + DA nach 45 s
	C	Gemeinsam (−)	Gemeinsame 0 V für MG 5 + 6	
	6	MG 6 (+)	Brand/Gas MG	unscharf: Internalarm intern scharf: Internalarm extern scharf: Internalarm
CN27	7	MG 7 (+)	Wasser MG	unscharf: Internalarm intern scharf: Internalarm extern scharf: Internalarm
	C	Gemeinsam (−)	Gemeinsame 0 V für MG 7 + 8	
	8	MG 8 (+)	Verschluss-Brücke 8–C	Führt zur Scharfschaltverhinderung, wenn gestört (Türen nicht verschlossen)
CN4	9	MG 9 (+)	Überfallmelder	Externalarm, DA und Ausgang 12 (Überfall)
	C	Gemeinsam (−)	Gemeinsame 0 V für MG 9 + 10	
	10	MG 10 (+)	Extern scharf MG Sofortige Scharfschaltung mit 2,7 kΩ und 560 Ω Verzögerte Scharfschaltung mit 5,6 kΩ und 560 Ω	Zum Anschluss externer Schalteinrichtungen (außen) Zum Anschluss externer Schalteinrichtungen (innen)
CN6	11	Daueralarm	Transistorausgänge schalten aktiv 0 V Innenwiderstand 820 Ω, max. 15 mA — LED Bedienteil	Schaltet 0 V bei Externalarm bis zum manuellen Reset
	12	Überfall		Schaltet 0 V bei Überfallalarm für 180 s
	13	ext. unscharf		Schaltet 0 V bei unscharfer Anlage, hochohmig wenn extern scharf
	14	Störung		Schaltet 0 V, wenn keine Störung aus Stromversorgung, TWG oder Prozessor vorliegt
CN26	15	Technikalarm	Transistorausgänge schalten aktiv 0 V Innenwiderstand 820 Ω, max. 15 mA — LED Bedienteil	Schaltet 0 V bei Gas/Wasser/Brandalarm
	16	Scharfschaltbereit		Schaltet 0 V wenn System extern scharfschaltbereit ist
	17	Internalarm		Schaltet 0 V bei Internalarm für 180 s
	18	int. und ext. unscharf		Schaltet 0 V wenn System unscharf ist. Hochohmig bei intern oder extern scharf.
CN16	27	frei		
	28	Blitzleuchte (+)	(Aktiv 0 V)	Schaltet bei Externalarm bis zum Rücksetzen Sicherung FS3 800 mA flink
	29	Blitzleuchte (−)		
CN19	30	Sirene 1 (−)	(Aktiv 0 V)	Schaltet bei Externalarm für 180 s Sicherung FS3 800 mA flink
	31	Sirene 2 (−)	(Aktiv 0 V)	
	32	Sirenen 1 & 2 (+)		
CN5	33	TWG-Störung	Anschluss des Störungrelais des TWG, im Normalfall mit 0 V gebrückt (Klemme 36)	Bei offenem Kontakt vom TGW (Störung) Scharfschaltverhinderung + Summer
	34		Ohne Funktion, nicht belegen!	
CN24	35	Deckelkontakt (+)	Deckelkontakt des Zentralengehäuse Sabotagekontrolle	unscharf: Summer im Bedienteil und Internalarm innen scharf: Summer und Internalarm extern scharf: Externalarm
	36	Gemeinsam (−)		
CN13	+, −, A, B	Externer Bus (XIB)	Zum Anschluss von Bedienteilen	Sicherung FS5 800 mA flink
	GND	Abschirmung		
CN23		Programmiersockel	Für Firmware-Update (nur im Werk möglich)	
VR 1		Akkuladespannung	Werkseinstellung 13,6 – 13,8 V	
CN15	+, −	Akku 12 V		FS4 2,5 AT, 7,2 Ah
AC	IN, IN GND	ca. 20 V AC von Trafo		Von Trafo und Netzanschluss mit integrierter Sicherung 400 mA träge

Abb. 3.10 Anschaltpläne der Zentrale

3.14 Fehlerbeseitigung bei der Inbetriebnahme

Bei der Inbetriebnahme von den Installationsschaltungen wurden mehrere Fehler festgestellt. Zeigen Sie mögliche Ursachen und deren Beseitigung auf.

3.14.1 Die Steckdose unterhalb des Tasters an der Eingangstür bekommt nur Spannung, wenn der Taster betätigt wird.

3.14.2 Wenn die Spülmaschine eingeschaltet wird, dann löst sofort der FI-Schutzschalter aus.

3.14.3 Nur solange die Taster betätigt werden, leuchtet das Licht auf.

3.14.4 Die Sparwechselschaltung funktioniert fehlerhaft: An Schalter 1 kann das Licht ordnungsgemäß ein- bzw. ausgeschaltet werden. Schalter 2 funktioniert nur bei **einer** Position von Schalter 1.

3.15 Prüfung des Isolationswiderstandes

Vor der Inbetriebnahme des Intercafés sind verschiedene Messungen nach VDE 0100, Teil 600 durchzuführen und zu protokollieren (s. auch 3.5.1).

3.15.1 Wie hoch ist der Mindestwert des Isolationswiderstandes im TN-C-System (nach VDE)?

3.15.2 Beschreiben Sie die Vorgehensweise bei der Isolationsmessung (nur Personenschutz).

> *Lösungshinweis*
> *Die Aufgaben können unabhängig voneinander gelöst werden. Taschenrechner und Tabellenbuch sind unbedingt notwendig. Die Bearbeitungszeit für eine Teilaufgabe beträgt durchschnittlich 30 Minuten.*

Lösungen

3.1 Erneuern der Elektroinstallation in der Küche

Lösung 3.1

Normalausstattung in der Küche:
9 Steckdosen, 3 geschaltete Leuchten.

Die Betriebsmittel können auch an anderen Stellen angeordnet werden.

① Elektroherd
② Spülmaschine
   angeordnet unter Ablage der Spüle
③ Mikrowellenherd
   eingebaut im Hochschrank
④ Backofen
   eingebaut im Hochschrank
⑤ Dunstabzugshaube
   über dem Elektroherd
⑥ Kühlschrank mit Gefrierteil
⑦ Arbeitsplatzbeleuchtung
⑧ allgemeine Beleuchtung mit
   Wechselschaltern

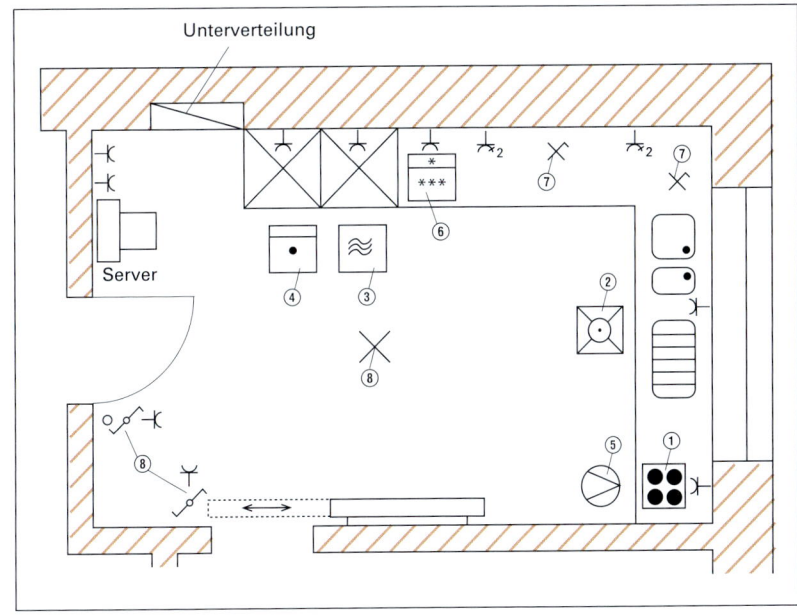

Abb. 3.11 Grundrissplan der Küche (Anlage A 3.1)

3.2 Zeichnen des Stromlaufplans

Lösung 3.2

Stromlaufplan in zusammenhängender Darstellung (KVG – konventionelles Vorschaltgerät – mit Drosselspule).

Eine Ader wird „gespart", wenn **auf beiden Seiten** des Wechselschalters eine Steckdose angeschlossen wird.

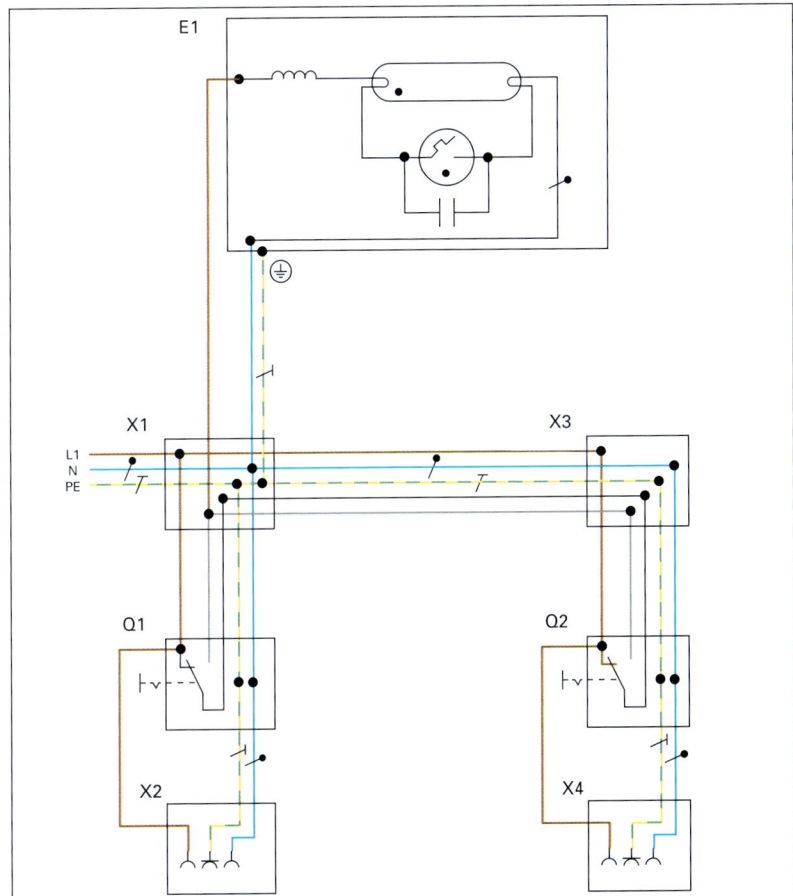

Abb. 3.12
Stromlaufplan der Sparwechselschaltung
(Anlage A 3.2)

3 Modernisieren und Erweitern eines Internetcafés

3.3 Bereitstellen der Energieversorgung für sechs PC-Plätze

Lösung 3.3.1

Bei geforderter hoher Versorgungssicherheit bekommt jeder PC eine eigene Zuleitung (eigener Stromkreis).

Lösung 3.3.2

Berechnung der Stromstärke (ungünstigster Fall):

$$P = U \cdot I \cdot \cos\varphi$$

$$I = \frac{P_{ges}}{U \cdot \cos\varphi} = \frac{530\,W}{230\,V \cdot 0{,}9} = 2{,}56\,A$$

$P_{ges} = P_{PC} + P_{Mon} + P_{Drucker} = 350\,W + 100\,W + 80\,W = 530\,W$

Es ist die ungünstigste Verlegeart zu verwenden → Installationsrohr → B2 (nach DIN VDE 0298, Teil 4). Häufung wird nicht berücksichtigt.

Umgebungstemperatur $\vartheta = 25\,°C$; 2 belastete Adern (Wechselstrom)

Aus DIN VDE 0298 oder Tabellenbuch
$I_Z = 17{,}5\,A$; $I_N = 16\,A$
$q = 1{,}5\,mm^2$ Mindestwert bei Energieleitungen
Leitungstyp: NYM-J

Berechnungsempfehlung (ca.-Werte):

① von Decke zur Unterverteilung:
$l_1 = 3\,m - 2\,m = 1\,m$
Reserve 1: 1 m
Decke → UV $l_1' = 2\,m$

② von Decke zu PC-Tisch:
$l_2 = 3\,m - 0{,}85\,m = 2{,}15\,m$
Reserve 2: 2 m
Decke → PC-Tische $l_2' = 4{,}15\,m$

③ an der Decke zu den Abgängen zum Tisch bzw. Verteiler:
$l_3 = 1\,m + 4\,m + 2\,m = 7\,m$
Reserve 3: 2 m
$l_3' = 9\,m$

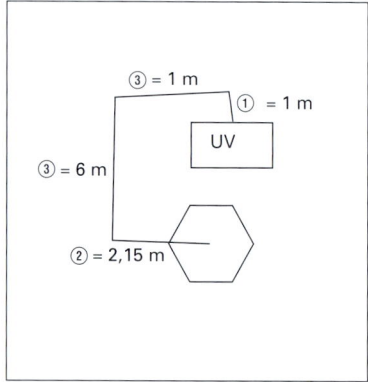

Abb. 3.13 Zeichnung zur Längenberechnung der PC-Zuleitungen

Gesamtlänge
$l_{ges} = l_1' + l_2' + l_3' = 2\,m + 4{,}15\,m + 9\,m$
$l_{ges} = 15{,}15\,m$

Lösung 3.3.3

Spannungsfall

$$\Delta U = \frac{2 \cdot l \cdot I_N \cdot \cos\varphi}{\varkappa \cdot q}$$

Es ist der Nennstrom des Leitungsschutzschalters ($I_N = 16\,A$) einzusetzen.

$$\Delta U = \frac{2 \cdot 15{,}15\,m \cdot 16\,A \cdot 0{,}9}{46\,\frac{m}{\Omega \cdot mm^2} \cdot 1{,}5\,mm^2} = 6{,}47\,V$$

$\varkappa = 46\,\dfrac{m}{\Omega \cdot mm^2}$ (Kupferleitung bei $\vartheta = 70\,°C$)

$$\Delta u_\% = \frac{\Delta U \cdot 100\,\%}{U_0} = \frac{6{,}47\,V \cdot 100\,\%}{230\,V} = 2{,}81\,\%$$

Der Spannungsfall von $\Delta u_\% = 2{,}81\,\%$ ist kleiner als der zulässige Spannungsfall von $\Delta u_\% \leq 3\,\%$. Deshalb ist der gewählte Leiterquerschnitt ausreichend (NYM-J 3 x 1,5 mm²).

3.4 Erstellen einer Materialliste für die Energieversorgung der PCs

Lösung 3.4

Pos.	Anzahl/Meter	Material
1	90,9 m	NYM-J 3 x 2,5 mm² (6 x 15,15 m)
2	10	Steckdosen (PC, Drucker, Monitor) für Tischeinbau
3	7 m	Installationskanal, z. B. Aluminium cremeweiß 110 x 67 mm
4	5,3 m	Installationsrohr
5	6	Sicherungsautomaten C 16 A
6		Befestigungsmaterial für Installationskanal
7	3	Überspannungsschutz (Mittelschutz)

Tabelle 3.2
Materialliste
(Anlage A 3.3)

3.5 Überprüfen der Anlagensicherheit

Lösung 3.5.1

Damit bei einem vollkommenen Körperschluss der Sicherungsautomat innerhalb von $t \leq 0{,}4$ s auslöst, muss eine Stromstärke von $I_A \geq 16$ A $\cdot$ 5 + 30 % = 80 A + 30 % = 104 A fließen können.
(B-Automat; $5 \cdot I_N$; + 30 % Toleranz wegen Unsicherheit bei den Übergangswiderständen [VDE 0413])

$$Z_{Sch} \leq \frac{U_N}{I_A} \leq \frac{230\,V}{104\,A} \leq 2{,}21\,\Omega$$

Die gemessene Schleifenimpedanz ist mit $Z_{SCH} = 3{,}5\,\Omega$ zu hoch. Die geforderte Abschaltzeit im TN-System wird damit **nicht** erreicht. Die zu hohe Schleifenimpedanz ist zu beseitigen, z. B. Klemmen überprüfen.

Lösung 3.5.2

Der Grenzwert für den Schutzleiterwiderstand beträgt $Z_{Sch} \leq 0{,}3\,\Omega$ (VDE 0100, Teil 701) bei einer Anschlussleitung bis 5 m. Damit ist der Schutzleiterwiderstand zu hoch. Die geforderte Abschaltzeit von $t \leq 0{,}4$ Sekunden wird bei einem Körperschluss nicht erreicht. Die Anschlussklemmen müssen kontrolliert und die Leitung auf Beschädigung überprüft werden (Leitung evtl. austauschen).

3.6 Energiekostengegenüberstellung von zwei Elektrogeräten

Lösung 3.6.1

Energiekosten

$K_I = W_I \cdot p \cdot t = 0{,}9$ kWh $\cdot\ 20\,\dfrac{\text{Cent}}{\text{kWh}} \cdot 300 \cdot 7 \cdot 2 = 756$ € (Simat)

$K_{II} = W_{II} \cdot p \cdot t = 1{,}3$ kWh $\cdot\ 20\,\dfrac{\text{Cent}}{\text{kWh}} \cdot 300 \cdot 7 \cdot 2 = 1092$ € (Banussi)

Lösung 3.6.2

Preisvergleich

Wasserkosten $K_W = V \cdot n \cdot p$

Gesamtkosten „Simat" $K_{Ges\,S} = K_I + K_W$
  $K_{Ges\,S} = 756$ € $+ 2 \cdot 12$ l $\cdot\ 300 \cdot 7 \cdot 4\,\dfrac{€}{m^3} = 957{,}60$ €

Gesamtkosten „Banussi" $K_{Ges\,B} = K_{II} + K_W$
  $K_{Ges\,B} = 1092$ € $+ 2 \cdot 18$ l $\cdot\ 300 \cdot 7 \cdot 4\,\dfrac{€}{m^3} = 1394{,}40$ €

V = Volumen;
n = Anzahl der Spülvorgänge;
p = Kosten pro m³ Wasser

Umrechnungen:
1 m³ = 1000 l
12 l = 0,012 m³
18 l = 0,018 m³

Kostenersparnis:
  $\Delta K = K_{Ges\,B} - K_{Ges\,S} = 1394{,}40$ € $- 957{,}60$ € $= 436{,}80$ €
  Die Simat Spülmaschine ist während ihrer Nutzungsdauer um 436,80 € günstiger als die Banussi Spülmaschine.

3.7 Planen der Zuleitung zu einer Espressomaschine

Lösung 3.7

Gegeben: $P_{max} = 6{,}5$ kW, $\cos\varphi \approx 1$, $\Delta u_\% \leq 3\,\%$

Gesucht: a) q b) $\Delta u_\%$

Lösung a) Bei dieser hohen Leistung wird die Espressomaschine an Drehstrom angeschlossen.
$$P = \sqrt{3} \cdot U \cdot I \cdot \cos\varphi$$
$$I = \frac{P}{\sqrt{3} \cdot U \cdot \cos\varphi} = \frac{6{,}5 \text{ kW}}{3 \cdot 400 \text{ V} \cdot 1} = 9{,}38 \text{ A}$$

Die Absicherung erfolgt mit $I_N = 16$ A. Mit diesem Wert ist in der VDE Tabelle 0298, Teil 4, zu rechnen. Die Maschine wird nicht fest angeschlossen.

Verlegeart B2, Umgebungstemperatur $\vartheta = 25\,°C$, 3 belastete Adern (da Drehstrom)
$q = 1{,}5$ mm² ($I_N = 16$ A)

Lösung b) Kontrolle des Spannungsfalls:

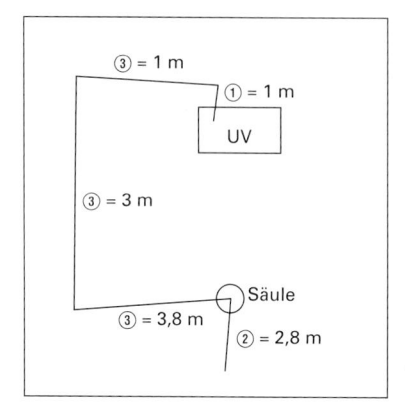

Abb. 3.14 Längenberechnung der Zuleitung zur Espressomaschine

① Decke – UV: $l_1 = 3$ m $-$ 2 m $= 1$ m (s. Skizze), Reserve: 1 m $l_1' = 2$ m
② Decke – Theke: $l_2 = 3$ m $-$ 1,2 m $+$ 1 m $= 2{,}8$ m, Reserve: 1 m $l_2' = 3{,}8$ m
③ an der Decke: $l_3 = 1$ m $+$ 3 m $+$ 3,8 m $= 7{,}8$ m, Reserve: 2 m $l_3' = 9{,}8$ m
$l_{ges} = l_1' + l_2' + l_3' = 2$ m $+$ 3,8 m $+$ 9,8 m $= 15{,}6$ m

Spannungsfall
$$\Delta U = \frac{\sqrt{3} \cdot I_N \cdot l \cdot \cos\varphi}{\varkappa \cdot q} = \frac{\sqrt{3} \cdot 16 \text{ A} \cdot 15{,}6 \text{ m} \cdot 1}{56 \frac{\text{m}}{\Omega \cdot \text{mm}^2} \cdot 1{,}5 \text{ mm}^2} = 5{,}15 \text{ V}$$

Einheitenkontrolle:
$$[\Delta U] = \frac{\text{A} \cdot \text{m} \cdot 1}{\frac{\text{m}}{\Omega \cdot \text{mm}^2} \cdot \text{mm}^2} = \text{A} \cdot \Omega = \frac{\text{A} \cdot \text{V}}{\text{A}} = \text{V}$$

$$\Delta u_\% = \frac{\Delta U \cdot 100\,\%}{U} = \frac{5{,}15 \text{ V} \cdot 100\,\%}{400 \text{ V}} = 1{,}29\,\%$$

Die Leiterquerschnittsfläche ist bei $q = 1{,}5$ mm² ausreichend.
Erlaubt sind $\Delta u_\% \leq 3\,\%$ (DIN 18015).

3.8 SPS-Programm für eine Markisensteuerung (Sonnenschutz)

Lösung 3.8

- **Zuordnungsliste** (die Zuordnung ist willkürlich)

Operand	Kennbuchstabe	Betriebsmittel
I1	S1	Hoch
I2	S2	Halt
I3	S3	Ab
I4	S4	Windwächter
Q1	M1	Rohrmotor „Hoch"
Q2	M1	Rohrmotor „Ab"

- **Zusatzaufgabe:**

Operand	Kennbuchstabe	Betriebsmittel
I5	S5	Sonnensensor

Tabelle 3.4
Zuordnungsliste für die Steuerung der Markise

- **Anschlussplan, Beschaltungsplan**

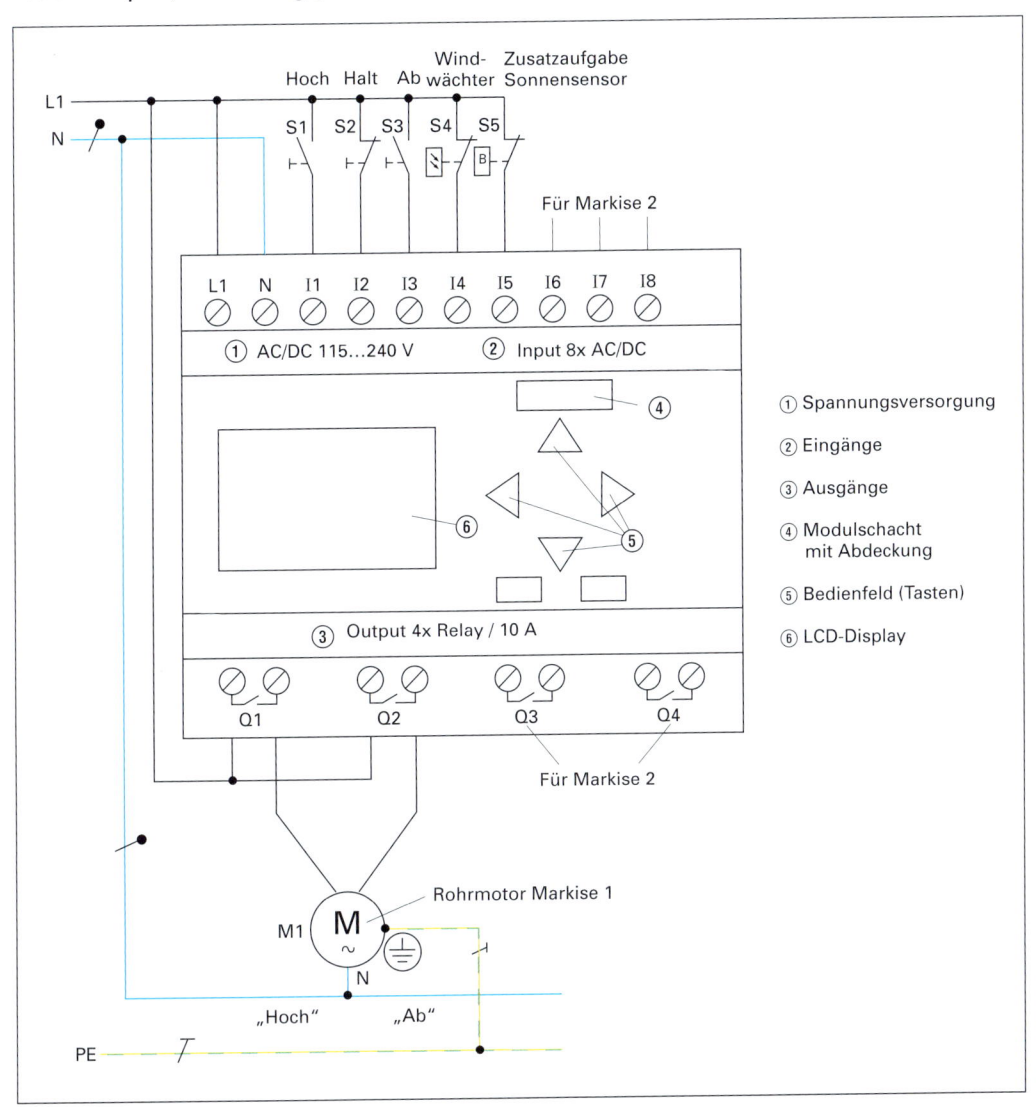

Abb. 3.15 Anschlussplan (Anlage A 3.4)

3 Modernisieren und Erweitern eines Internetcafés

• Funktionsplan

Funktionsplan „Markisensteuerung"
(eine mögliche Lösung)

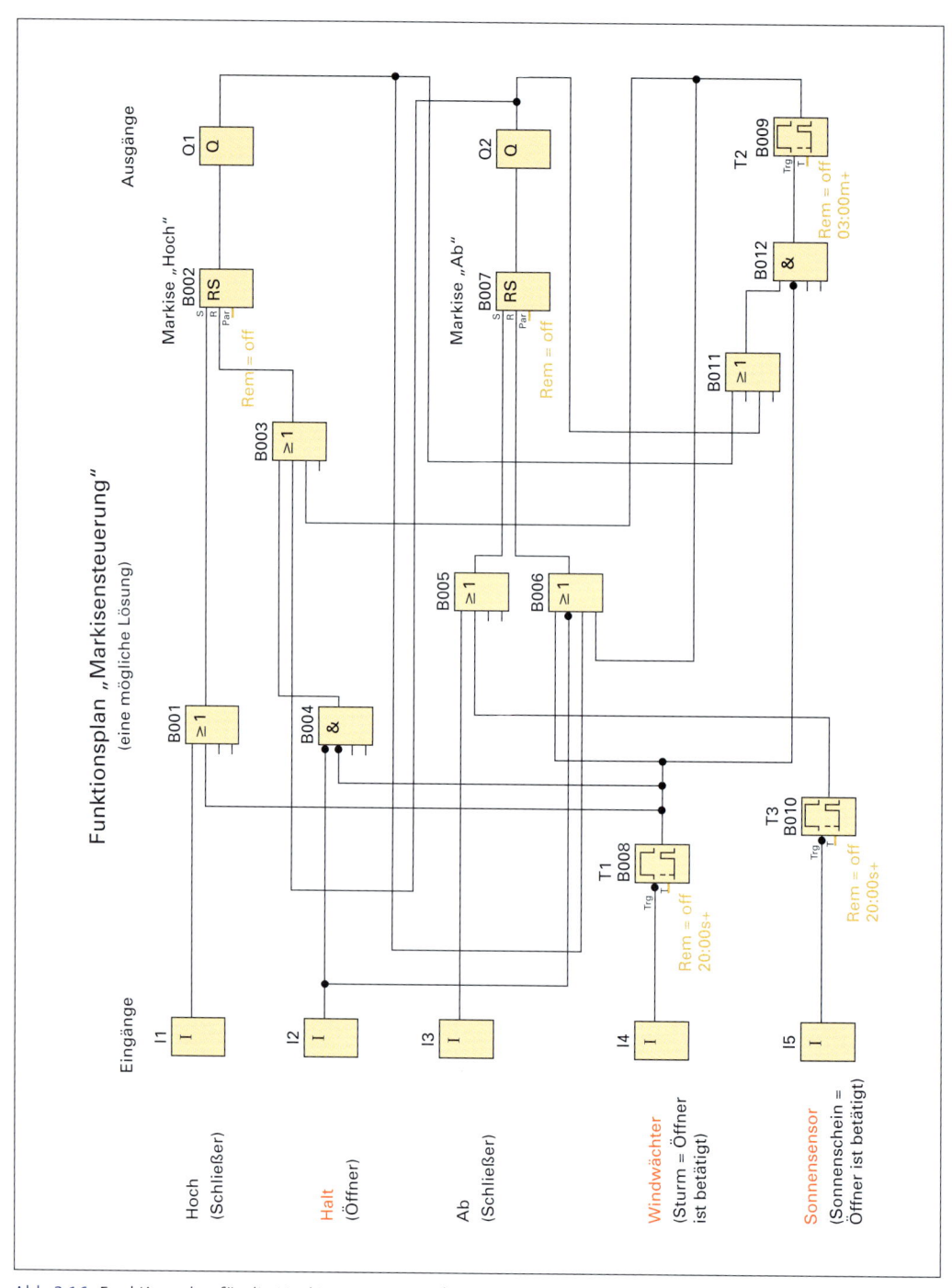

Abb. 3.16 Funktionsplan für die Markisensteuerung (Anlage A 3.5)

> **Lösungshinweis**
> Wegen der Drahtbruchsicherheit müssen Taster S2, Windwächter S4 und Sonnensensor S5 Öffner sein. Der Thermoschutz und die Endtaster sind im Rohrmotor integriert (s. Abb. 3.8). Die Zeitglieder T1, T2 und T3 sind einschaltverzögerte Zeitrelais. Nach 3 Minuten wird die Spannung zum Rohrmotor wieder abgeschaltet. Der Sonnensensor S5 fährt die Markise bei Sonnenschein „Ab", aber bei Bewölkung nicht wieder hoch. Wenn dies gewünscht wird, dann muss zusätzlich ein Schalter „Automatik – Hand" verwendet werden.

3.9 Energieverteiler im Internetcafé

Lösung 3.9

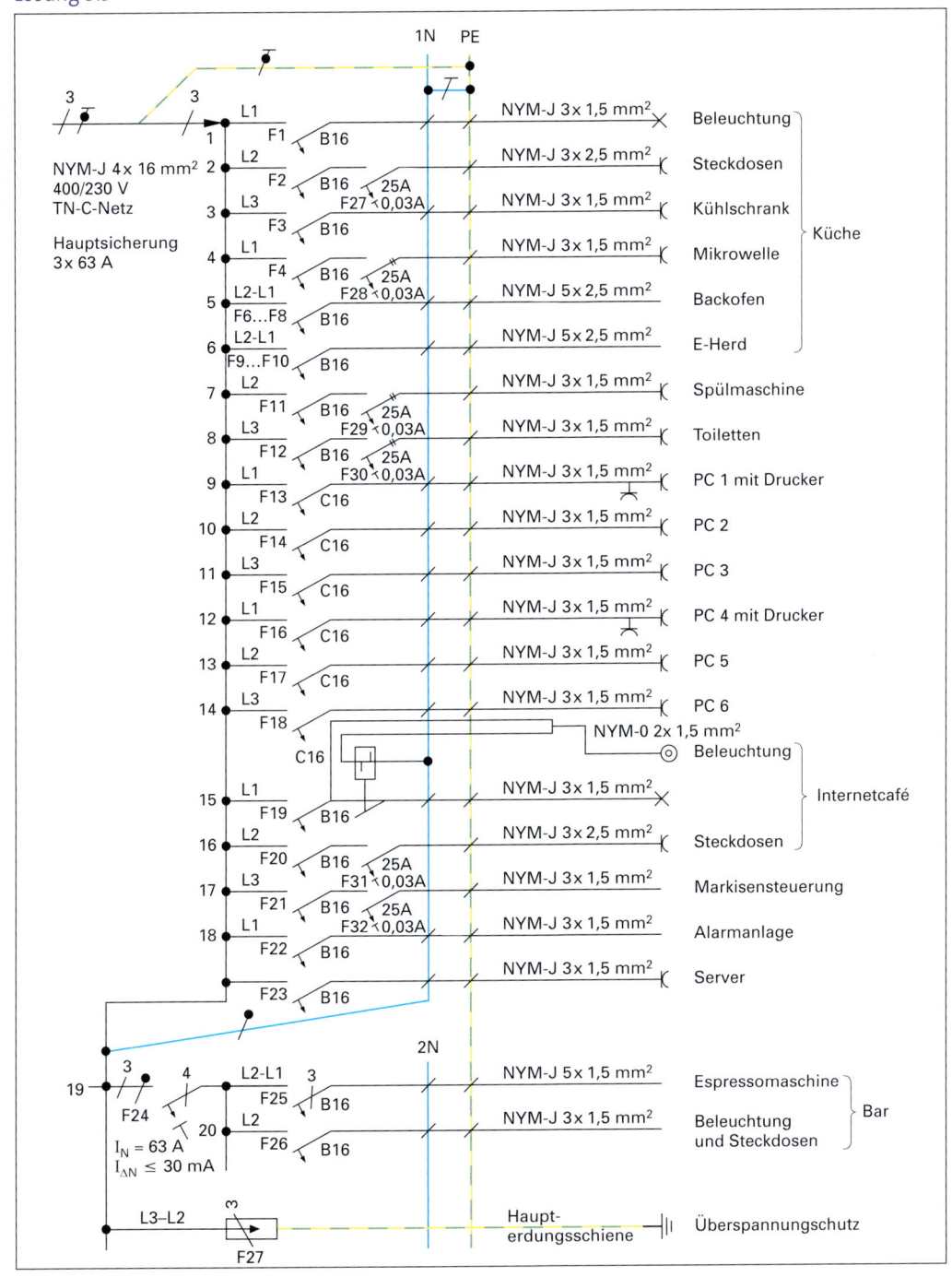

Abb. 3.17 Zeichnung des Energieverteilers (Anlage A 3.6)

Lösungshinweis
Es können auch mehrere Stromkreise (z. B. Mikrowelle und Kühlschrank) zusammengefasst werden.
Bei Steckdosenstromkreisen wird wegen der Leitungslänge q = 2,5 mm² verwendet.
Für den RCD-Schalter muss ein getrennter N-Leiter verwendet werden.
Für die Steckdosenkreise, die nicht einem bestimmten Betriebsmittel zugeordnet sind, muss nach VDE 0100 410 ein RCD-Schalter mit $I_{\Delta N} \leq 30$ mA verwendet werden.

3.10 Auswahl des Antriebsmotors für die Markise 1

Lösung 3.10

- **Motortyp:**

Wegen der geringen Leistung $P \leq 600$ W werden die Motoren an Wechselspannung angeschlossen. Deshalb werden Einphasen-Kondensatormotoren (Asynchronmotoren) verwendet. Der Motor hat Rechts- und Linkslauf. Die Leistung des Motors richtet sich nach der Zuglast.

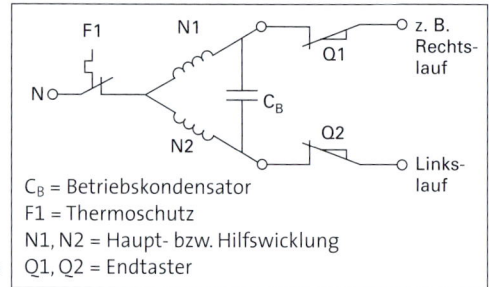

Abb. 3.18 Schaltzeichen des Motors

C_B = Betriebskondensator
F1 = Thermoschutz
N1, N2 = Haupt- bzw. Hilfswicklung
Q1, Q2 = Endtaster

Aus dem Grundriss Internetcafé (Abb. 3.1) ergibt sich für die Markise:

Breite b = 2,5 m (Maß über den Maßstab)

Höhe h = 2,2 m (Angabe)

Tuchfläche $A = b \cdot h$ = 2,5 m · 2,2 m = 5,5 m²

Gewicht des Tuchs $m' = A \cdot k_T = 5{,}5 \text{ m}^2 \cdot 600 \frac{g}{m^2} = 3{,}3$ kg

Gewicht der Gleitschiene $m'' = b \cdot k_G = 2{,}5 \text{ m} \cdot 8 \frac{kg}{m} = 20$ kg

Gesamtgewicht der Fallarmmarkise $m_{ges} = m' + m'' = 3{,}3$ kg + 20 kg = 23,3 kg

Reibung $m_{Reib} = \frac{V \cdot m_{ges}}{100\%} = \frac{10\% \cdot 23{,}3 \text{ kg}}{100\%} = 2{,}33$ kg

Zuglast des Motors $m_Z = m_{ges} + m_{Reib} = 23{,}3 + 2{,}33$ kg = 25,63 kg

Laut Belastungstabelle (Tabelle 3.4)

Wellendurchmesser 78 mm → Markisenhöhe 2,2 m → Profilstärke 14 mm → Zuglast 25,63 kg → gewählt 35 kg → Motortyp „Sonne" SP 20/17 mit M = 20 Nm.

Die Fallarmmarkise ist zwar in drei Teile unterteilt, es ist jedoch nur ein gemeinsamer Motor für ein Fenster vorhanden.

Auswahl des Antriebsmotors für Markise 1
Rohrmotor „Sonne" für Typen S, SP und L   S2 5 Min

Wellendurchmesser (mm)		40		50		60		60		70		78		85		108		125	
Markisenhöhe (m)		1,4	2,2	1,4	2,2	1,4	2,2	1,4	2,2	1,4	2,2	1,4	2,2	1,4	2,2	2,2	3,0	2,2	3,0
Profilstärke (mm)		8	8	8	8	8	8	14	14	14	14	14	14	14	14	19	19	19	19
Typ	Nm/U min⁻¹																		
S 5/16	5/16	15	13	13	12	12	11	10	9	–	–	–	–	–	–	–	–	–	–
S 5/20	5/20	15	13	13	12	12	11	10	9	–	–	–	–	–	–	–	–	–	–
S 5/30	5/30	15	13	13	12	12	11	10	9	–	–	–	–	–	–	–	–	–	–
S 9/16	9/16	27	23	25	22	22	20	20	17	–	–	–	–	–	–	–	–	–	–
S 13/9	13/9	38	33	35	31	31	29	–	–	–	–	–	–	–	–	–	–	–	–
S 8/17	8/17	–	–	22	19	20	18	17	15	16	15	15	14	15	13	–	–	–	–
S 12/17	12/17	–	–	33	29	30	27	26	23	24	22	23	21	22	20	–	–	–	–
SP 20/17	20/17	–	–	55	49	50	45	43	38	41	37	39	35	37	34	–	–	–	–
SP 30/17	30/17	–	–	83	73	75	68	64	57	61	55	58	53	56	50	–	–	–	–
SP 40/17	37/17	–	–	102	91	93	85	79	70	75	68	72	65	69	62	–	–	–	–
SP 50/11	50/11	–	–	139	123	125	114	107	94	102	92	97	88	94	84	–	–	–	–
SP 44/14	44/14	–	–	–	–	–	–	–	–	90	81	85	77	82	74	66	63	61	57
SP 60/11	60/11	–	–	–	–	–	–	–	–	122	111	116	106	112	101	83	79	78	72
L 80/11	80/11	–	–	–	–	–	–	–	–	163	148	156	141	150	135	111	106	104	98
L 120/11	120/11	–	–	–	–	–	–	–	–	245	222	233	211	225	202	167	159	156	145

Tabelle 3.4 (Anlage A 3.7)

Lösungen 3

- **Bauform:**
Der Motor wird in die Welle der Markise eingesteckt (Rohrmotor). Der Wellendurchmesser beträgt 78 mm. In dem Rohr befinden sich der Motor mit Betriebskondensator, Endtaster, elektromagnetische Scheibenbremse, das Planetengetriebe und der Überlastschutz (s. Abb. 3.8).

- **Betriebsart:**
Der Kondensatormotor wird nur im Kurzzeitbetrieb (S2) eingesetzt. Nach kurzem Betrieb (z. B. 30 Sekunden) erfolgt eine längere Abkühlphase.
Die Betriebsart bei diesen Motoren lautet z. B. S2 5 Minuten (s. Anlage A 3.7).
Erklärung: Der Motor ist für Kurzzeitbetrieb geeignet. Die maximale Betriebsdauer beträgt 5 Minuten.

- **Schutzart:**
Die Schutzart (Schutz gegen das Eindringen von Fremdkörpern und Feuchtigkeit bzw. Wasser) wird durch Kennbuchstaben angegeben. Der Markisenmotor ist gegen Spritzwasser geschützt. Er hat damit den Schutzgrad IPX4, Symbol ⚠ (s. Anlage A 3.7).
Erklärung: Die „4" bedeutet Spritzwasserschutz. Ist der Schutzgrad freigestellt, dann wird als Buchstabe ein „X" verwendet (s. Tabellenbuch).

3.11 Berechnen der Leuchtenanzahl für die Küche

Lösung 3.11

$$n = \frac{E_{Mittel} \cdot A}{\varnothing_{LA} \cdot \eta_{LB} \cdot \eta_R \cdot WF}$$

E_{Mittel} = 300 lx (es ist auch noch eine Arbeitsplatzbeleuchtung vorhanden)

$A \to l$ = 3,7 cm · 100 = 3,7 m   (s. Grundriss Abb. 3.1)

b = 2,2 cm · 100 = 2,2 m   (s. Grundriss Abb. 3.1)

$A = l \cdot b$ = 3,7 m · 2,2 m = 8,14 m²

$\varnothing_{LA}$ = 5200 lm, wegen guter Farbwiedergabe werden Dreibanden-Leuchtstofflampen verwendet
P = 58 W   (Tabellenbuch)

η_{LB} = 0,75 Leuchtenbetriebswirkungsgrad (s. Tabelle 3.5)

$\varrho_{Decke} \approx 0,8$ (weiß)
$\varrho_{Wände} \approx 0,3$ (beige)   } (Werte aus Tabellenbuch)
$\varrho_{Boden} \approx 0,1$ (dunkelrot)

Ermittlung vom Leuchtenbetriebswirkungsgrad und vom Raumwirkungsgrad (s. Tabellenbuch)

Lichtstärke-verteilung bei 1000 lm	Leuchte	Leuchten-betriebs-wirkungs-grad η_{LB} in %	Reflexionsgrade ϱ, Raumindex k und Raumwirkungsgrad η_R								
			Decke ϱ_1	0,8			0,5		0,3		
			Wände ϱ_2	0,5	0,3		0,5	0,3	0,3		
			Boden ϱ_3	0,3	0,1	0,3	0,1	0,3	0,1	0,3	0,1	0,1
direkt; tiefstrahlend	Wanne, prismatisch	60	Raum-index k	Raumwirkungsgrad η_R in %								
	Spiegelraster, breitstahlend	60	0,6	52	49	43	42	49	48	42	41	41
			1,0	73	67	64	60	69	65	61	59	58
	Spiegel-reflektor, mehrlampig	75	1,5	89	81	81	75	83	78	77	73	72
			2,0	97	86	89	81	90	83	84	79	78
			3,0	107	94	101	90	99	91	94	88	86
			5,0	116	100	111	97	106	96	102	94	93

Tabelle 3.5

$$\text{Raumindex } k = \frac{A}{(l+b)\cdot h} = \frac{8{,}14\ m^2}{(3{,}7\ m + 2{,}2\ m)\cdot 2{,}15\ m} = 0{,}64$$

Raumhöhe $h = 3\ m - 0{,}85\ m = 2{,}15\ m$

Arbeitshöhe $0{,}85\ m$

gewählt $k = 0{,}6$

Mit den Reflexionsgraden ($\varrho = 0{,}8;\ 0{,}3;\ 0{,}1$) und der Lichtstärkeverteilung tiefstrahlend ergibt sich ein Raumwirkungsgrad von $\eta_R = 42\,\%$ bzw. $\eta_R = 0{,}42$ (s. Tabelle 3.5).

Der Wartungsfaktor WF wird mit 0,8 angenommen (normale Verschmutzung und Wartung). Damit ergibt sich

$$n = \frac{300\ lx \cdot 8{,}14\ m^2}{5200\ lx \cdot 0{,}75 \cdot 0{,}42 \cdot 0{,}80} = 1{,}86 \Rightarrow 2\ \text{Leuchtstofflampen}$$

Gewählt wird 1 Leuchte (doppelflammig).

Der Meister hat „Recht".

3.12 Materialliste für das PC-Netzwerk

Lösung 3.12

Pos.	Anzahl/Meter	Material
1	6	Netzwerkkarten Ethernet 100 Mbit/s (PC)
2	2	Netzwerkkarten Ethernet 100 Mbit/s (Server)
3	6	Netzwerkdosen (AT 5 u. P.) (für Einbau in den Tisch)
4	≈ 15 m	Installationsmaterial (Switch)
5	≈ 20 m	Twisted Pair Ethernet Netzwerkleitung S-STP CAT 5 (12 m PC → Switch und 8 m Switch → Server)
6	≈ 5 m	Patch-Kabel CAT 5 inkl. Stecker (PC → Netzwerkdose)

Tabelle 3.6
Material für das Netzwerk der PCs
(Anlage A 3.8)

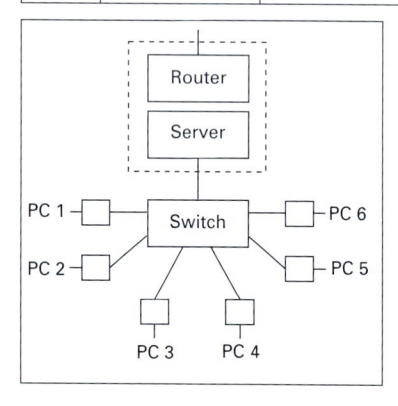

Abb. 3.19
Sternförmiges Netzwerk für die PCs

3.13 Beschalten einer Einbruchmeldezentrale

Lösung 3.13

Die dargestellte Lösung geht von folgenden Annahmen aus:
- Nur die Toilettenfenster können geöffnet werden. Deshalb erhalten nur die Toilettenfenster und die Türen einen Riegelkontakt (5 Riegelkontakte: 2 x Fenster, 1 x Notausgang, 2 x Eingangstür, 1 Bewegungsmelder).
- 5 Magnetkontakte werden benötigt (2 x Toilettenfenster, 1 x Notausgang, 2 x Eingangstür).
- Beträgt die Länge eines Fensters mehr als 2 m, dann sind mindestens 2 Glasbruchmelder vorzusehen. Deshalb sind 14 Glasbruchsensoren zu installieren (1 x Notausgang, 2 x Eingangstür, 2 x Toilettenfenster, 8 x große Fenster, 1 x kleines Fenster).

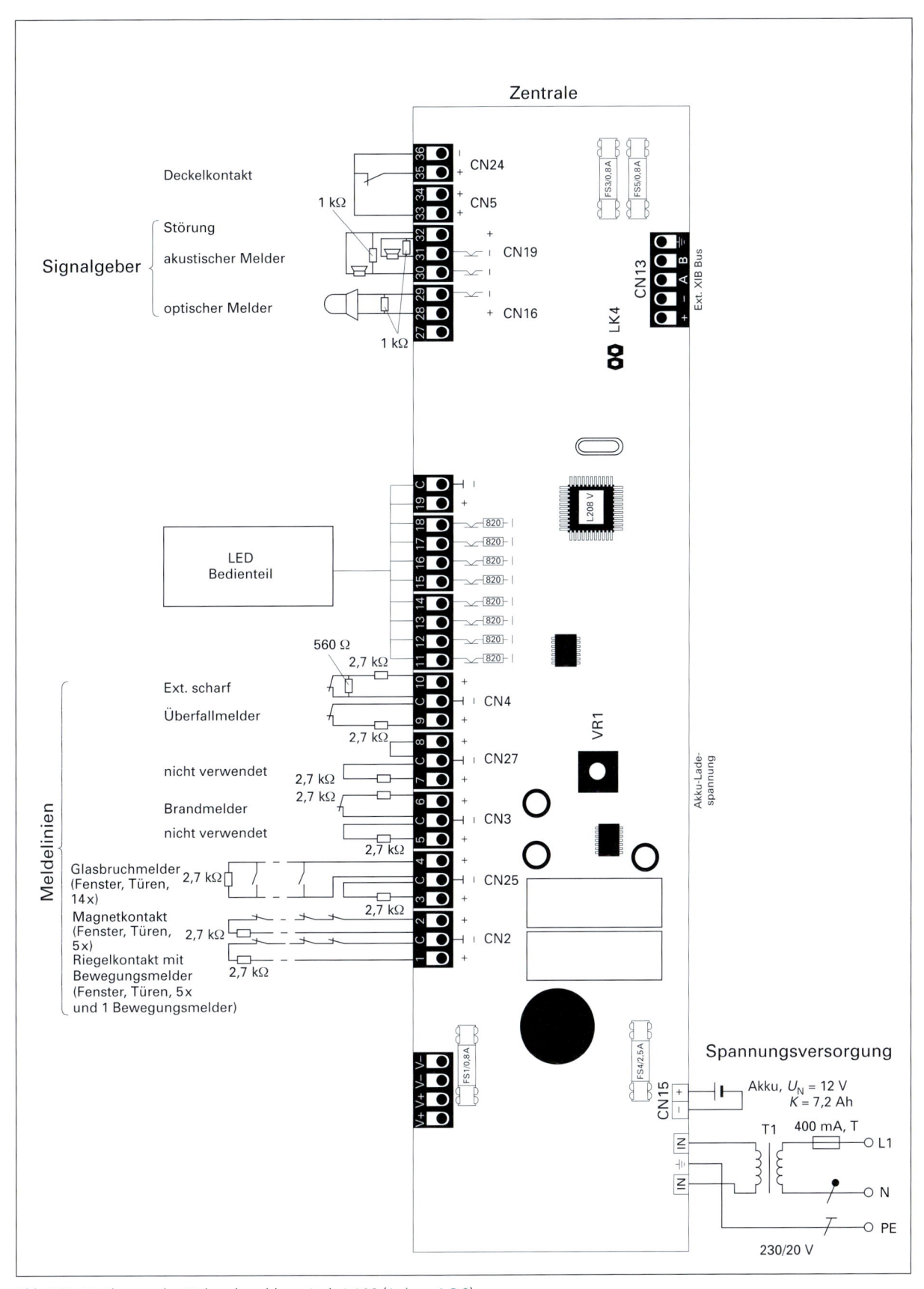

Abb. 3.20 Zeichnung der Einbruchmeldezentrale L 108 (Anlage A 3.9)

3.14 Fehlerbeseitigung bei der Inbetriebnahme

Lösung 3.14

3.14.1 Der Außenleiter von der Steckdosenleitung wurde am Taster, an der Ader zum Stromstoßschalter angeschlossen.

Beseitigung des Fehlers: Die „Phase" am Taster mit der „Phase" von der Steckdosenleitung verbinden.

3.14.2 Der FI-Schutzschalter (RCD-Schalter) wurde falsch angeschlossen:

Beseitigung des Fehlers: Den Außenleiter und den Neutralleiter über den FI-Schutzschalter anschließen. Besonders bei dem N-Leiteranschluss werden Fehler gemacht.

3.14.3 Am Stromstoßschalter ist die Tasterleitung an die Lampenleitung und nicht an die Spule angeschlossen.

Beseitigung des Fehlers: Die Tasterleitung ist an die Spule vom Stromstoßschalter anzuschließen.

3.14.4 Einer oder beide Wechselschalter wurden falsch angeschlossen.

Beseitigung des Fehlers: An beiden Wechselschaltern die „Korrespondierenden" (an einer Klemme die „Phase" und an der anderen Klemme den „Lampendraht") und die „Wurzel" des einen Wechselschalters mit der „Wurzel" des anderen Wechselschalters verbinden.

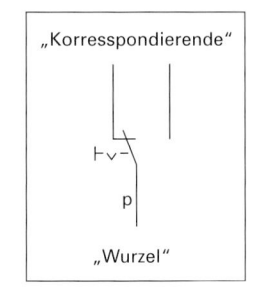

Abb. 3.21

3.15 Prüfung des Isolationswiderstandes

Lösung 3.15

3.15.1 Der Isolationswiderstand der aktiven Leiter gegen den Schutzleiter beträgt im TN-C-System bei einer Spannung von U_0 = 230 V gegen Erde $R_{Iso} \geq 1$ MΩ (VDE 0100, Teil 600, Richtwert bei Neuanlage $R_{Iso} > 50$ MΩ).

3.15.2 Vorgehensweise

1. Isolationswiderstandsmessung nur im spannunglosen Zustand messen.

2. Alle im Stromkreis enthaltenen Schalter sind geschlossen.

3. Die N-PE-Brücke entfernen **(nach der Messung wieder schließen!)**.

4. Vor der Messung die Außenleiter und den Neutralleiter miteinander verbinden (Schutz der Betriebsmittel vor der hohen Messspannung von U = 500 V, Personenschutz). **Nach der Messung die Brücken wieder entfernen!**

5. Mit dem Messgerät den Isolationswiderstand zwischen Außenleiter und Schutzleiter messen.

4 Sanieren der Flutlichtanlage für einen Waldsportplatz

LF	1	2	3	4
	5	6	7	8
9	10	11	12	13

Projektbeschreibung

Als Elektrofachmann wurden Sie vom Vorstand des Sportvereins Rot-Weiß angesprochen. Sie sollen die Flutlichtanlage des Waldsportplatzes überprüfen bzw. sanieren.

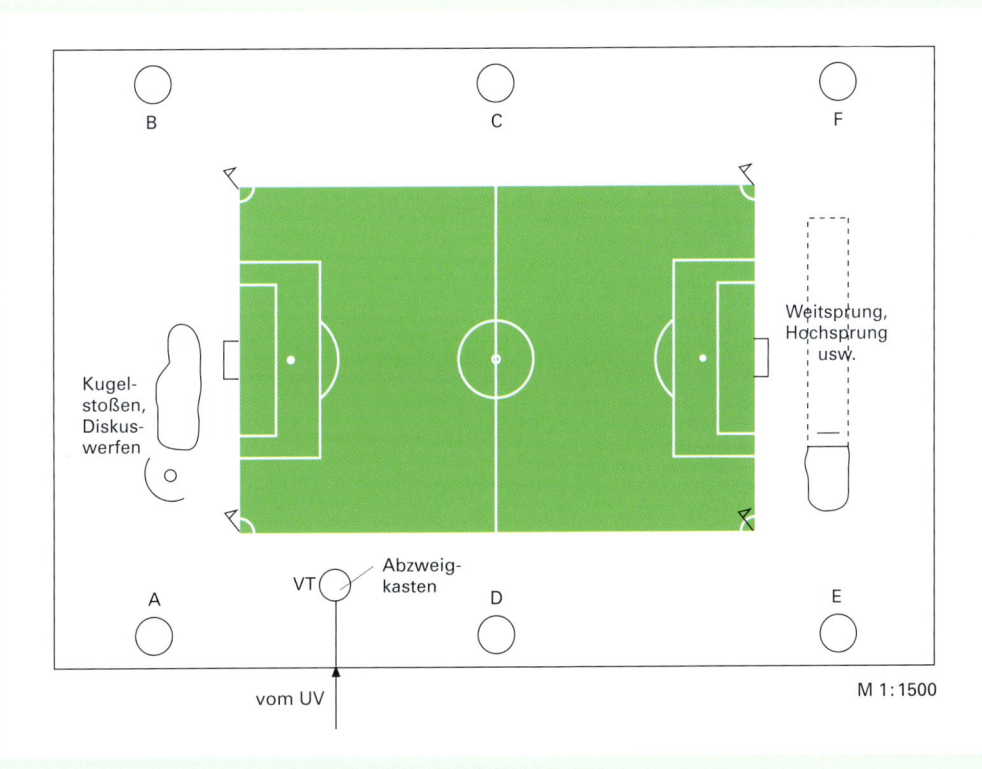

Abb. 4.1 Waldsportplatz

4 Sanieren der Flutlichtanlage für einen Waldsportplatz

Aufgaben

4.1 Feststellen und Beurteilen des Zustandes der Flutlichtanlage

Stellen Sie den Istzustand der Flutlichtanlage fest und bewerten Sie die Anlage unter elektrischen Gesichtspunkten.

4.2 Entwickeln von Sanierungsvorschlägen mit Kostenabwägung

Wenn Sie der Meinung sind, dass die Sportanlage saniert werden muss, dann machen Sie kostengünstige Änderungsvorschläge.
Ein Austauschen der Kabel in der Erde bzw. ein Auswechseln der Flutlichtleuchten ist jedoch nicht möglich.

Bestehen Unklarheiten bzw. fehlen Berechnungswerte, dann nehmen Sie Erfahrungswerte an.

Abb. 4.2
Übersichtsplan der nicht normgerecht gezeichneten Schaltung

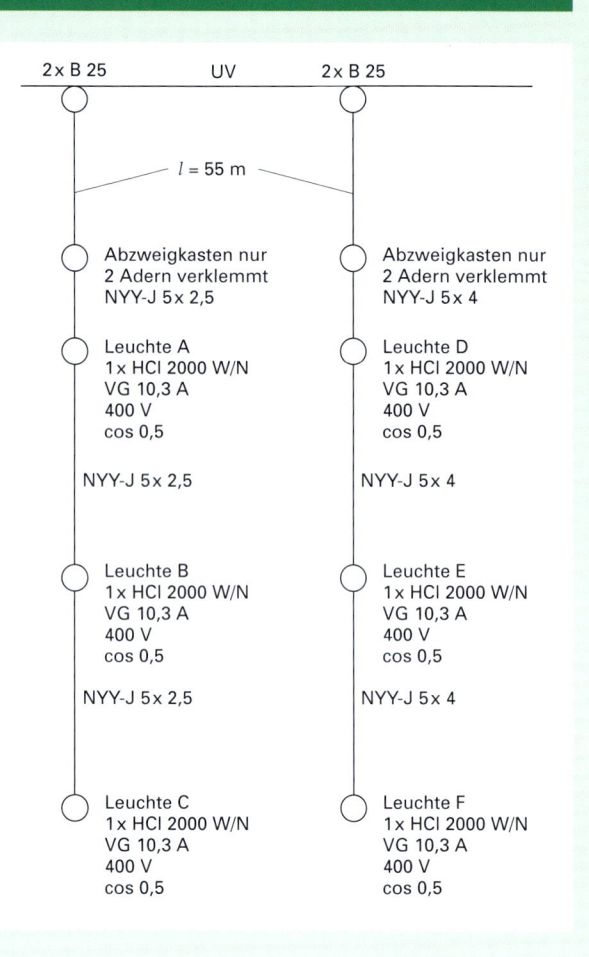

```
2 x B 25              UV              2 x B 25
  ○                                      ○
  │                                      │
  ├────────── l = 55 m ──────────────────┤
  │                                      │
  ○ Abzweigkasten nur                    ○ Abzweigkasten nur
    2 Adern verklemmt                      2 Adern verklemmt
    NYY-J 5 x 2,5                          NYY-J 5 x 4
  │                                      │
  ○ Leuchte A                            ○ Leuchte D
    1 x HCI 2000 W/N                       1 x HCI 2000 W/N
    VG 10,3 A                              VG 10,3 A
    400 V                                  400 V
    cos 0,5                                cos 0,5

    NYY-J 5 x 2,5                          NYY-J 5 x 4

  ○ Leuchte B                            ○ Leuchte E
    1 x HCI 2000 W/N                       1 x HCI 2000 W/N
    VG 10,3 A                              VG 10,3 A
    400 V                                  400 V
    cos 0,5                                cos 0,5

    NYY-J 5 x 2,5                          NYY-J 5 x 4

  ○ Leuchte C                            ○ Leuchte F
    1 x HCI 2000 W/N                       1 x HCI 2000 W/N
    VG 10,3 A                              VG 10,3 A
    400 V                                  400 V
    cos 0,5                                cos 0,5
```

4.3 Erstellen einer Materialliste mit Angabe der Materialkosten

Erstellen Sie eine Materialliste und eine Auflistung der Materialkosten.

> **Lösungshinweis**
> Die Aufgabe ist umfangreich und erfordert gute Kenntnisse in der gesamten Elektrotechnik, besonders der VDE-Bestimmungen. Ein Tabellenbuch und Taschenrechner sind unbedingt notwendig.
> Der VDE-Ordner 0100 ist für die Lösung hilfreich, aber nicht unbedingt erforderlich.
> Die Bearbeitungszeit beträgt insgesamt ca. 100 Minuten (Richtwert).

Annahmen
- Temperatur: Wegen der Verlegung der Kabel im Erdreich ($\vartheta \approx 7\,°C$) und im Mast ($\vartheta \approx 30\,°C$) wird eine mittlere Temperatur von $\vartheta_{Mittel} = 20\,°C$ angenommen (abends).
- Vorimpedanz: Die Vorimpedanz wird mit $Z_{vor} = 300\,m\Omega$ angenommen.
- Verlegung der Kabel im Erdreich ohne mechanischen Schutz.
- Der Spannungsfall hinter der letzten Schutzeinrichtung soll $\Delta u_\% \leq 2,5\,\%$ und insgesamt zwischen Zähler und weitest entfernter Leuchte $\Delta u_\% \leq 3\,\%$ nicht übersteigen (s. Abb. 4.5).

Aufgaben 4

- Bestimmung der Leitungslängen über Grundriss und Maßstab:
  Masthöhe $l_{M'}$ = 7,5 m ab Erdreich, Leitungslänge $l_M \approx$ 8 m
  VT nach A: l_{VTA}
  A nach B: l_{AB}
  B nach C: l_{BC}
  UV nach VT: $l_{UV\text{-}VT}$

- Der Leistungsfaktor soll nach der Kompensation auf 0,95 verbessert werden.

- Es handelt sich um ein TN-C-S-Netzsystem.

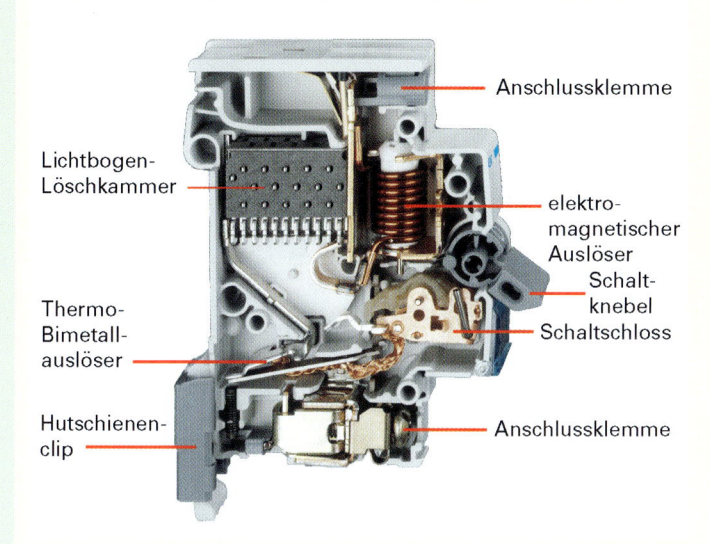

Abb. 4.3 Leitungsschutzschalter

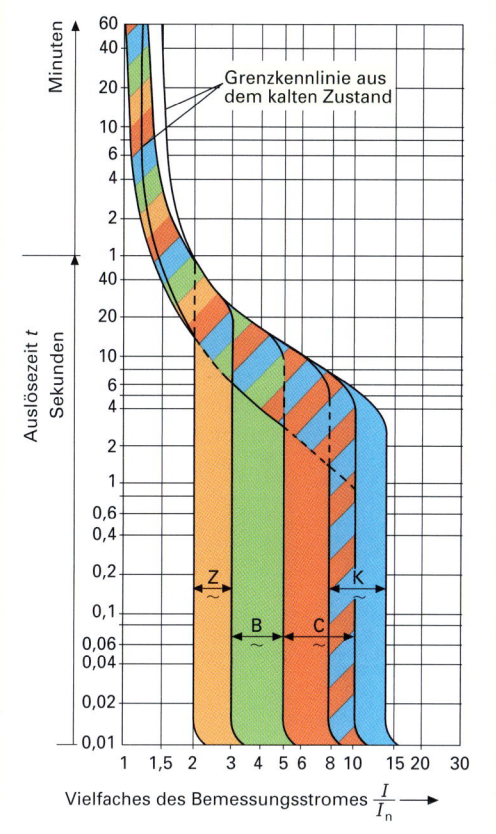

Abb. 4.4 Verschiedene Auslösecharakteristiken von Leitungsschutzschaltern

Formeln und Rechenwege

- **Schleifenimpedanz** (DIN VDE 0100, Teil 410)
  U_O = Netzspannung
  l = Leitungslänge
  $\varkappa$ = spezifische Leitfähigkeit
  q = Leiterquerschnittsfläche
  Z_{Schl} = Schleifenimpedanz
  Z_{vor} = Schleifenimpedanz der Vorimpedanz
  $Z_{Schl\,vorh\,80°C}$ = vorhandene Schleifenimpedanz bei 80 °C
  c = Faktor 0,95 (wegen Übergangswiderständen)
  $Z_{Schl} = Z_{vor} + Z_{Schl\,max}$

  $$Z_{Schl} = \frac{c \cdot U_O}{I_A}$$

  $$Z_{Schl\,vorh\,80°C} = \frac{2 \cdot l}{\varkappa \cdot q} \cdot 1{,}24$$

- **Stromstärke** (VDE 0100, Teil 430)
  Verlegeart D in Boden entspricht Verlegeart C (DIN VDE 0258, Teil 4)
  I_A = Abschaltstrom des Leitungsschutzschalters
  Auslösecharakteristik C: $I_A = 7 \cdot I_N + 30\,\%$ ⎱ für feste Verlegung
  Auslösecharakteristik B: $I_A = 5 \cdot I_N + 30\,\%$ ⎰ $t \leq$ 5 Sekunden

  Die Abschaltzeiten von Leitungsschutzschaltern können der Strom-Zeit-Kennlinie entnommen werden (Abb. 4.4 bzw. Tabellenbuch).

4 Sanieren der Flutlichtanlage für einen Waldsportplatz

Abb. 4.5 Zulässiger maximaler Spannungsfall

- **Spannungsfall** (DIN VDE 0100, Teil 520 bzw. DIN 18015)
  verzweigte Wechselstromleitung

  $\Delta U = \dfrac{2 \cdot \cos \varphi_M}{\varkappa \cdot q} \cdot \Sigma I \cdot l$

  $\Delta U_\% = \dfrac{\Delta U}{U_O} \cdot 100\,\%$

- **Berechnung der Kapazität zur Verbesserung des Leistungsfaktors (Parallelkompensation, Drehstrom)**

  $Q_C = P\,(\tan \varphi_1 - \tan \varphi_2)$

  $C = \dfrac{Q_C}{U^2 \cdot \omega}$

  $P = \sqrt{3} \cdot U \cdot I \cdot \cos \varphi$

$Z_{vor} = 300\,\text{m}\Omega$

HAK

kWh

Z_{vor}

$\Delta U \le 0{,}5\,\%$

$Z_{Schl.\,max}$

Maximal zulässige Leitungslänge

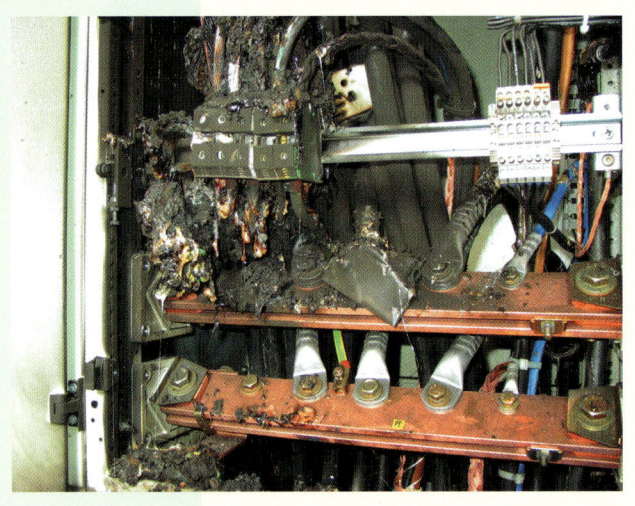

$\Delta U = 2{,}5\,\%$

$\Delta U \le 3\,\%$ gemäß DIN 18015

$Z_{Schl.}$

Betriebsmittel, z. B. Leuchte

Abb. 4.6 Elektroschäden durch lockere Klemmen (zu hohe Übergangswiderstände)

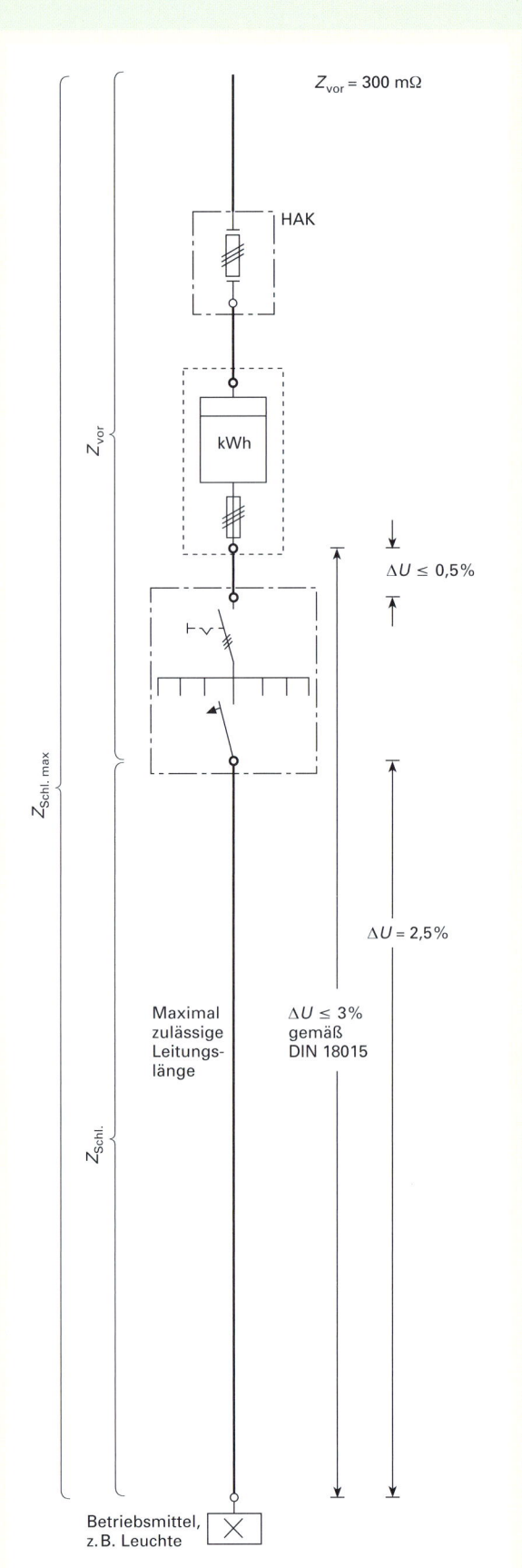

Lösungen

Verwendung von Formelzeichen und Indizes für Lösung der Aufgabe Waldsportplatz

4.1 Feststellen und Beurteilen des Zustandes der Flutlichtanlage

Anlage A 4.1 auf CD

Lösung 4.1

Istzustand (Berechnungen für q = 2,5 mm², da ungünstigster Fall)

- **Auslösezeit vom Sicherungsautomaten**

$I_{Zuleit} = 3 \cdot I_{Leuchte} = 3 \cdot 10{,}3\text{ A} = 30{,}9\text{ A}$ (s. Abb. 4.2)

B-Automat I_N = 25 A, $\dfrac{I_{Zuleit}}{I_N} = \dfrac{30{,}9\text{ A}}{25\text{ A}} = 1{,}24$ (Vielfaches des Bemessungsstromes)

Nach der Auslösekennlinie (Strom-Zeitkennlinie) von B-Leitungsschutzschaltern löst der Automat nach ca. 1 Stunde aus (sehr großer Auslösebereich wegen der Toleranz der LS-Automaten) (Abb. 4.4).

Der B-Automat löst sehr wahrscheinlich im Laufe des Fußballspiels aus. Dies ist laut Platzwart bereits passiert. Deshalb wurden während der 1. Halbzeit die eine Hälfte und während der 2. Halbzeit die zweite Hälfte der Leuchten eingeschaltet.

- **Kontrolle der Schleifenimpedanz**

$I_A = 5 \cdot I_N = 5 \cdot 25\text{ A} = 125\text{ A}$

$Z_{Schl\,max} = \dfrac{c \cdot U_O}{I'_A} = \dfrac{0{,}95 \cdot 230\text{ V}}{125\text{ A} + 0{,}3 \cdot 125\text{ A}} = 1{,}34\ \Omega$

c = 0,95 wegen der Übergangswiderstände,
$I'_A = I_A + 30\ \%$ von I_A wegen der Toleranz des Messverfahrens

$Z_{Schl\,2{,}5\,max} = Z_{Schl\,max} - Z_{vor} = 1{,}34\ \Omega - 0{,}3\ \Omega = 1{,}04\ \Omega$

$Z_{Schl\,2{,}5\,vorh\,80°C} = \dfrac{2 \cdot l_{ges}}{\varkappa \cdot q} \cdot 1{,}24 = \dfrac{2 \cdot 278\text{ m} \cdot 1{,}24}{56\,\dfrac{\text{m}}{\Omega \cdot \text{mm}^2} \cdot 2{,}5\text{ mm}^2} = 4{,}92\ \Omega$

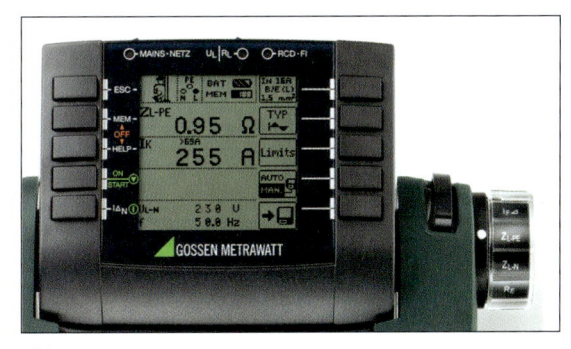

Abb. 4.7 Messgerät zur Bestimmung der Schleifenimpedanz

$l_{ges} = l_{UV-VT} + l_{VTA} + l_{AB} + l_{BC} + l_M$
$= 55\text{ m} + 35\text{ m} + 110\text{ m} + 70\text{ m} + 8\text{ m} = 278\text{ m}$ (ungünstigster Fall, s. Abb. 4.8)

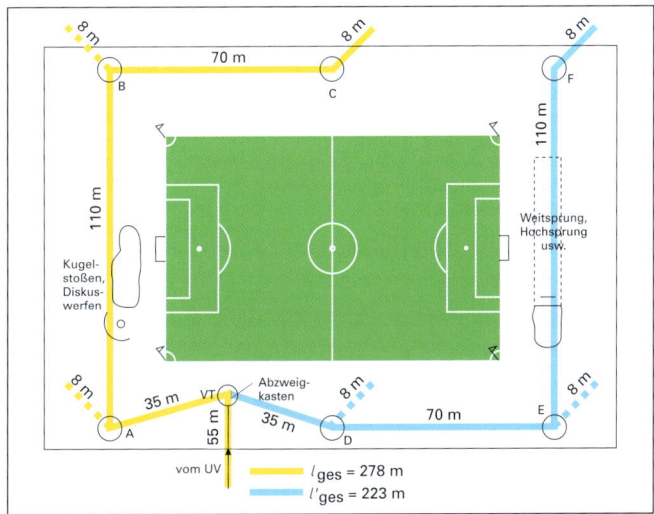

Abb. 4.8
Ermittlung der maximalen Leitungslänge

$\Delta\vartheta = \vartheta_K - \vartheta_{20} = 80\,°C - 20\,°C = 60\,°C$

Pro $\vartheta = 10\,°C$ nimmt der Widerstand einer Kupferleitung um 4 % zu. Bei einer Temperaturerhöhung um 60 °C steigt der Kupferwiderstand um $6 \cdot 4\,\% = 24\,\% \triangleq 0,24$ $1,24 \Rightarrow$ als Faktor.

Die Leitung wird bei I_Z Dauerbetrieb auf $\vartheta_D = 70\,°C$ erwärmt. Im Kurzschlussfall darf sie kurzzeitig $\vartheta_K = 80\,°C$ annehmen.

$Z_{\text{Schl 2,5 vorh 80 °C}} = 4,92\,\Omega \gg Z_{\text{Schl 2,5 max}} = 1,03\,\Omega$

$Z_{\text{Schl 2,5 vorh}}$ ist viel zu hoch und damit ist bei einem Körperschluss die Abschaltzeit zu hoch. Es tritt im Fehlerfall eine Gefährdung von Menschen ein.

Alternativ zu einer Berechnung kann man die maximale Leitungslänge (bei $Z_{\text{vor}} = 300\,m\Omega$, $t = 5\,s$ und $I_N = 25\,A$, B-Automat) auch in der VDE 0100, Bbl. 5, Tabelle 5 ablesen. Die maximale Leitungslänge beträgt $l_{max} = 80\,m$. Vorhanden sind aber $l_{ges} = 278\,m$.

- **Kontrolle des maximal zulässigen Stromes**

$\vartheta_{\text{Mittel}} = 20\,°C$, Verlegeart D im Boden, 2 belegte Adern → entspricht Verlegeart C

$I_Z = 29\,A$ bei $\vartheta = 25\,°C$

Bei einer Temperatur von $\vartheta_{\text{Mittel}} = 20\,°C$ ergibt sich ein Faktor von 1,06. Damit darf die Leitung mit $I_{Z\,20\,°C} = I_Z \cdot 1,06 = 29\,A \cdot 1,06 = 30,74\,A$ belastet werden.

Die Leitung wird aber mit $I_{zul} = 30,9\,A$ belastet. Sie wird damit geringfügig überlastet. Die Leitung erwärmt sich auf über $\vartheta = 70\,°C$ im Dauerbetrieb.

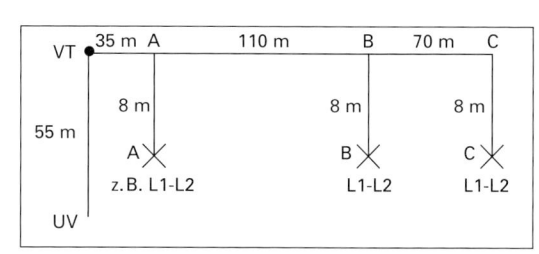

- **Berechnung des Spannungsfalls**

Verzweigte Leitung im Wechselstromkreis

$\Delta U = \dfrac{2 \cdot \cos\varphi_M}{\varkappa \cdot q} \cdot \Sigma I \cdot l$

Abb. 4.9   Skizze zur Beurteilung des Spannungsfalls

$\Delta U = \dfrac{2 \cdot \cos\varphi_M}{\varkappa \cdot q} \cdot [3 \cdot I_{\text{Leuchte}} \cdot (l_{\text{UV–VT}} + l_{\text{VTA}}) + 2 \cdot I_{\text{Leuchte}} \cdot l_{AB} + I_{\text{Leuchte}} \cdot l_{BC} + I_{\text{Leuchte}} \cdot l_M]$

$\Delta U = \dfrac{2 \cdot 0,5}{56\,\dfrac{m}{\Omega \cdot mm^2} \cdot 2,5\,mm^2} \cdot [3 \cdot 10,3\,A \cdot (55\,m + 35\,m) + 2 \cdot 10,3\,A \cdot 110\,m + 10,3\,A \cdot 70\,m + 10,3\,A \cdot 8\,m] =$

$\Delta U = 41,79\,V$

$\Delta u_\% = \dfrac{\Delta U}{U} \cdot 100\,\% = \dfrac{41,79\,V}{400\,V} \cdot 100\,\% = 10,45\,\%$

Der Spannungsfall der Leitung beträgt $\Delta u_\% = 10,45\,\%$ und ist damit viel zu hoch.

Zulässig wären $\Delta u_\% \leq 2,5\,\%$.

Zusammenfassung:

Die Stromstärke liegt für das Kabel an der Belastungsgrenze (gilt für $q = 2,5\,mm^2$). Der Leitungsschutzschalter löst nach ca. 1 h aus.

Bei einem Körperschluss ist die Abschaltzeit zu hoch (VDE 0100 Teil 410). Der Spannungsfall liegt weit über dem zulässigen Wert (VDE 0100, Teil 520 bzw. DIN 18015).

Die Flutlichtanlage sollte unbedingt saniert werden. Sie ist nicht betriebssicher.

Lösungen 4

4.2 Entwickeln von Sanierungsvorschlägen mit Kostenabwägung

Lösung 4.2

- „Stromreduzierung" durch Einzelkompensation (Parallelkompensation)

  $Q_C = P \,(\tan \varphi_1 - \tan \varphi_2) = 2000 \text{ W} \,(1{,}732 - 0{,}329) = 2{,}81 \text{ kvar}$ ($P = 2000$ W und $\cos \varphi_1 = 0{,}5$ aus Abb. 4.2)

  $Q_C = U \cdot I_C = \dfrac{U^2}{X_C} = U^2 \cdot \omega \cdot C$

  $\cos \varphi_1 = 0{,}5 \qquad \varphi_1 = 60° \qquad \tan \varphi_1 = 1{,}732$
  $\cos \varphi_2 = 0{,}95 \qquad \varphi_2 = 18{,}19° \qquad \tan \varphi_2 = 0{,}329$

  Einheitenkontrolle:

  $C = \dfrac{Q_C}{U^2 \cdot \omega} = \dfrac{2{,}81 \text{ kvar}}{(400 \text{ V})^2 \cdot 2 \cdot \pi \cdot 50 \frac{1}{\text{s}}} = 5{,}59 \cdot 10^{-5} \text{ F} = 55{,}9 \text{ μF} \qquad [C] = \dfrac{\text{var}}{\text{V}^2 \cdot \frac{1}{\text{s}}} = \dfrac{\text{As}}{\text{V}} = \text{F}$

  Sechs Kondensatoren mit $C = 56$ μF (Reihe E 12) und $U_N \geq 400$ V werden benötigt.

- Die Leuchten sollen in $\triangle$-Schaltung angeschlossen werden (eine 5-adrige Leitung ist vorhanden).

  $P_{\text{Ges}} = \sqrt{3} \cdot U \cdot I_{\text{Leiter}} \cdot \cos \varphi_2$

  $I_{\text{Leiter}} = \dfrac{P_{\text{Leuchte Ges}}}{\sqrt{3} \cdot U \cdot \cos \varphi_2} = \dfrac{6 \text{ kW}}{\sqrt{3} \cdot 400 \text{ V} \cdot 0{,}95} = 9{,}11 \text{ A}$

  $I_{\text{Leuchte}} = I_{\text{StrC}} = \dfrac{I_{\text{Leiter}}}{\sqrt{3}} = \dfrac{9{,}11 \text{ A}}{\sqrt{3}} = 5{,}26 \text{ A}$

- Bestimmung des Leitungsschutzschalters

  Verlegeart D → entspricht C, drei belastete Adern, $\vartheta = 25 \,°\text{C}$

  $I' = \dfrac{I_{\text{Leiter}}}{f_3} = \dfrac{I_{\text{Leiter}}}{1{,}06} = \dfrac{9{,}11 \text{ A}}{1{,}06} = 8{,}59 \text{ A}$ umgerechnet von $\vartheta_{\text{Mittel}} = 20\,°\text{C}$ auf $\vartheta = 25\,°\text{C}$

  (Tabelle 4.1 oder Tabellenbuch)

  $I' = 8{,}59$ A; bei $q_1 = 2{,}5 \text{ mm}^2$; $I_Z = 25$ A; gewählt $I_N = 16$ A
  $\qquad\qquad\qquad q_2 = 4 \text{ mm}^2$; $\quad I_Z = 34$ A; gewählt $I_N = 16$ A

  Sechs Leitungsschutzschalter $I_N = 16$ A, C werden benötigt.
  C-Automaten wegen des möglichen hohen Einschaltstromes der Leuchten.

- Kontrolle der Schleifenimpedanz (bei einem FI-Schutzschalter)

  $Z_{\text{Schl FI}} = \dfrac{U_B}{I_{\Delta N}} = \dfrac{50 \text{ V}}{0{,}03 \text{ A}} = 1666{,}66 \,\Omega$

  $U_B = 50$ V maximale Berührungsspannung bei Wechselspannung

  $I_{\Delta N} = 30$ mA Fehlerstrom (Bemessungsdifferenzstrom)

  $Z_{\text{Schl FI}} \gg Z_{\text{Schl 2,5}}$ (1666,66 $\Omega \gg$ 4,92 Ω)

  Um die Gefährdung des Menschen wesentlich zu verringern (bei einem Körperschluss) werden 2 FI-Schutzschalter (4-polig) $I_N = 16$ A, $I_{\Delta N} = 30$ mA vorgeschlagen.

  Die zulässige maximale Abschaltzeit für Verteilerstromkreise ist bei fester Verlegung (VDE 0100, Teil 410) auf $t_A \leq 5$ s festgelegt. Beim FI-Schutzschalter beträgt die Abschaltzeit $t_A \ll 400$ ms.

Abb. 4.10 Fehlerstromschutzschalter, 4-polig $I_{\Delta N} = 30$ mA, $I_N = 40$ A

4 Sanieren der Flutlichtanlage für einen Waldsportplatz

- **Kontrolle des Spannungsfalls**

  Berechnung des Spannungsfalls für die Leuchte C (ungünstigster Fall, da weiteste Entfernung, vereinfachte Rechnung, die Leuchten werden auf Drehstrom verteilt).

  $$U_{KompC} \approx \frac{2 \cdot \cos\varphi_2 \cdot l_{Ges} \cdot I_{Leuchte}}{\varkappa \cdot q} \approx \frac{2 \cdot 0{,}95 \cdot 278\ m \cdot 5{,}26\ A}{56\ \frac{m}{\Omega \cdot mm^2} \cdot 2{,}5\ mm^2} = 19{,}48\ V$$

  Bei der Berechnung vom Spannungsfall wird hier nicht der Nennstrom (I_N) der vorgeschalteten Sicherung sondern der Strom der Leuchte ($I_{Leuchte}$) eingesetzt, da hier der **konkrete** Fall untersucht wird.

  $$\Delta u_{\%\,KompC} \approx \frac{\Delta U}{U} \cdot 100\,\% \approx \frac{19{,}84\ V}{400\ V} \cdot 100\,\% \approx 4{,}96\,\%$$

  $\Delta u_{\%\,KompC} > \Delta U_{\%\,zul}$ (4,96 % > 2,5 %)

  Bei exakter Berechnung (verzweigte Drehstromleitung) ist der Spannungsfall noch höher.

Umrechnungsfaktoren für abweichende Umgebungstemperaturen von ϑ = 25 °C

Umgebungstemperatur in °C	10	15	20	25	30	35	40	45	50	55	60
Umrechnungsfaktoren f_3	1,15	1,11	1,06	1,00	0,95	0,87	0,82	0,75	0,67	0,58	0,47

Tabelle 4.1

- **Sanierungsvorschlag für die Flutlichtanlage**
  - Die Leuchten erhalten Einzelkompensation (Verbesserung des $\cos\varphi$).
  - Die Leuchten werden auf Drehstrom verteilt.
  - In der Unterverteilung werden FI-Schutzschalter eingebaut.
  - Die Leitungsschutzschalter werden ausgetauscht.
  - Da die Kabel im Boden nicht ausgetauscht werden sollen, ist der Spannungsfall nach VDE 0100 Teil 520 noch zu hoch. Um auch dies zu beseitigen, müssen NYY 4 x 6 mm² verlegt werden.
    Empfehlung: NYY 4 x 6 mm² in Eigenleistung verlegen, dadurch fallen nur Materialkosten an.
  - Es muss noch kontrolliert werden, ob die beiden FI-Schutzschalter in der UV noch Platz haben (Platzbedarf 8 Automatenplätze).

4.3 Erstellen einer Materialliste mit Angabe der Materialkosten

Pos.	Anzahl	Materialliste	Materialkosten	
1	6	Kondensatoren MP C = 56 µF, 400 V	6 x 25,00 €	150,00 €
2	2	FI-Schutzschalter 16 A/ 30 mA, 4-polig	2 x 64,00 €	128,00 €
3	6	Sicherungsautomaten 16 A, C	6 x 14,00 €	84,00 €
4	ca. 4 m	Aderleitung H07-V-K 6 mm², schwarz	4 x 0,60 €/m	2,40 €
5	ca. 2 m	Aderleitung H07-V-K 6 mm², grüngelb	2 x 0,61 €/m	1,22 €

Tabelle 4.2   Materialliste mit Kosten

Die Preise können Firmenkatalogen, Händlerkatalogen oder dem Internet entnommen werden. Die Angaben sind Listenpreise ohne MwSt.

5 Modernisieren einer Treppenhausbeleuchtung

Projektbeschreibung

Ein Bauherr beauftragt Sie mit der Modernisierungsplanung eines bestehenden Treppenhauses in einem Mehrfamilienwohnhaus (Abb. 5.1). Die derzeitige Installation besteht aus einer Treppenlichtzeitschaltung in Unter-Putz-Ausführung. Es wurden Einzeldrähte H07 V-U im Rohr verlegt. Der Treppenlichtzeitschalter ist im Keller in der Zählerverteilung eingebaut.

Das Haus besteht aus folgenden Stockwerken (Abb. 5.2):
UG / EG / 1. OG / 2. OG / 3. OG / 4. OG / 5. OG.

In jedem Stockwerk und an der Eingangstür ist ein beleuchteter Taster für das Licht vorhanden. Somit sind acht Taster für das Treppenlicht installiert. Pro Stockwerk ist eine Verteilerdose für das Nachziehen von Installationsdrähten vorhanden.

Die Mieter haben sich in letzter Zeit häufig beschwert, weil der Treppenlichtzeitschalter laute Geräusche beim Schalten verursacht und ein Brummgeräusch zu hören ist.

Abb. 5.1
Ansicht Mehrfamilienhaus

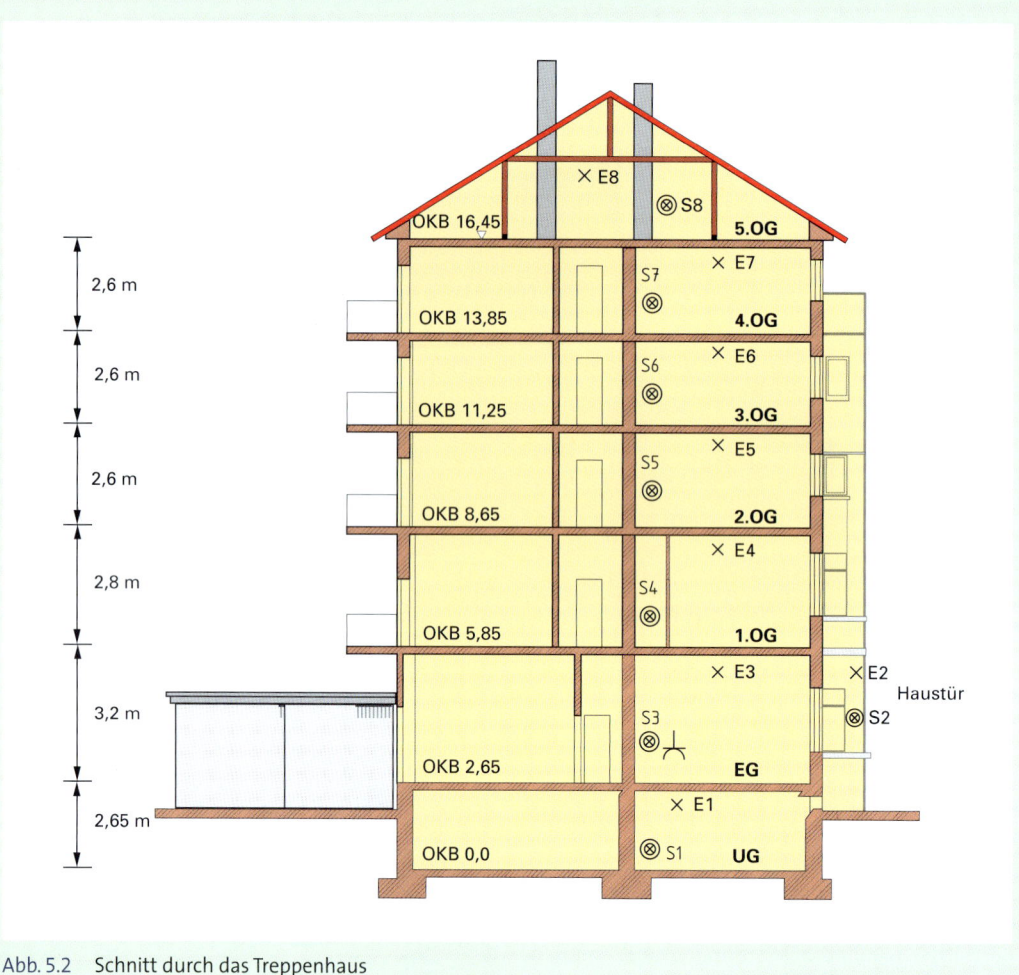

5 Modernisierung einer Treppenhausbeleuchtung

Abb. 5.2 Schnitt durch das Treppenhaus

Sie sind nun als Elektrofirma beauftragt, eine sinnvolle Lösung zu erarbeiten und dem Kunden ein Angebot mit Kalkulation und Auflistung aller durchzuführenden Arbeiten zu erstellen.

Als Ergänzung wurde vereinbart, die Tasterschaltung im Flur des Kellers und im Eingang des Erdgeschosses ebenfalls zu erneuern. Die Treppenhauszeitschaltung wird durch eine Kleinsteuerung ersetzt. Die Tasterschaltung im Flur – Keller und die Tasterschaltung Eingang EG sind jeweils über einen separaten Ausgang der Kleinsteuerung zu führen.

Die geforderten Ausführungen werden in den nachfolgenden Aufgabenstellungen näher beschrieben.

Elektrotechnische Angaben:
- Netzspannung: 400 V/230 V
- Schutzmaßnahme: TN-System mit Schutz durch Abschaltung
- Zuleitung des Treppenhauses und Absicherung in der Verteilung im Untergeschoss

Anlagen A 5.1, A 5.2 und A 5.3 auf CD

Aufgaben

5.1 Installation

5.1.1 a) Erstellen Sie eine Auflistung der durchzuführenden Arbeiten mit einem Textverarbeitungsprogramm, z. B. MS Word oder Open Office (Anlage A 5.1).

b) Ermitteln Sie die nötigen Materialkosten und den Angebotsendpreis mit einer Tabellenkalkulation oder Open Office (Anlage A 5.2)

c) Erstellen Sie ein Anschreiben an den Kunden mit einem Textverarbeitungsprogramm, z. B. MS Word oder Open Office (Anlage A 5.3)

Aufgaben 5

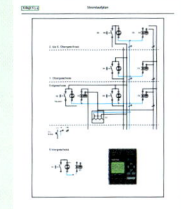

5.1.2 Im Haupttreppenhaus befinden sich acht Leuchttaster mit Glimmlampen.
Durch die Glimmlampen würde der Eingang der Kleinsteuerung durchgeschaltet und die Anlage würde so nicht funktionieren.
Entwickeln Sie eine technische Lösung des Problems, die eine realisierbare und bezahlbare Möglichkeit darstellt.

Anlage A 5.4 auf CD

5.1.3 Erstellen Sie einen Stromlaufplan für die Neu- bzw. Umverdrahtung der Treppenhauszeitschaltung auf die Kleinsteuerung mit Siemens LOGO!230RC (Anlage A 5.4) in zusammenhängender Darstellung mit einem Zeichenprogramm oder als Handzeichnung.

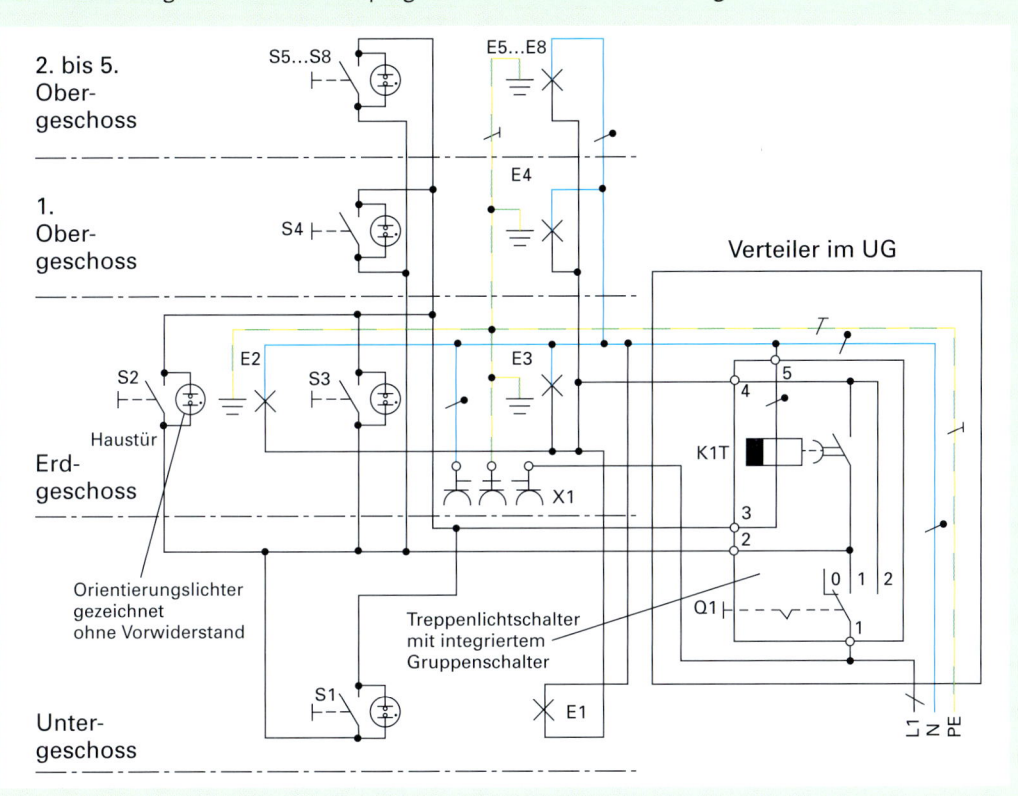

Abb. 5.3 Stromlaufplan Bestand Treppenhauszeitschaltung in zusammenhängender Darstellung

5.2 Steuerungstechnik

Die im Mehrfamilienwohnhaus vorhandene Treppenlichtzeitschaltung soll durch eine Kleinsteuerung Siemens LOGO!230RC ersetzt werden. Die Tasterschaltung im Flur des Kellers und Eingang des Erdgeschosses wird ebenfalls an die Kleinsteuerung angeschlossen. Die Tasterschaltung im Keller und die Tasterschaltung im Eingang des Erdgeschosses soll jeweils über einen separaten Ausgang der Kleinsteuerung realisiert werden.
Die Treppenlichtschaltung über LOGO!230RC soll eine Ausschaltverzögerung von drei Minuten haben. Der Bauherr wünscht eine optische Vorwarnung bei Ausschalten der Beleuchtung. Beschreiben Sie Möglichkeiten zur Realisierung in der LOGO!-Programmierung.

Erstellen Sie den Funktionsplan der Kleinsteuerung mit Logosoft oder auf Anlage A 5.5.

Abb. 5.4 Treppenlichtschalter Fabrikat Eltako

Abb. 5.5 Siemens LOGO!230RC

Anlage A 5.5 auf CD

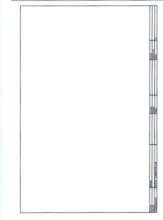

5.3 Überprüfen der Elektroinstallation und Auftragsübergabe an den Kunden

Nach Fertigstellung der Umbauarbeiten im Treppenhaus und Eingabe des Programms in die Kleinsteuerung muss die modernisierte Anlage abgenommen und auf ihre Sicherheit und Funktion überprüft werden. Diese Prüfungen werden nach UVV „Elektrische Anlagen und Betriebsmittel" (BGV A3) und den gültigen DIN VDE-Vorschriften durchgeführt.

5.3.1 Die Prüfungen der DIN VDE-Bestimmungen werden in drei Schritten durchgeführt:
- Besichtigen
- Messen
- Erproben

Erklären Sie jeden dieser Schritte anhand von mindestens zwei Beispielen zu den durchgeführten Arbeiten im Mehrfamilienwohnhaus.

5.3.2 Laut der nach DIN VDE 0100, Teil 600, vorgeschriebenen Messungen muss unter anderem eine Isolationsmessung vorgenommen werden.

Erklären Sie die Durchführung der Isolationsmessung bei der Treppenhauszeitschaltung mit Kleinsteuerung.

5.3.3 Die Installationsarbeiten und die Messungen sind erfolgt. Die Anlage mit sämtlichen Prüfprotokollen und technischen Informationsblättern wurde an den Kunden übergeben. Der Kunde wird von Ihnen informiert, dass er in regelmäßigen Abständen seine elektrische Anlage überprüfen lassen muss.

Beschreiben Sie, in welchen Vorschriften solche Prüfungsfristen enthalten sind und in welchem Zeitabstand die Anlage zu überprüfen ist.

Lösungen

5.1 Installation

Lösung 5.1.1 a)

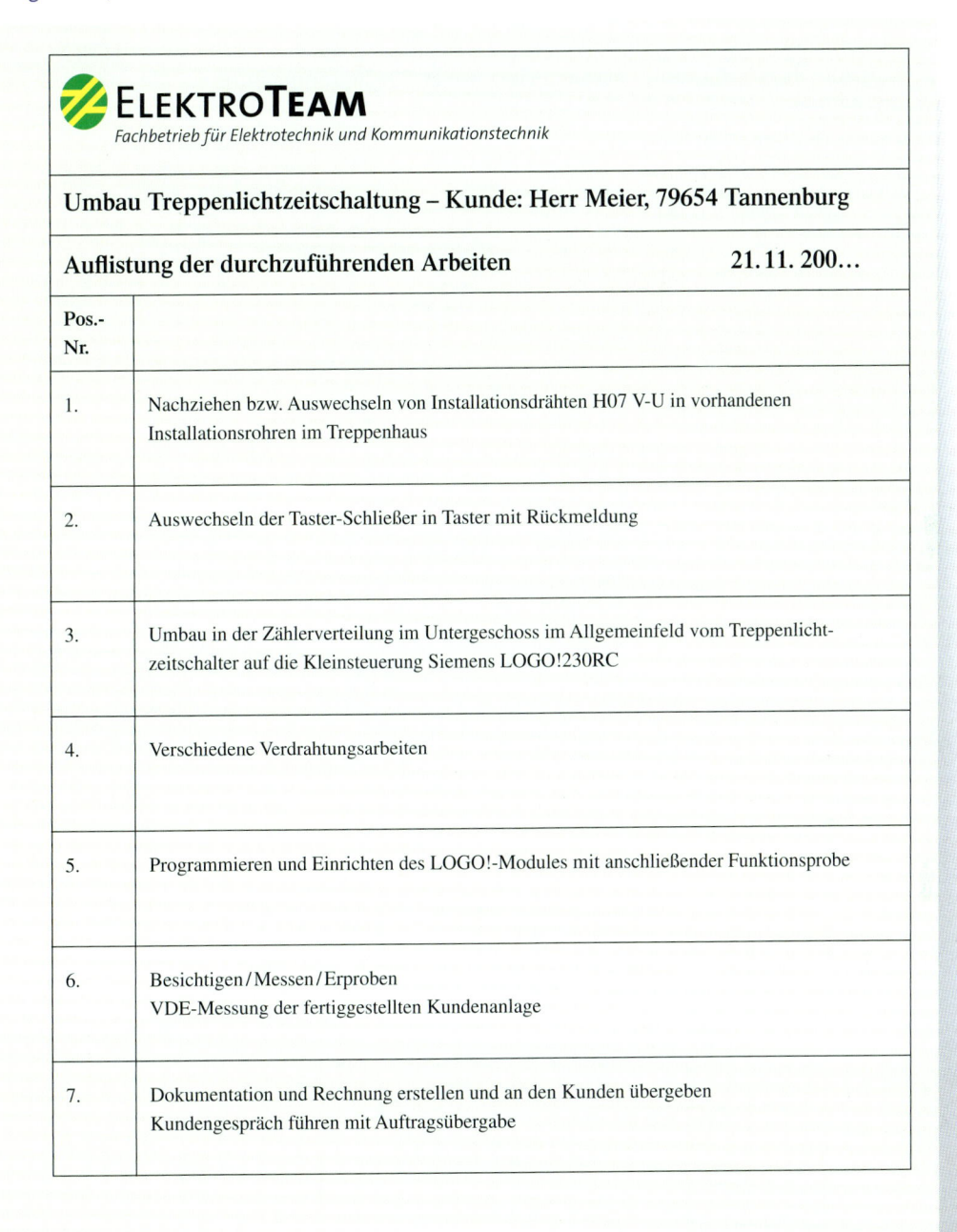

ELEKTROTEAM
Fachbetrieb für Elektrotechnik und Kommunikationstechnik

Umbau Treppenlichtzeitschaltung – Kunde: Herr Meier, 79654 Tannenburg

Auflistung der durchzuführenden Arbeiten 21.11. 200…

Pos.-Nr.	
1.	Nachziehen bzw. Auswechseln von Installationsdrähten H07 V-U in vorhandenen Installationsrohren im Treppenhaus
2.	Auswechseln der Taster-Schließer in Taster mit Rückmeldung
3.	Umbau in der Zählerverteilung im Untergeschoss im Allgemeinfeld vom Treppenlichtzeitschalter auf die Kleinsteuerung Siemens LOGO!230RC
4.	Verschiedene Verdrahtungsarbeiten
5.	Programmieren und Einrichten des LOGO!-Modules mit anschließender Funktionsprobe
6.	Besichtigen / Messen / Erproben VDE-Messung der fertiggestellten Kundenanlage
7.	Dokumentation und Rechnung erstellen und an den Kunden übergeben Kundengespräch führen mit Auftragsübergabe

Abb. 5.6 Durchzuführende Arbeiten (Anlage A 5.1)

Lösung 5.1.1 b)

ELEKTROTEAM
Fachbetrieb für Elektrotechnik und Kommunikationstechnik

Umbau Treppenlichtzeitschaltung – Kunde: Herr Meier, 79654 Tannenburg

Materialkosten – Kalkulation   21.11. 200…

Pos.-Nr.	Artikel-Nr.	Menge	Einheit	Artikelbezeichnung	Einzelpreis	Gesamtpreis
001	132393	8	Stück	Taster mit Rückmeldung u. P.	11,00 €	88,00 €
002	133394	1	Stück	Siemens LOGO!230RC	130,00 €	130,00 €
003	132395	210	Meter	Installationsdraht H07V-U, 1,5 mm²	0,19 €	39,90 €
004	132396	1	Stück	Dokumentation mit LOGO!230RC	45,00 €	45,00 €
005	132397	1	Stück	Dokumentation und VDE-Messung	25,00 €	25,00 €
Summe Materialkosten netto						327,90 €
Klein- u. Befestigungsmaterial (+10 %)						32,79 €
Materialkosten						360,69 €
Materialgemeinkostenzuschlag (+ 30 % inkl. Gewinn)						108,21 €
Materialkosten gesamt						468,90 €
006	132398	4,5	Std.	Arbeitsstunde Auszubildender	45,00 €	202,50 €
007	132399	7	Std.	Arbeitsstunde Geselle	55,00 €	385,00 €
Gesamtbetrag Aufwand						1056,40 €
Mehrwertsteuer 19 %						200,72 €
Angebotsendpreis						1257,12 €
– 3 % Skonto (bei rechtzeitiger Zahlung)						1219,41 €

Abb. 5.7   Kalkulation (Anlage A 5.2)

Lösung 5.1.1 c)

ELEKTROTEAM
Fachbetrieb für Elektrotechnik und Kommunikationstechnik

Musterstraße 11
12345 Musterstadt

Tel. (01 23 45) 5 67-800
Fax (01 23 45) 5 67-801

info@elektro-team.de
www.elektro-team.de

USt-Id-Nr.: DE 213 853 044

Elektroteam · Musterstraße 11 · 12345 Musterstadt

Einschreiben

Herrn Meier
Am Hexenloch 5
79654 Tannenberg

Ihre Zeichen, Ihre Nachricht vom	Unsere Zeichen, unsere Nachricht	Telefon, Name	Datum
Angebotsanfrage	FB/AA	07298 - 989890　Fritz Benz	21. 11. 200…

ANGEBOT

Sehr geehrte Damen und Herren,

wir bedanken uns für Ihre Anfrage eines Angebotes über den Umbau einer Treppenlichtzeitschaltung und Erweiterung mit Flur im Untergeschoss und Erdgeschoss.

Als Anlage erhalten Sie ein komplettes Angebot mit gesamter Planung und Projektierung, einschließlich aller benötigten Unterlagen.

Zahlungskonditionen:
Bei Zahlung innerhalb 8 Tagen nach Rechnungsstellung
können   für Hauptleistungen   3 % Skonto
             für Lohnzusatzleistungen   2 % Skonto
gewährt werden.
Bei Zahlung innerhalb von 30 Tagen: rein netto

Wir würden uns freuen, diesen Auftrag zu erhalten und sichern Ihnen saubere, fachgerechte und pünktliche Facharbeit zu.

Mit freundlichen Grüßen

Fritz Benz

Abb. 5.8　Anschreiben (Anlage A 5.3)

5 Modernisierung einer Treppenhausbeleuchtung

Lösung 5.1.2

Die Kleinsteuerung Logo!230RC erkennt bei beleuchteten Tastern ein 1-Signal am Eingang und schaltet durch. Dies wird dadurch verursacht, dass der durch die Glimmlampe fließende Strom (Ruhestrom) die Steuerung ein 1-Signal erkennen lässt, obwohl der Taster nicht geschlossen ist.

Diese Situation kann auch beim Anschluss von Näherungsschaltern auftreten. Wird hier ein 2-Draht-Näherungsschalter verwendet, so muss auf den Ruhestrom geachtet werden.

Lösungsmöglichkeiten:

Möglichkeit 1
Die vorhandenen beleuchteten Taster (Abb. 5.9) werden gegen Taster mit Rückmeldung (Abb. 5.10) ausgetauscht und die Verdrahtung wird geändert. Somit liegt die Glimmlampe nicht mehr parallel zum Schaltkontakt und das LOGO! erkennt bei nicht betätigtem Taster kein 1-Signal.

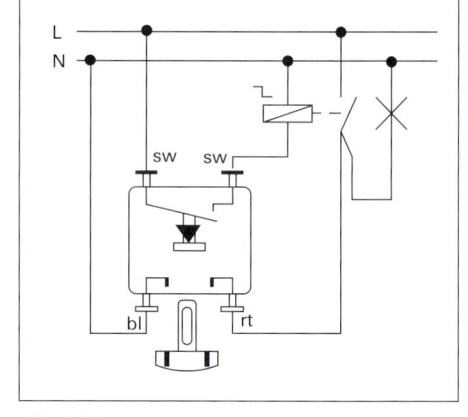

Abb. 5.9
Taster beleuchtet mit Glimmlampe parallel zum Schaltkontakt

Abb. 5.10
Taster mit Rückmeldung, Schaltkontakt und Glimmlampe mit separatem Anschluss

Möglichkeit 2
Beim Hersteller der Kleinsteuerung Firma Siemens kann man unter der Bestellnummer Kondensator 3SB 1420–3D einen Kondensator kaufen (Abb. 5.11). Dieser wird zwischen Eingang N und z. B. Eingang I1 geschaltet. Dann können bis zu 10 Glimmlampen angeschlossen werden, ohne dass die Kleinsteuerung durchschaltet.

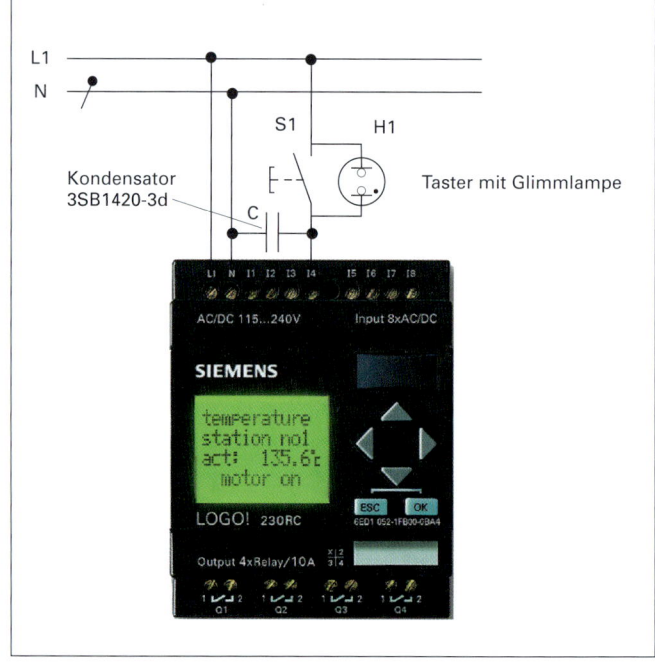

Abb. 5.11 LOGO! mit Kondensator 3SB 1420–3d

Lösungen

Lösung 5.1.3

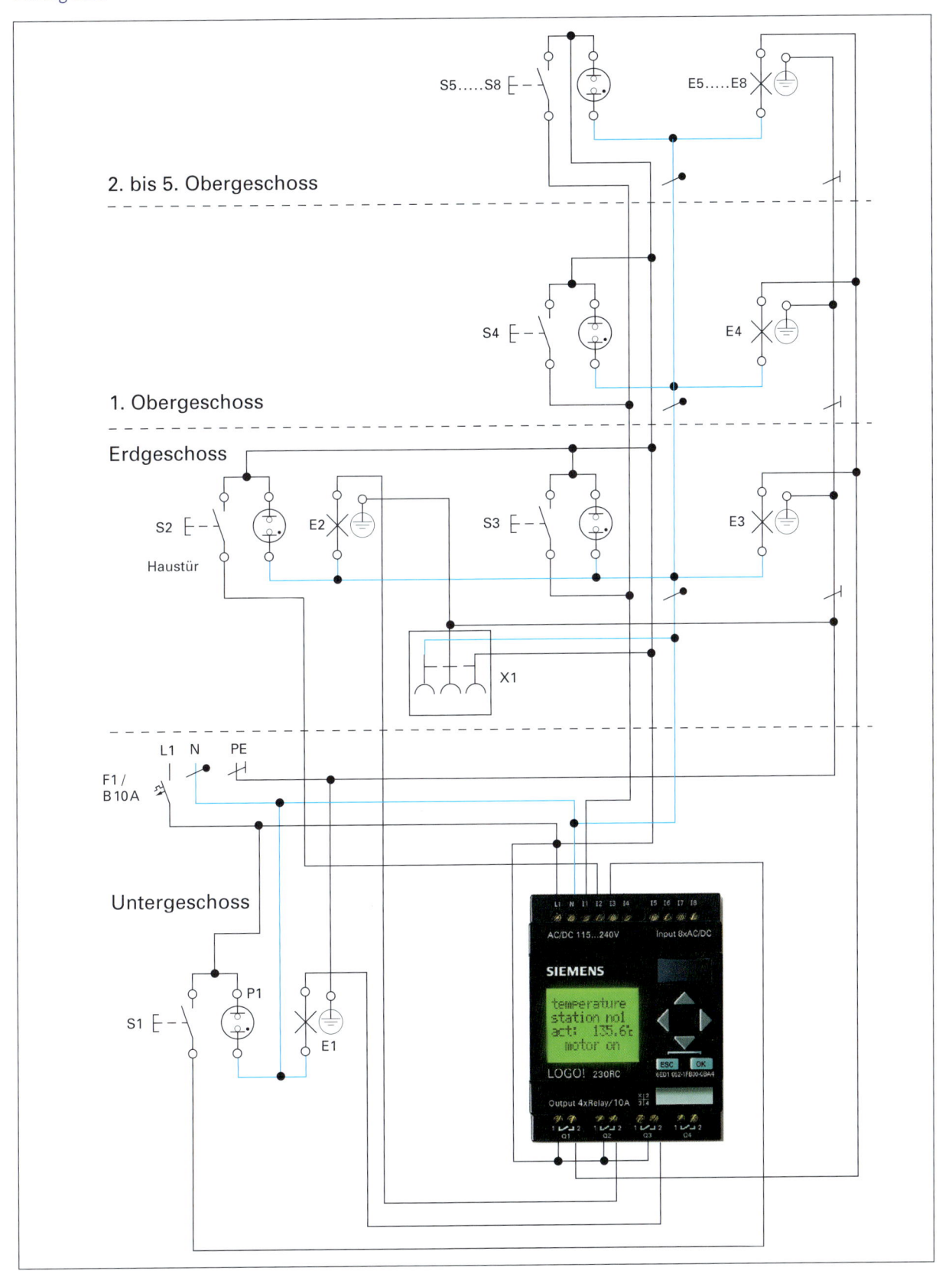

Abb. 5.12 Stromlaufplan Kleinsteuerung Treppenhauszeitschaltung (Anlage A 5.4)

5 Modernisierung einer Treppenhausbeleuchtung

5.2 Steuerungstechnik

Lösung 5.2

In der Programmiersoftware Logo!Soft Comfort für die Kleinsteuerung Logo!230RC sind außer den Grundfunktionsbausteinen auch Sonderfunktionen enthalten (Abb. 5.13).

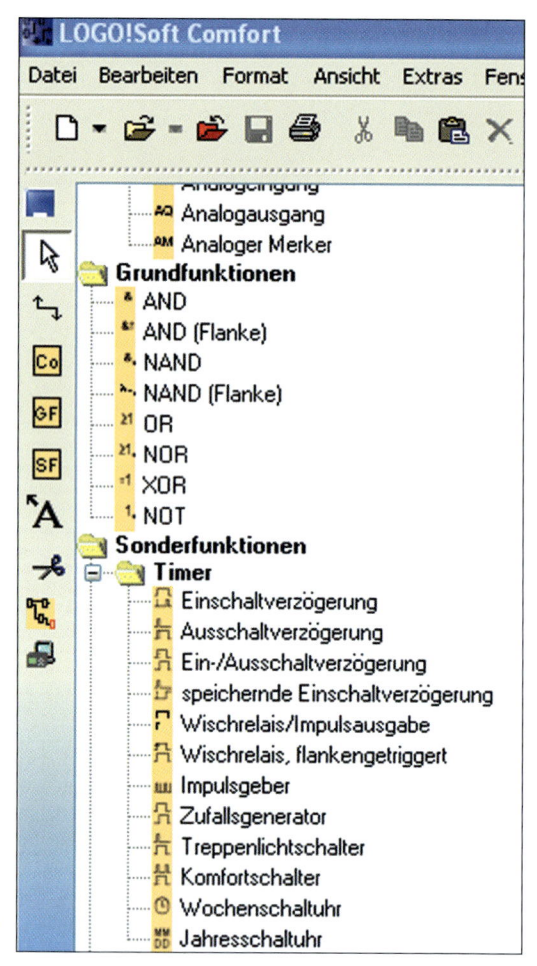

Abb. 5.13
Grund- und Sonderfunktionen

Im Ordner Timer unter Sonderfunktionen findet sich der Treppenlichtschalter (Abb. 5.14).

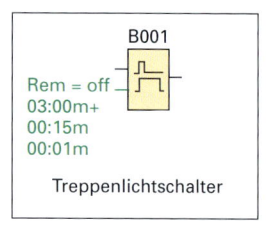

Abb. 5.14 Treppenlichtschalter

Mit einem Doppelklick auf das Symbol lässt sich der Treppenlichtschalter parametrieren (Abb. 5.15).

Abb. 5.15
Parametrierung Treppenlichtschalter

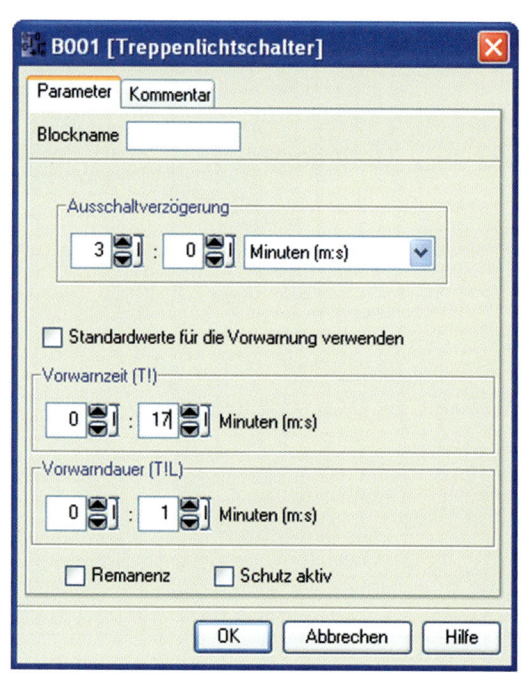

Lösungen 5

Programmausdruck für die Treppenhauslichtschaltung in Logo!Soft Comfort

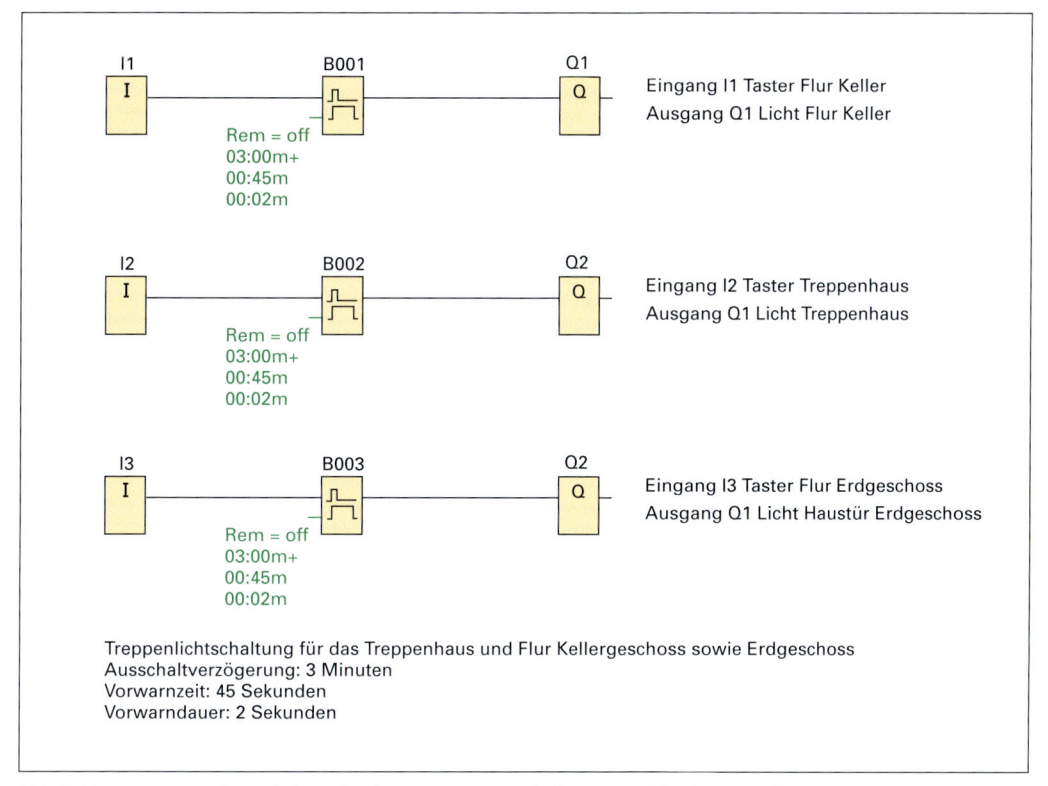

```
I1 ─────── B001 ─────── Q1        Eingang I1 Taster Flur Keller
                                   Ausgang Q1 Licht Flur Keller
        Rem = off
        03:00m+
        00:45m
        00:02m

I2 ─────── B002 ─────── Q2        Eingang I2 Taster Treppenhaus
                                   Ausgang Q1 Licht Treppenhaus
        Rem = off
        03:00m+
        00:45m
        00:02m

I3 ─────── B003 ─────── Q2        Eingang I3 Taster Flur Erdgeschoss
                                   Ausgang Q1 Licht Haustür Erdgeschoss
        Rem = off
        03:00m+
        00:45m
        00:02m
```

Treppenlichtschaltung für das Treppenhaus und Flur Kellergeschoss sowie Erdgeschoss
Ausschaltverzögerung: 3 Minuten
Vorwarnzeit: 45 Sekunden
Vorwarndauer: 2 Sekunden

Abb. 5.16 Programm als Funktionsplan (FBD = Function Block Diagram) (Anlage A 5.5)

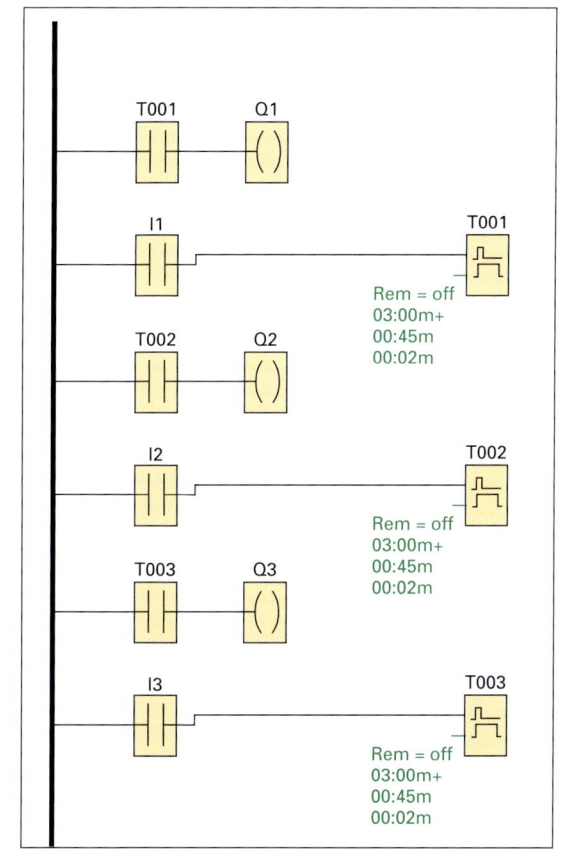

Abb. 5.17
Programm als Kontaktplan
(LAD = Ladder Diagram)

5.3 Überprüfen der Elektroinstallation und Auftragsübergabe an den Kunden

Lösung 5.3.1

- **Besichtigen:**
  Kontrolle der fachgerechten Installation, Leitungsauswahl, Leiterquerschnitt, Sicherungsautomaten, Klemmstellen. Prüfung, ob alle Schutzleiter sowie Potenzialausgleichsleiter mit der PE-Schiene verbunden sind.

- **Messen:**
  Messung Schleifenwiderstand und Messung Isolationswiderstand.

- **Erproben:**
  Funktionsprüfung der Installationsschaltung und mechanische Prüfung der Abschaltorgane. Funktionsprüfung des Logo Programms.

Lösung 5.3.2

- **Ziel der Messung:**
  Aufspüren von schadhaften oder beschädigten Isolationen an Leitungen.

- **Vorgehensweise:**
  Alle elektrischen Geräte müssen abgeschaltet sein. Die gesamte Anlage muss spannungsfrei sein (Sicherungen ausschalten). Mit einem den Vorschriften entsprechenden Messgerät muss der Isolationswiderstand gegen Erde gemessen werden, Phase L1 gegen Erde, Neutralleiter gegen Erde, Phase L1 gegen Neutralleiter.

Lösung 5.3.3

In den Berufsgenossenschaftlichen Vorschriften und Bestimmungen der Feinmechanik und Elektrotechnik sowie in den DIN VDE Vorschriften sind die Prüffristen angegeben.

Prüfungen und Prüffristen für elektrische Anlagen und Betriebsmittel Nach BGV A2

Anlagen/Betriebsmittel	Prüffrist	Art der Püfung
Elektrische Anlagen und Betriebsmittel allgemein	Vor der Erstinbetriebnahme, nach Änderungen oder Instandsetzung	Auf ordnungsgemäßen Zustand prüfen
Anlagen und ortsfeste Betriebsmittel	Mindestens alle 4 Jahre	Neuanlagen sind nur zu prüfen, wenn vom Errichter der Anlage noch keine Bescheinigung (Übergabebericht und Prüfprotokoll) vorliegt
Ortsveränderliche Betriebsmittel	Mindestens alle 6 Monate	
Schutzmaßnahmen mit RCDs • in stationären Anlagen • in nichtstationären Anlagen	• Mindestens einmal im Monat • An jedem Arbeitstag	Auf Wirksamkeit prüfen Funktion der RCD prüfen
Spannungsprüfer, isolierte Werkzeuge und Schutzeinrichtungen	Vor jeder Benutzung	Auf einwandfreie Funktion und augenfällige Mängel prüfen

Abb. 5.18 Auszug aus der BGV A2

6 Beleuchtungs- und Lüftungssteuerung mit KNX

Projektbeschreibung

Die Beleuchtungs- und Lüftungssteuerung einer Wohnung mit gehobener Ausstattung (Abb. 6.1) soll in den Bereichen Küche, Diele, Bad und Flur (Abb. 6.2) in Bustechnik mit KNX installiert werden.

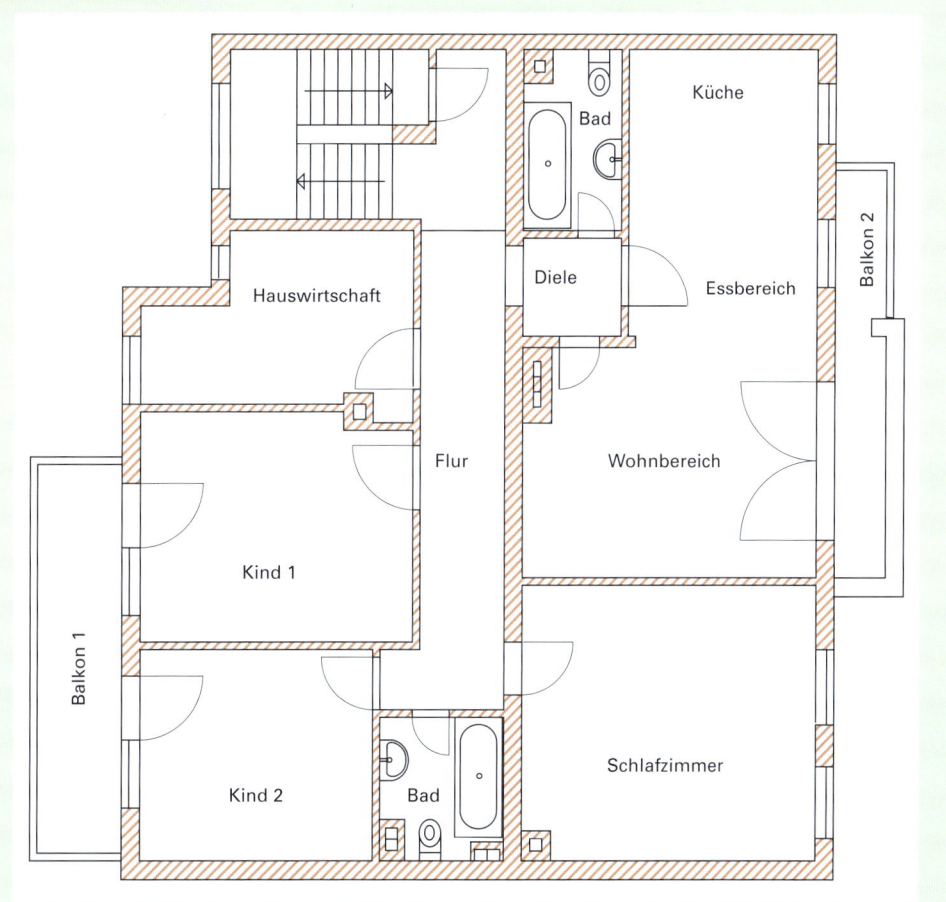

Abb. 6.1
Wohnungsgrundriss

6 Beleuchtungs- und Lüftungssteuerung mit KNX

Hierbei sind unter anderem folgende Schaltbedingungen zu erfüllen:

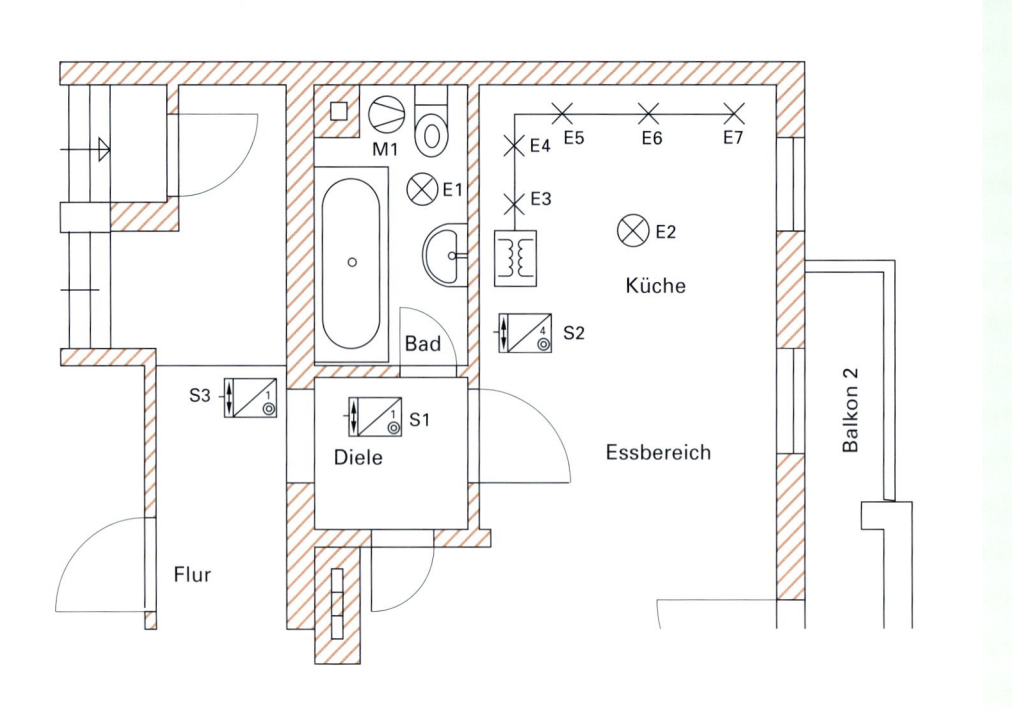

Abb. 6.2 Ausschnitt Wohnungsgrundriss mit Flur, Diele, Bad und Küche

Bad/Diele
In der Diele werden mit einem Tastsensor 1-fach (S1) über einen Binärausgang (Schaltaktor 2-fach) die Bad-Beleuchtung E1 und der Belüftungsmotor M1 gesteuert. Bei der Betätigung der oberen Wippe von S1 müssen E1 sofort und M1 mit einer vierminütigen Verzögerung einschalten.
Bei der Betätigung der unteren Wippe von S1 müssen E1 sofort und M1 mit einer zehnminütigen Verzögerung ausschalten.

Küche
Die Küche wird beleuchtet durch eine Deckenleuchte E2 und eine Gruppe von insgesamt fünf Halogen-Niedervoltglühlampen (E3 bis E7). Beide Leuchtgruppen werden mit einem Tastsensor 4-fach (S2) über einen Binärausgang (Schaltaktor 2-fach) geschaltet:

Deckenbeleuchtung E2   EIN/AUS über Wippe 1
Halogenlampengruppe E3 bis E7   EIN/AUS über Wippe 2

Die Wippen 3 und 4 dienen als Reserve.

Flur
Im Flur befindet sich an der Wohnungstür ein Tastsensor 1-fach (S3).
Bei der Betätigung der oberen Wippe müssen u. a. die Badezimmerbeleuchtung, die gesamte Küchenbeleuchtung und die Belüftung des Badezimmers (10 min verzögert) ausgeschaltet werden (Zentral AUS-Funktion).

Aufgaben

6.1 Blockschaltbild der gesamten Steuerung

6.1.1 Vervollständigen Sie im Blockschaltbild (Anlage A 6.1) die Busteilnehmer einpolig und die Netzversorgung allpolig, sodass alle zum Betrieb erforderlichen Geräte dargestellt und angeschlossen sind.

Anlage A 6.1 auf CD

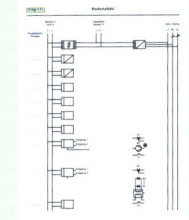

Alle Geräte sind der Linie 4 (Bereich 3) zugeordnet.

Dokumentieren Sie Ihre Projektierung, indem Sie:

6.1.2 die erforderlichen physikalischen Adressen in das Blockschaltbild und in die Tabelle 6.1 Logische Adressen eintragen,

6.1.3 die Gruppenadressen den Objekten der Sensoren und Aktoren in der Tabelle 6.1 zuweisen und Hinweise zu deren Parametereinstellungen geben.

Physikalische Adresse	Bus-Gerät (TLN)	Ausgewählte Objekte	Gruppenadresse	Parametereinstellungen Funktion

Tabelle 6.1   Logische Adressen, Vorlage

6.1.4 Setzen Sie die benötigte Bustopologie, die Zuweisung der physikalischen Adressen und die Definitionen der Gruppenadressen in der ETS um.

6.2 Programmieren des Nachlaufs

6.2.1 An welchem Gerät programmiert man den Nachlauf des Belüftungsmotors?

6.2.2 Führen Sie die Parametrierung in der ETS durch.

6 Beleuchtungs- und Lüftungssteuerung mit KNX

6.3 Programmeinrichtung für KNX-Teilnehmer

Über welches Gerät programmieren Sie die KNX-Teilnehmer?
Kennzeichnen Sie dieses Gerät im Blockschaltplan.

6.4 Dimmen von Niedervoltlampen

Die Niedervoltlampengruppe soll nun dimmbar sein. Geben Sie das Schaltzeichen eines Dimmaktors 1 Kanal an.

6.5 Bereichstrennung

Mit welchem KNX-Gerät wird eine Trennung zwischen zwei Bereichen einer Anlage erreicht?

Lösungen

6.1 Blockschaltbild der gesamten Steuerung

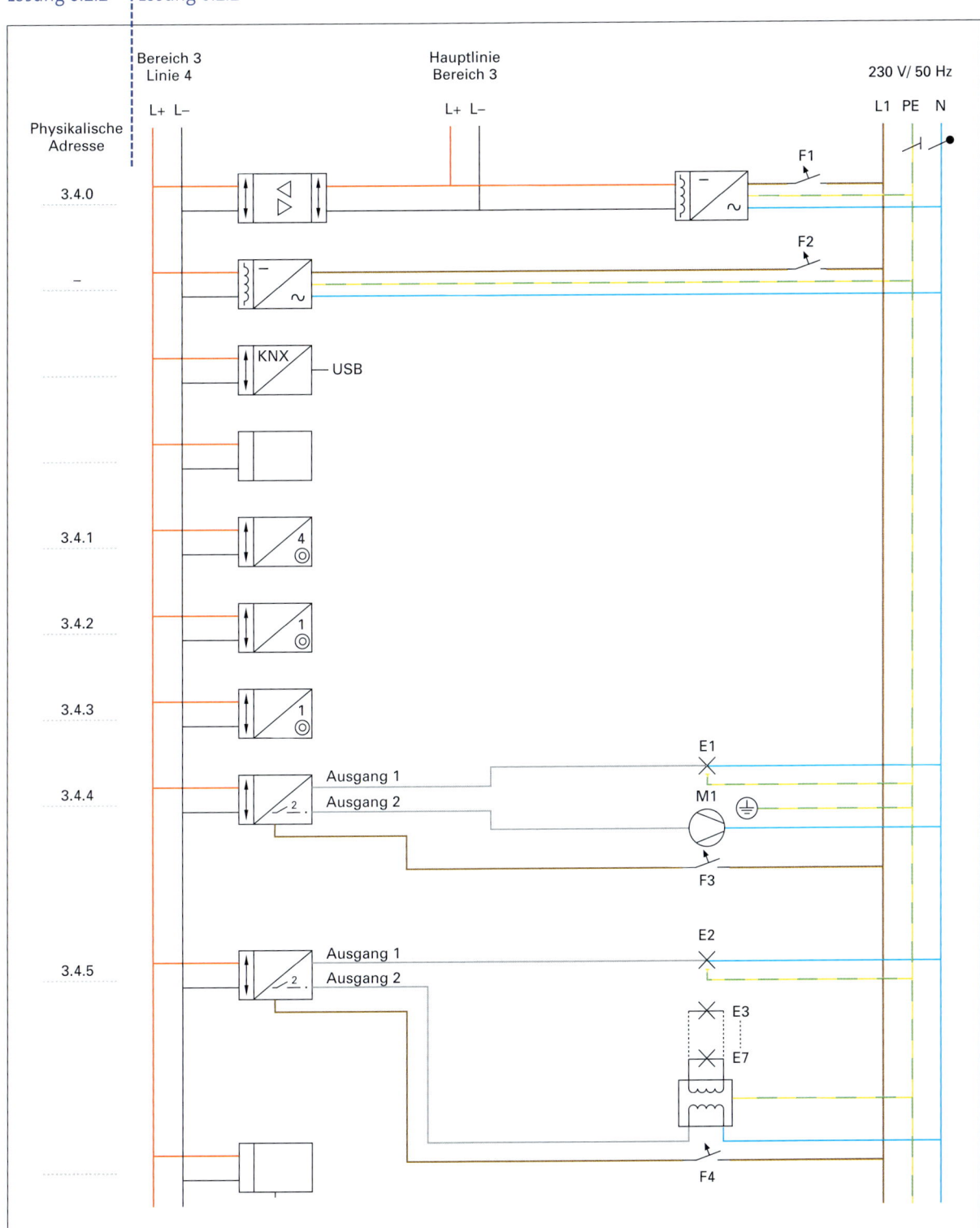

Abb. 6.3   Blockschaltbild mit Verdrahtung, Busteilnehmern und Betriebsmitteln (Anlage A 6.1)

Lösung 6.1.3

Physikalische Adresse	Bus-Gerät (TLN)	Ausgewählte Objekte	Gruppenadresse	Parametereinstellungen Funktion
3.4.2	Taster 1-fach (S1)	Wippe oben	0/0/1	Zentral AUS
		Wippe unten	–	
3.4.3	Taster 1-fach (S3)	Wippe oben	1/1/1	Bad E1 M1 EIN
		Wippe unten	1/1/1	Bad E1 M1 AUS
3.4.1	Taster 4-fach (S2)	Wippe 1 oben	1/2/2	Küche E2 EIN
		Wippe 1 unten	1/2/2	Küche E2 AUS
		Wippe 2 oben	1/2/3	Küche E3 ... E7 EIN
		Wippe 2 unten	1/2/3	Küche E3 ... E7 AUS
3.4.4	Binärausgang (2-fach)	Ausgang 1	1/1/1 0/0/1	Bad E1
		Ausgang 2	1/1/1 0/0/1	Bad M1
				Ein-Verzögerung: 4 min
				Aus-Verzögerung: 10 min
3.4.5	Binärausgang (2-fach)	Kanal 1	1/2/2 0/0/1	Küche E2
		Kanal 2	1/2/3 0/0/1	Küche Transformator

Tabelle 6.2 Logische Adressen der KNX-Steuerung

Lösung 6.1.4

> **Lösungshinweis**
> *Je nach angewandtem System sind die Lösungswege leicht unterschiedlich.*
> *Die nachfolgenden Abbildungen zeigen das Vorgehen mit der Software ETS beipielhaft.*

Zuerst wird die Gebäudestruktur nachgebildet, soweit sie den Auftrag betrifft. Hier Flur, Diele und Küche (Abb. 6.4 Gebäudeansicht, Nachbildung der Gebäudestruktur in der ETS).

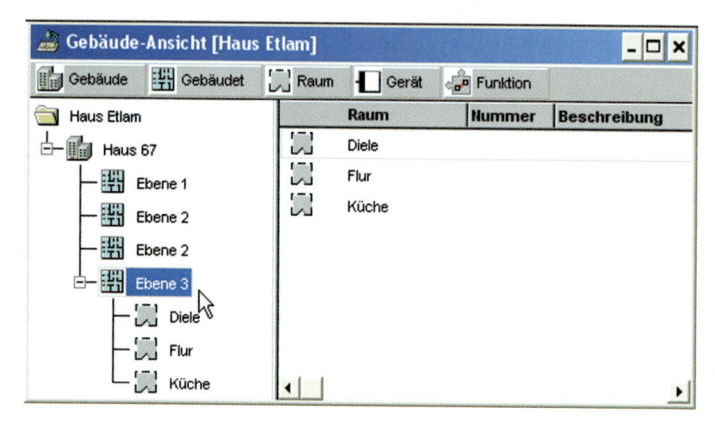

Abb. 6.4
Software ETS – Gebäudestruktur

Um den Teilnehmern die Physikalische Adresse zuweisen zu können, muss die Bustopologie in der ETS abgebildet sein. Hierzu werden Bereiche und Linien definiert, die später mit Hilfe von Bereichs-/ Linienkoppler verbunden und logisch getrennt werden (Abb. 6.5 Topologieansicht, Abbildung Bustopologie, linke Bildhälfte).

Nachdem die entsprechende Produktdatenbank importiert wurde, können nun die Busteilnehmer ausgewählt und den Linien zugeordnet werden (Abb. 6.5 rechte Bildhälfte). (Abb. 6.6 Auswahl von Busteilnehmern, einfacher Taster).

Die Physikalischen Adressen werden von der ETS automatisch vergeben (können aber auch von Hand selbst eingegeben werden).

Lösungen **6**

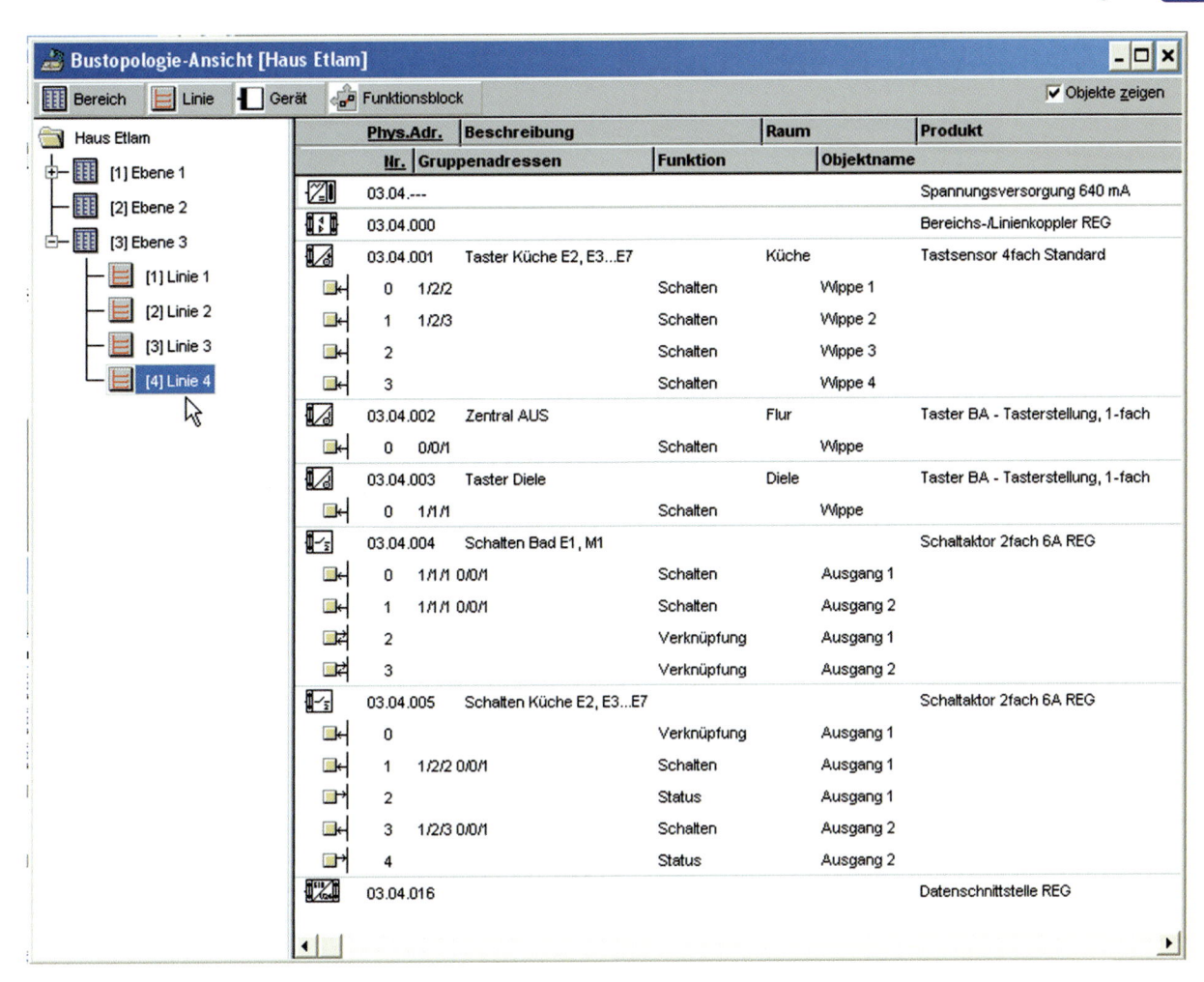

Bustopologie-Ansicht [Haus Etlam]				
Bereich Linie Gerät Funktionsblock				☑ Objekte zeigen

	Phys.Adr.	Beschreibung	Raum	Produkt
	Nr.	Gruppenadressen	Funktion	Objektname
	03.04.---			Spannungsversorgung 640 mA
	03.04.000			Bereichs-/Linienkoppler REG
	03.04.001	Taster Küche E2, E3…E7	Küche	Tastsensor 4fach Standard
	0	1/2/2	Schalten	Wippe 1
	1	1/2/3	Schalten	Wippe 2
	2		Schalten	Wippe 3
	3		Schalten	Wippe 4
	03.04.002	Zentral AUS	Flur	Taster BA - Tasterstellung, 1-fach
	0	0/0/1	Schalten	Wippe
	03.04.003	Taster Diele	Diele	Taster BA - Tasterstellung, 1-fach
	0	1/1/1	Schalten	Wippe
	03.04.004	Schalten Bad E1, M1		Schaltaktor 2fach 6A REG
	0	1/1/1 0/0/1	Schalten	Ausgang 1
	1	1/1/1 0/0/1	Schalten	Ausgang 2
	2		Verknüpfung	Ausgang 1
	3		Verknüpfung	Ausgang 2
	03.04.005	Schalten Küche E2, E3…E7		Schaltaktor 2fach 6A REG
	0		Verknüpfung	Ausgang 1
	1	1/2/2 0/0/1	Schalten	Ausgang 1
	2		Status	Ausgang 1
	3	1/2/3 0/0/1	Schalten	Ausgang 2
	4		Status	Ausgang 2
	03.04.016			Datenschnittstelle REG

Baum links: Haus Etlam – [1] Ebene 1 – [2] Ebene 2 – [3] Ebene 3 ([1] Linie 1, [2] Linie 2, [3] Linie 3, [4] Linie 4)

Abb. 6.5 Topologieansicht, Abbildung Bustopologie (ETS)

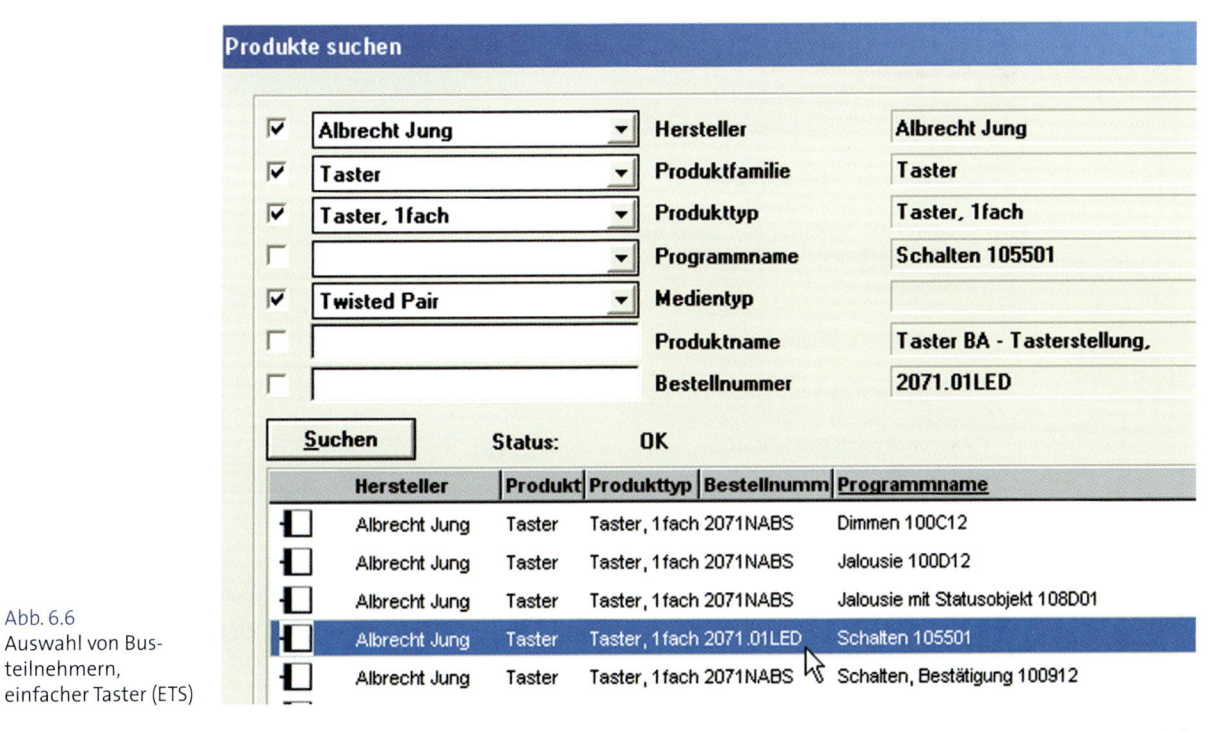

Produkte suchen

	Auswahl		Feld	Wert
☑	Albrecht Jung	▼	Hersteller	Albrecht Jung
☑	Taster	▼	Produktfamilie	Taster
☑	Taster, 1fach	▼	Produkttyp	Taster, 1fach
☐		▼	Programmname	Schalten 105501
☑	Twisted Pair	▼	Medientyp	
☐			Produktname	Taster BA - Tasterstellung,
☐			Bestellnummer	2071.01LED

Suchen   Status: OK

	Hersteller	Produkt	Produkttyp	Bestellnumm	Programmname
	Albrecht Jung	Taster	Taster, 1fach	2071NABS	Dimmen 100C12
	Albrecht Jung	Taster	Taster, 1fach	2071NABS	Jalousie 100D12
	Albrecht Jung	Taster	Taster, 1fach	2071NABS	Jalousie mit Statusobjekt 108D01
	Albrecht Jung	Taster	Taster, 1fach	2071.01LED	Schalten 105501
	Albrecht Jung	Taster	Taster, 1fach	2071NABS	Schalten, Bestätigung 100912

Abb. 6.6
Auswahl von Busteilnehmern, einfacher Taster (ETS)

6 Beleuchtungs- und Lüftungssteuerung mit KNX

Anschließend werden die Gruppenadressen definiert. Hierbei kann unterschieden werden zwischen zweistufiger und – wie hier – dreistufiger Definition der Gruppenadressen (Abb. 6.7).

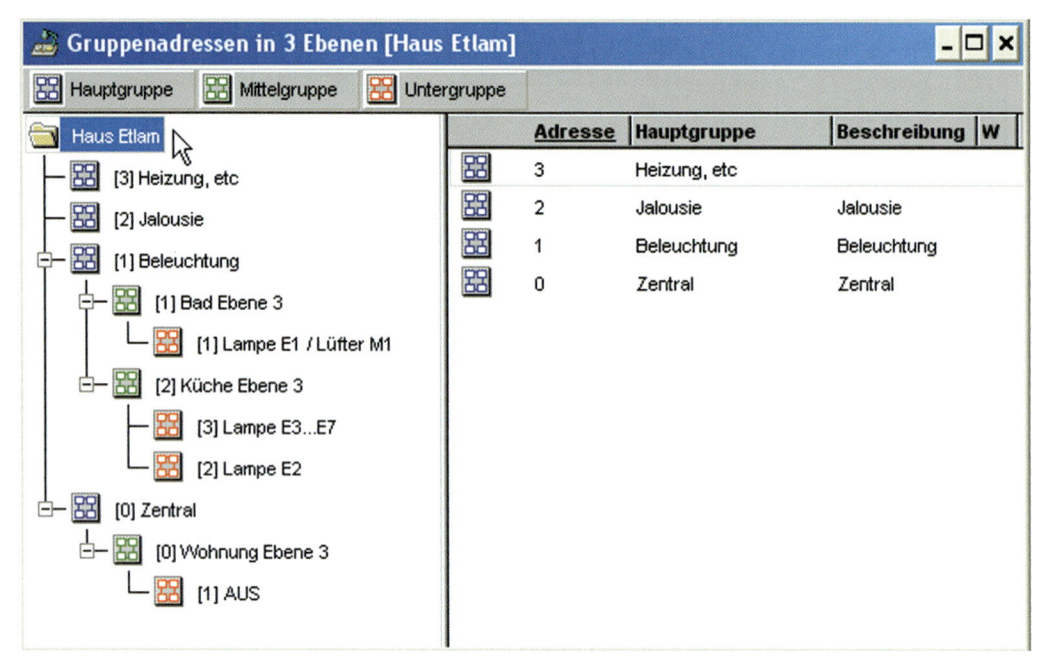

Abb. 6.7 Gruppenadressenansicht, Definition der benötigten Gruppenadressen

Über das Drag&Drop-Verfahren werden abschließend die Gruppenadressen auf die einzelnen Objekte der jeweiligen Busteilnehmer gezogen. Dies entspricht dem eigentlichen Verdrahten.
Um spezielle Anforderungen des Bauherrn zu erfüllen, müssen zuletzt einige Busteilnehmer parametriert werden. In dieser Aufgabe ist es der Schaltaktor 3.4.4, welcher mit Ausgang 2 den Lüftermotor M1 ansteuert (Abb. 6.8).

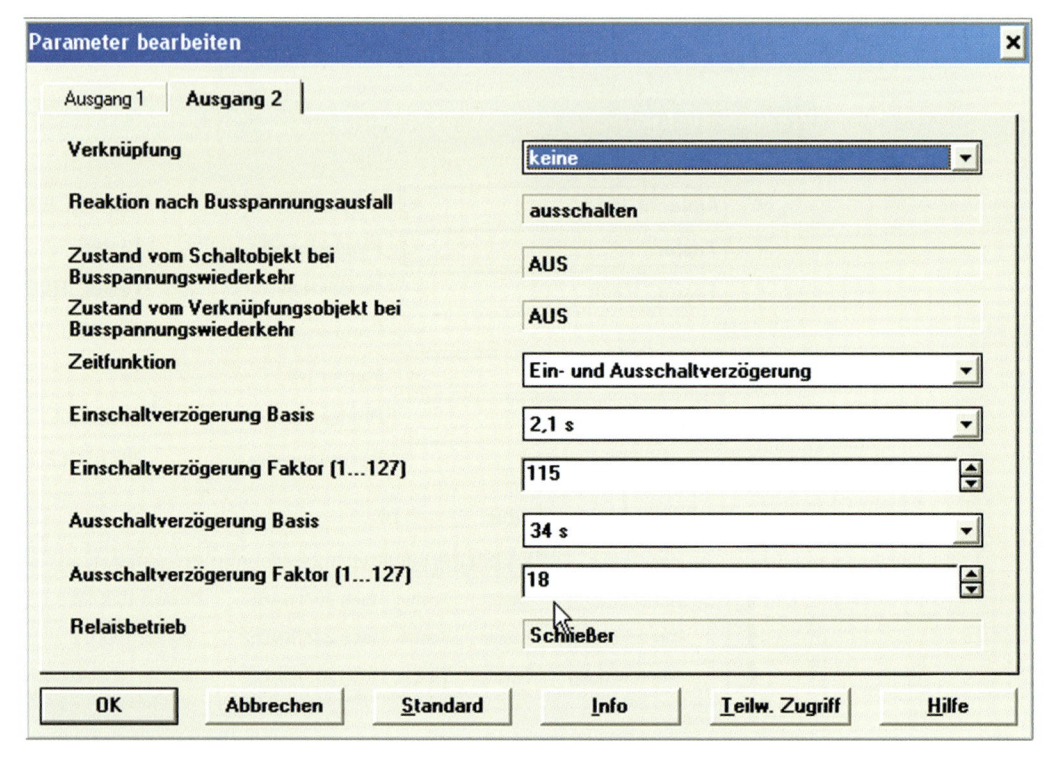

Abb. 6.8 Parametrierung des Schaltaktors für den Nachlauf des Lüfters (ETS)

Lösungen **6**

6.2 Programmieren des Nachlaufs

Lösung 6.2.1

Der Nachlauf des Lüfters wird am Schaltaktor 3.4.4, welcher mit dem Ausgang 2 den Lüftermotor M1 ansteuert, parametriert. Hierbei ist zu beachten, dass der Schaltaktor eine Zeitfunktion besitzt (siehe Abb. 6.8).

Lösung 6.2.2

Um die gewünschten Nachlaufverzögerungszeiten einhalten zu können, wird der Schaltaktor auf Grundlage einer einstellbaren Zeitbasis über einen einzugebenden Faktor parametriert:

Nachlauf EIN: 4 Minuten
Zeitbasis: 2,1 Sekunden, Faktor 115
Es gilt: Nachlaufverzögerung EIN = 2,1 Sekunden · 115 = 241,5 Sekunden. Dies entspricht bis auf 1,5 Sekunden dem gewünschten Wert. Früher soll der Lüfter nicht einschalten, da der einsetzende Luftzug – laut Auftraggeber – bei einem kurzen Besuch nur „stören" würde.

Der Nachlauf AUS soll ebenfalls nicht kürzer sein, da garantiert werden soll, dass die Restfeuchte über den Lüfter abtransportiert wird:

Zeitbasis: 34 Sekunden, Faktor 18
Es gilt: Nachlaufverzögerung AUS = 34 Sekunden · 18 = 612 Sekunden. Dies entspricht 10 Minuten und zwölf Sekunden.

6.3 Programmeinrichtung für KNX-Teilnehmer

Lösung 6.3

Die KNX-Anlage wird über die Datenschnittstelle (USB, RS 232) programmiert. Bei größeren Anlagen wird die Datenschnittstelle als Reiheneinbaugerät im Schaltschrank mit eingebaut und erhält hierbei eine eigene physikalische Adresse (siehe Abb. 6.5 Schnittstelle mit physikalischer Adresse 3.4.16).
In kleinen Anlagen kann auf eine eigene Datenschnittstelle verzichtet werden, indem man das Anwendungsmodul vom Busankoppler abzieht und ein Schnittstellenmodul aufsteckt. Dieses muss der Servicetechniker vorübergehend zur Verfügung stellen.

6.4 Dimmen von Niedervoltlampen

Lösung 6.4

Abb. 6.9
Schaltzeichen eines Dimmaktors 1 Kanal

6.5 Bereichstrennung

Lösung 6.5

Für die Trennung von Bereichen, wie auch für die Trennung von Linien innerhalb einer KNX-Anlage wird ein **Linienkoppler** eingesetzt. Ob nun der **Linienkoppler** zwischen zwei Bereichen oder zwischen zwei Linien eingesetzt wird, ist an seiner physikalischen Adresse erkennbar.

7 Füllstandsregelung an einem Hochbehälter

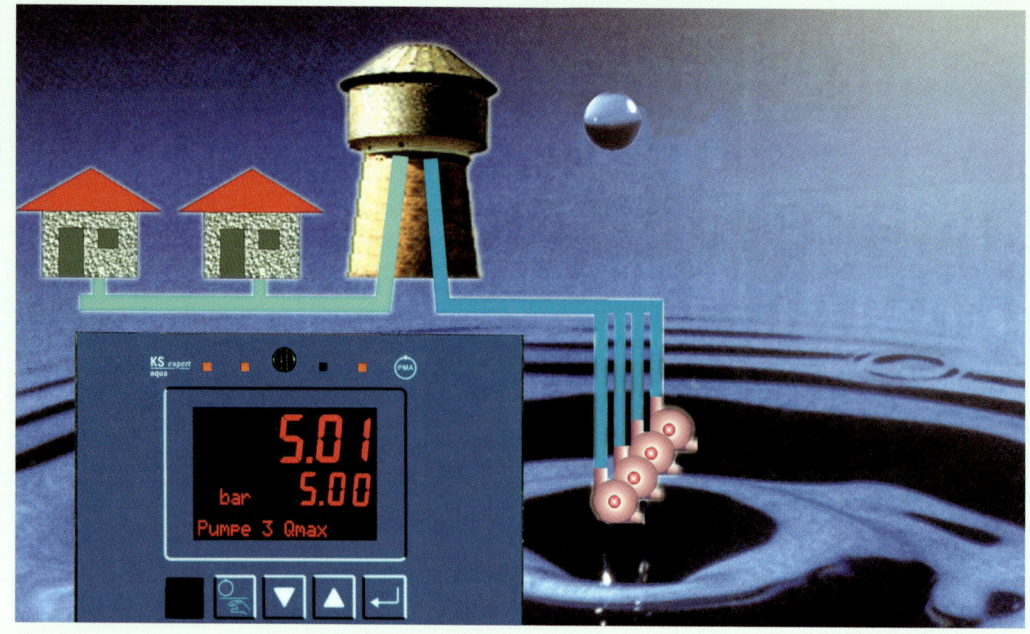

Projektbeschreibung

Der Hochbehälter dient dem Bewässern der Pflanzanlagen in einer Gärtnerei.
Mit dem Einschalten der Pumpanlage durch Hauptschalter Q11 (s. Abb. 7.1) arbeitet die automatische Füllstandsregelung des Hochbehälter-Wasserstandes.
Eine Grundwasserpumpe wird je nach Wasserbedarf ein- und ausgeschaltet.
Der Schaltplan in Abb. 7.1 zeigt den Drehstrommotor M1 der Wasserpumpe.
Der Drehstrommotor erhält eine Einzelkompensation wegen der stets konstanten Pumpleistung.
Beim Einschalten des Motorschützes Q1 durch den unteren Wasserstandsmelder B13 wird gleichzeitig Q2 eingeschaltet, wobei der Vorwiderstand R1 den Einschaltstrom des Kompensationskondensators C1 begrenzt.
0,5 s nach dem Anlaufen des Motors, schaltet die Zeitsteuerung automatisch auf den höheren Kondensator-Blindstrom um. Der Wechselkontakt K2T lässt Q2 abfallen und Q3 anziehen.
Der Wasserpumpenantrieb M1 arbeitet so lange im Selbsthaltebetrieb, bis der obere Wasserstandsmelder B14 das Befüllen des Gießwasser-Hochbehälters abschaltet.
Sinkt der Wasserstand im Hochbehälter unter das Niveau des Sensors B13, wird Wasser nachgepumpt.

Aufgaben

7.1 System- und Funktionsanalyse

7.1.1 Analysieren Sie den Stromlaufplan in der Abb. 7.1.

Ordnen Sie in der folgenden Tabelle 7.1 die Benennung der betreffenden Schaltplanelemente zu.

Bauelement im Steuerstromkreis	Benennung
unterer Wasserstandsmelder	
oberer Wasserstandsmelder	
anzugsverzögertes Zeitrelais	

Tabelle 7.1   Bauelemente im Steuerstromkreis des Schaltplans Nr. 1

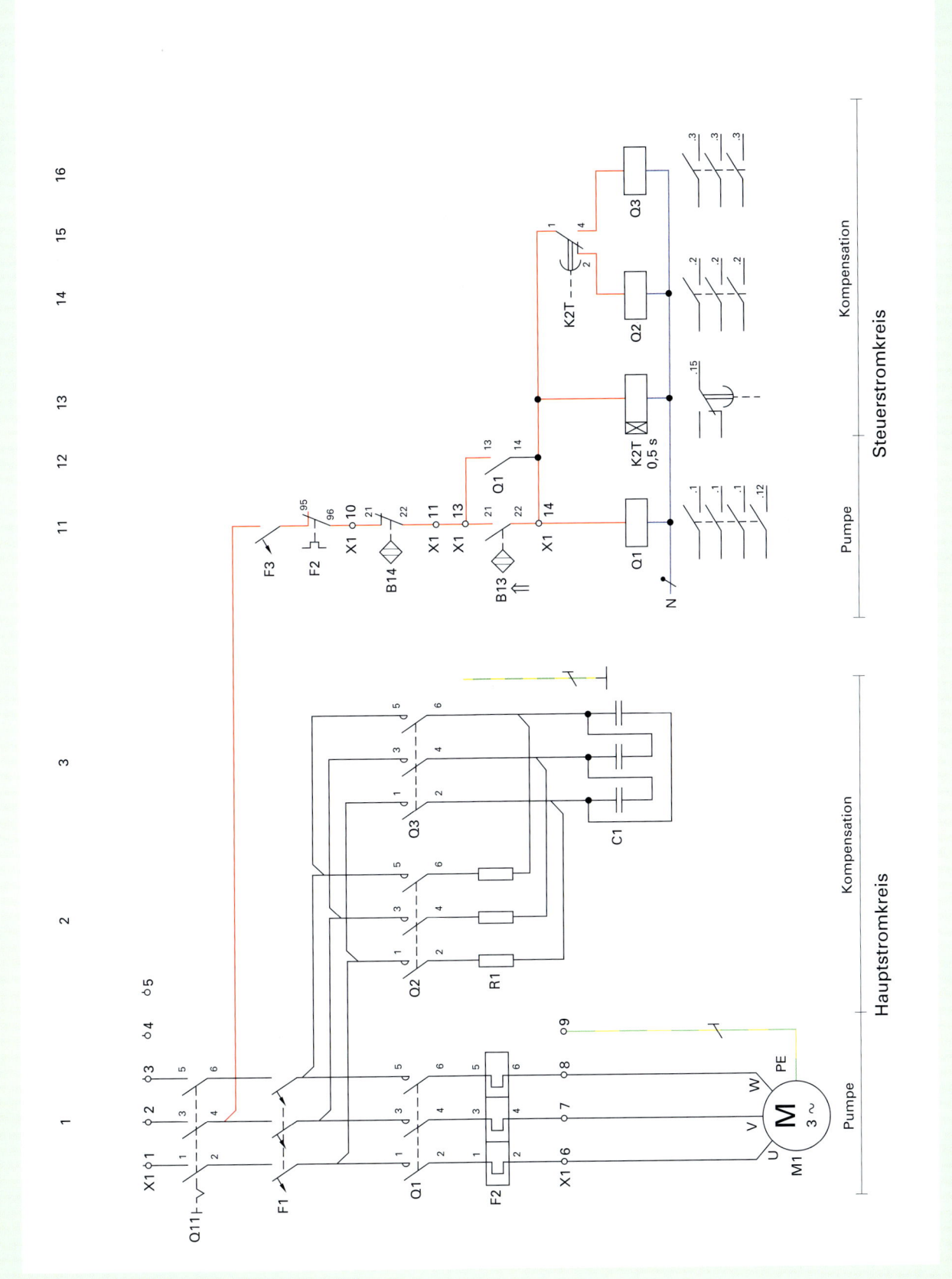

Abb. 7.1 Stromlaufplan Nr. 1, Schützsteuerung

7 Füllstandsregelung an einem Hochbehälter

7.1.2 In der Geräte-Anordnung im Schaltschrank der Abb. 7.2 ist der Reihenklemmenblock X1 dargestellt.

Bei der Verdrahtung nach dem Stromlaufplan der Abb. 7.1 werden die Leitungen an den Reihenklemmen angeschlossen.

Vervollständigen Sie die Benennung der einzelnen Reihenklemmen im Klemmenplan Abb. 7.3 für die Motorzuleitung zu M1 sowie für die Signalleitung zu B13.

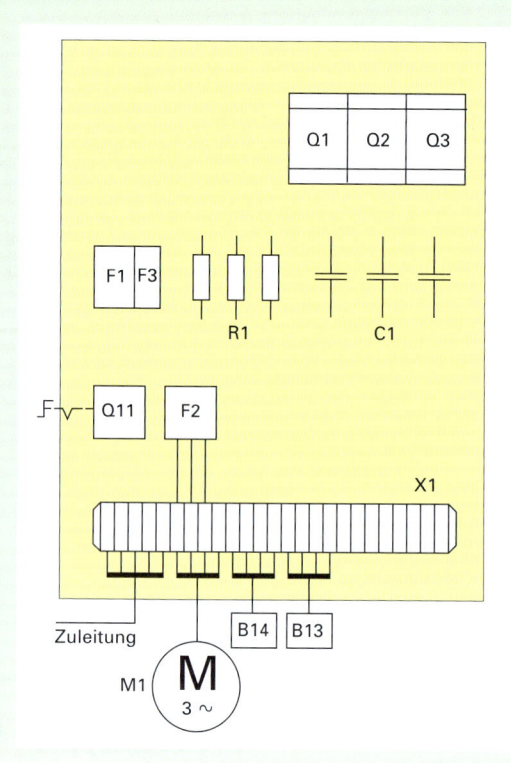

Abb. 7.2
Schaltschrank-Aufbau Nr. 1,
Schützsteuerung Q1, Q2 und Q3

	1	3	5	N	PE					96	13 X1	PE			
	Q11	Q11	Q11							F2					
X1	1	2	3	4	5	6	7	8	9	10	11	12	13	14	15
	Z	Z	Z	Z	Z										
										B14	B14	B14			
	L1	L2	L3	N	PE					21	22	PE			

Abb. 7.3 Klemmenplan Schützsteuerung

7.2 Systementwurf

Anstelle des Schaltschrank Aufbaus Nr. 1 der Abb. 7.2 mit der verbindungsprogrammierten Schützsteuerschaltung soll beim nächsten Auftrag eine Kleinsteuerung eingesetzt werden, wie in Abb. 7.4 a als Schaltschrank-Aufbau Nr. 2 dargestellt.

Der Kondensatorstrom soll wie bisher in zwei Stufen eingeschaltet werden können.
Jedoch soll das Schütz Q2 eingespart werden.

Die Kleinsteuerung G2 muss nun dafür sorgen, dass die Vorwiderstände R1 im Hauptstromkreis Abb. 7.4 b ca. 0,5 s nach dem Einschalten des Pumpenmotors durch das Umschaltschütz Q3 überbrückt werden und die Einzelkompensation von der halben auf die volle Blindleistung umschaltet.

Aufgaben 7

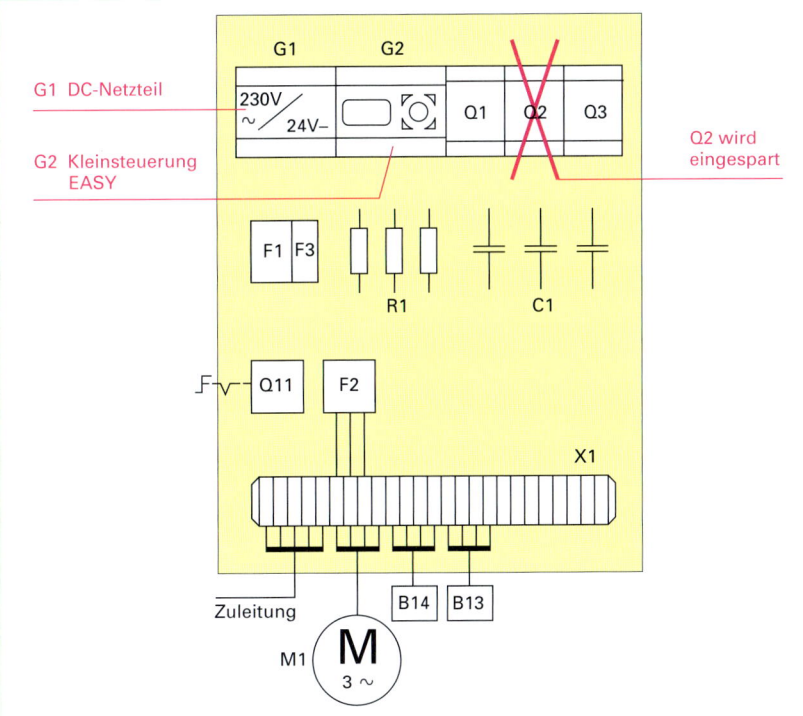

Abb. 7.4 a)
Schaltschrank-Aufbau Nr. 2 mit Kleinsteuerung für Q1 und Q3

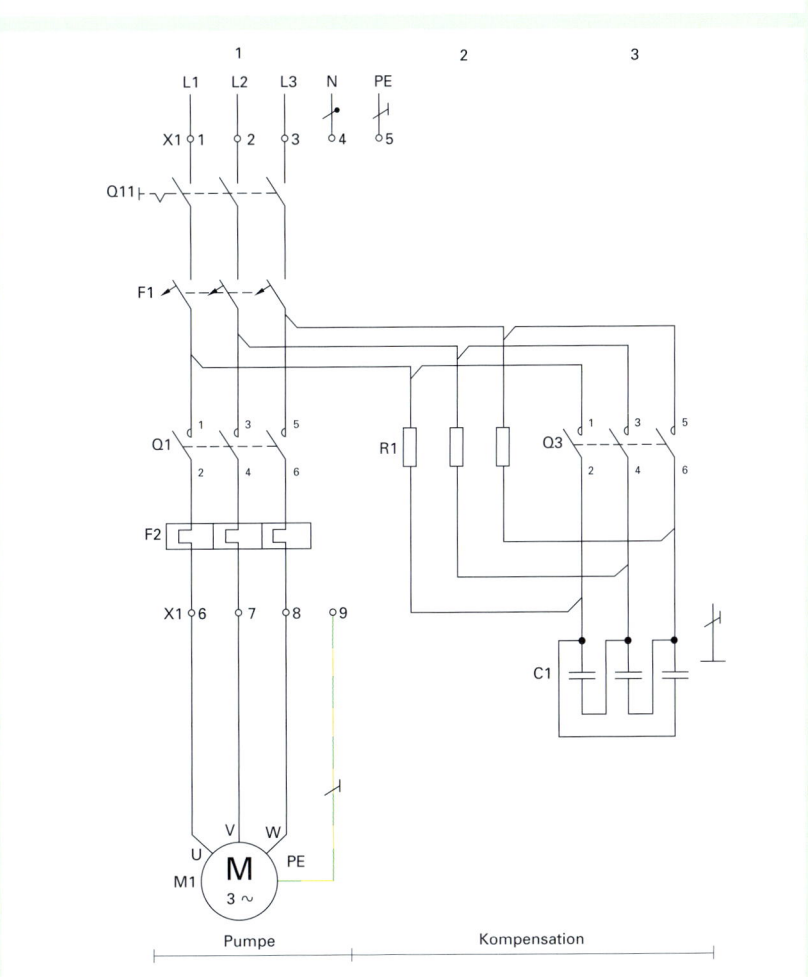

Abb. 7.4 b)
Hauptstromkreis mit Q1 und Q3 für Schaltschrank-Aufbau Nr. 2

7 Füllstandsregelung an einem Hochbehälter

7.2.1 Die Verdrahtung der Kleinsteuerung muss vorgenommen werden. Die beiden Wasserstandsniveaumelder B13 und B14 dienen der Kleinsteuerung als Eingangssensoren.
Die Kleinsteuerung muss sowohl das Motorschütz Q1 als auch das Umschaltschütz Q3 aktivieren können.

Vervollständigen Sie den Stromlaufplan der Kleinsteuerung in Abb. 7.5.

7.2.2 Das in Abb. 7.6 vorliegende alte EASY-Programm wurde für eine Zwischenlösung entwickelt, bei der noch drei Schütze angesteuert werden mussten.
Die Hauptkontakte der drei Hauptschütze
Q1 Motorschütz Wasserpumpe
Q2 Schütz für Kondensatorbetrieb mit Vorwiderstand R1, halbe Blindleistung
Q3 Kondensatorbetrieb mit voller Blindleistung

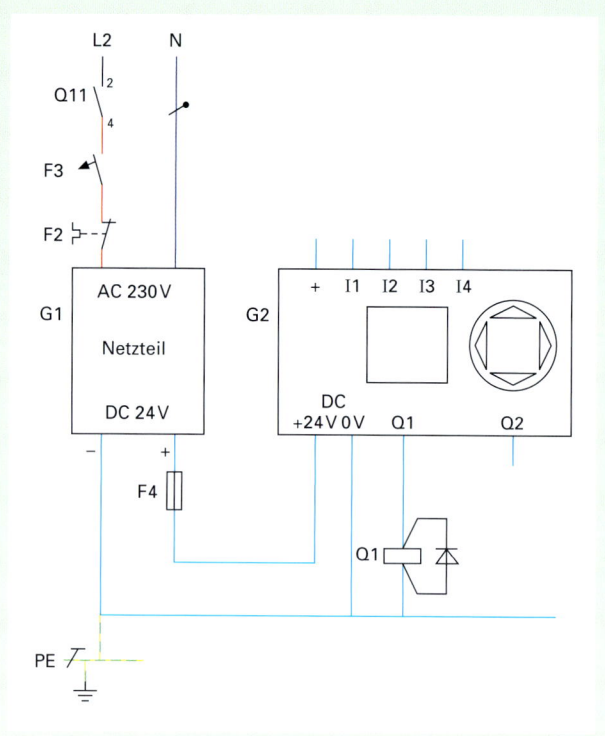

Abb. 7.5 Stromlaufplan Nr. 2 Steuerstromkreis

sind in Abb. 7.1, Stromlaufplan Nr. 1, im Hauptstromkreis verdrahtet. Die Schützspulen wurden mit Hilfe des vorliegenden alten EASY-Programms Abb. 7.6 angesteuert.

Das neue EASY-Programm muss nun wegen der Einsparung von Q2 jedoch nur noch zwei Schütze ansteuern, nämlich das Motorschütz Q1 und 0,5 s später das Kondensatorschütz Q3.
Der Hauptstromkreis von Q1 und Q3 ist als Stromlaufplan Nr. 2, in Abb. 7.4 b dargestellt.

Passen Sie das alte EASY-Programm durch Freihand-Einträge in Abb. 7.6 an die neue Steuerungsaufgabe an.

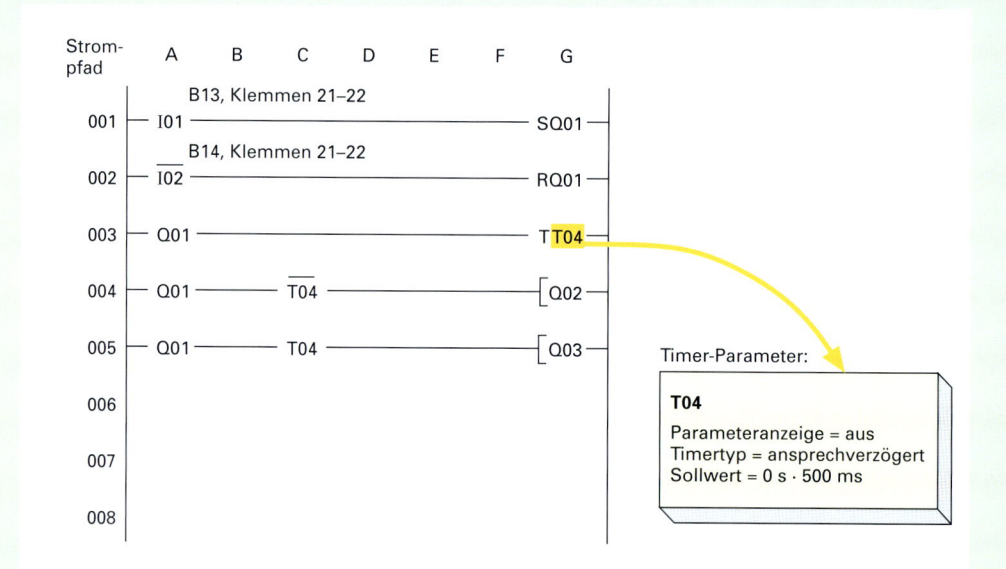

Abb. 7.6 EASY-Programm für Q1, Q2 und Q3

Timer-Parameter:

T04
Parameteranzeige = aus
Timertyp = ansprechverzögert
Sollwert = 0 s · 500 ms

Lösungen

7.1 System- und Funktionsanalyse

Lösung 7.1.1

Bauelement im Steuerstromkreis	Benennung
unterer Wasserstandsmelder	B13
oberer Wasserstandsmelder	B14
anzugsverzögertes Zeitrelais	K2T

Tabelle 7.2 Bauelemente im Steuerstromkreis mit Benennung

Lösung 7.1.2

	1	3	5	N	PE	2	4	6	PE	96	13 X1	PE	13 Q1	14 Q1	PE
	Q11	Q11	Q11												
						F2	F2	F2		F2					
X1	1	2	3	4	5	6	7	8	9	10	11	12	13	14	15
	Z	Z	Z	Z	Z										
						M1	M1	M1	M1						
										B14	B14	B14			
													B13	B13	B13
	L1	L2	L3	N	PE	U	V	W	PE	21	22	PE	21	22	PE

Abb. 7.7 Klemmenplan der Schützsteuerung – vervollständigt

7.2 Systementwurf

Lösung 7.2.1

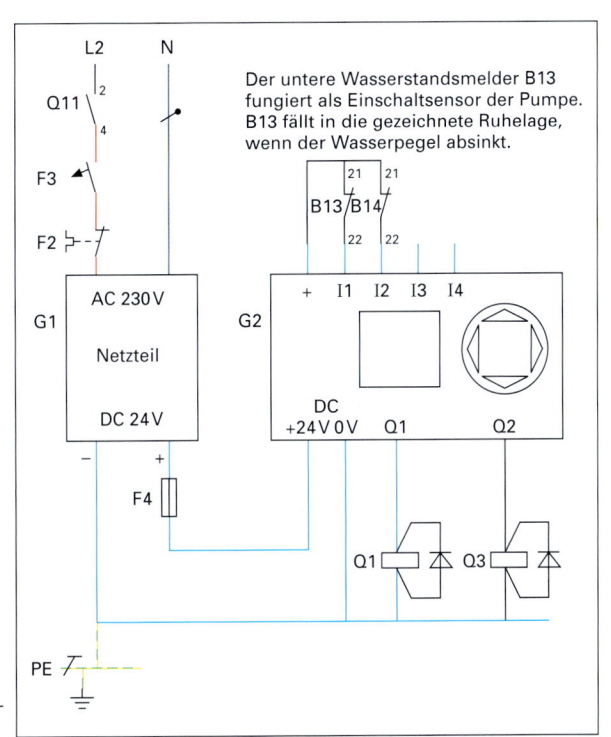

Der untere Wasserstandsmelder B13 fungiert als Einschaltsensor der Pumpe. B13 fällt in die gezeichnete Ruhelage, wenn der Wasserpegel absinkt.

Abb. 7.8 Stromlaufplan der Kleinsteuerung – vervollständigt

7 Füllstandsregelung an einem Hochbehälter

Lösung 7.2.2

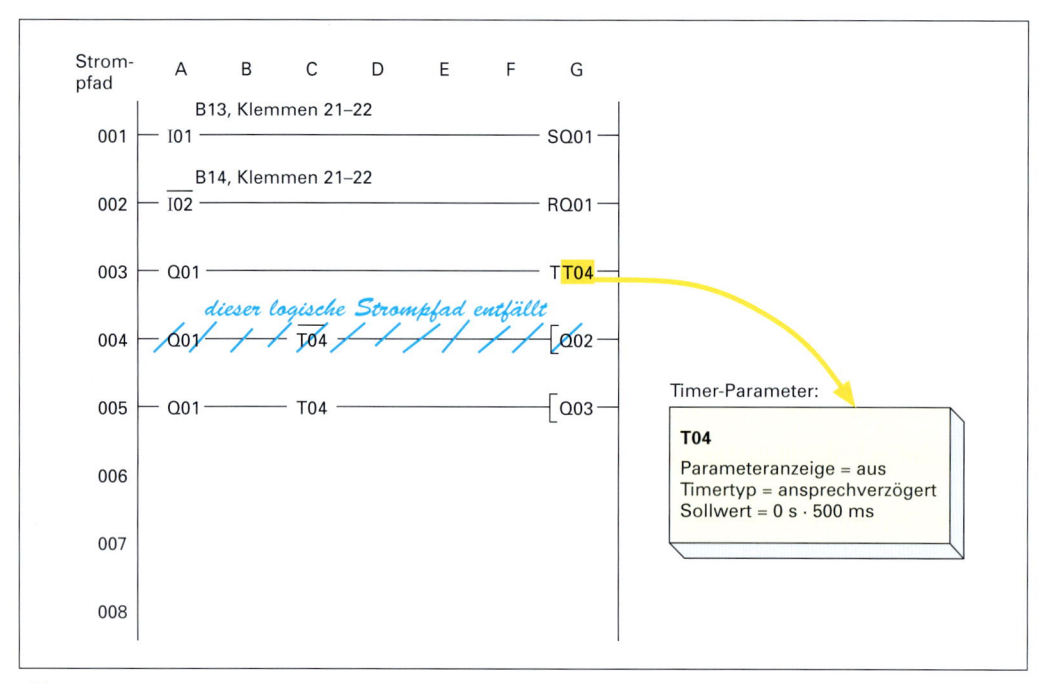

Strom-pfad	A	B	C	D	E	F	G
		B13, Klemmen 21–22					
001	─ I01 ─────────────────── SQ01 ─
		B14, Klemmen 21–22					
002	─ $\overline{I02}$ ─────────────────── RQ01 ─
003	─ Q01 ─────────────────── T T04 ─
	dieser logische Strompfad entfällt
004	─/Q01/─/─/$\overline{T04}$/─/─/─/─/─/[Q02]
005	─ Q01 ──────── T04 ─────── [Q03]
006	
007	
008	

Timer-Parameter:

T04
Parameteranzeige = aus
Timertyp = ansprechverzögert
Sollwert = 0 s · 500 ms

Abb. 7.9   EASY-Programm – angepasst an neue Steuerung

8 Einbau der Steuerung einer Dunstabzugshaube

Projektbeschreibung

Der Kunde Hans Huckebein meldet sich bei der Firma Elektro-Team und bittet um Rat. Vor einigen Tagen war der Schornsteinfeger bei ihm im Haus, um die routinemäßigen Arbeiten auszuführen. Dabei stellte er nach der Inspektion der Heizanlage und der Schornsteinreinigung fest, dass die Dunstabzugshaube über dem Elektroherd in der Küche eingeschaltet werden kann, ohne dass ein Küchenfenster geöffnet ist. Laut Schornsteinfeger sei das nicht zulässig und müsse geändert werden.

Der Schornsteinfeger hat Herrn Huckebein vier Wochen Zeit zu einer Änderung gegeben und empfahl ihm, eine elektrische Steuerung der Dunstabzugshaube über die Öffnung des Küchenfensters einbauen zu lassen. Eine Meldung des durchgeführten Einbaus beim Schornsteinfeger nach spätestens vier Wochen wurde angeordnet.

Meister Fritz Strom von Elektro-Team bestätigte die Rechtmäßigkeit der angeordneten Maßnahme. Speziell für diese Aufgabe bietet er Herrn Huckebein ein kleines Schaltgerät an, das, von einem Fensterkontakt gesteuert, ein Einschalten der Dunstabzugshaube nur bei offenem/gekipptem Küchenfenster zulässt.

Zu klären ist außerdem der Umgang mit den in der Dunstabzugshaube eingebauten Leuchten, die als Arbeitsplatzbeleuchtung über dem Elektroherd und der Arbeitsplatte dienen. Diese würden nach dem Umbau nur noch bei geöffnetem Fenster funktionieren.

Die Lösung besteht darin, an der Dunstabzugshaube eine kleine Schaltungsänderung vorzunehmen und zusätzlich, statt der bisherigen Steckdose zur elektrischen Versorgung der Dunstabzugshaube, eine weitere Steckdose zu montieren.

Herr Huckebein erteilt der Firma Elektro-Team den Auftrag zur Installation der Steuerung und zum notwendigen Umbau der Dunstabzugshaube. Meister Strom sichert ihm die Ausführung des Auftrages zu, sobald das Schaltgerät geliefert ist.

8 Einbau der Steuerung einer Dunstabzugshaube

Aufgaben

8.1 Änderung der Installation einer Dunstabzugshaube

Anlage A 8.1 auf CD

Lesen Sie den Mängelbericht (Abb. 8.1) und die Mängelerläuterung (Abb. 8.2) des Schornsteinfegers und machen Sie sich mit den Bestimmungen der Feuerungsverordnung (Anlage A 8.1) vertraut.

Begründen Sie, warum der Schornsteinfeger nach der Feuerverordnung darauf besteht, dass beim Betrieb der Dunstabzugshaube (DAH) ein Küchenfenster geöffnet sein muss. Beschreiben Sie auch die Folge für die Personen in der Wohnung, wenn die Dunstabzugshaube Luft aus dem Umfeld der Feuerungsanlage in die Küche ansaugt.

Abb. 8.1 Mängelbericht des Schornsteinfegers

Sehr geehrter Kunde!
Ich habe festgestellt, dass sich in Ihrer Wohnung/Ihrem Haus schornsteingebundene Feuerstätten und eine Lüftungsanlage (Dunstabzugshaube), die die Abluft ins Freie führt, befinden/eingebaut wird). Dies ist nach der Verwaltungsvorschrift des Innenministeriums über Feuerungsanlagen (VwV Feu A) vom 6. März 1984 **nicht** mehr zulässig.
Da beim Betrieb dieser Lüftungsanlagen eine sehr große Menge Raumluft abgesaugt wird, bei mittleren Größen 600–1000 Kubikmeter in der Stunde, können unter gewissen Bedingungen Störungen beim Betrieb der Feuerstätten auftreten, weil eine zu geringe Nachströmung der abgesaugten Luft erfolgt. Dies kann auch zu einer Verschlechterung der Verbrennung in der Feuerstätte führen. Ist nun der Unterdruck, den die Abluftanlage erzeugt, größer als der Unterdruck des Schornsteins, so hat dieser nicht genügend „Kraft" um ausreichend Verbrennungsluft herbeizuführen und die Abgase einwandfrei abzuleiten.

Ich möchte Sie hiermit darauf hinweisen, dass dieser Zustand nicht dem neuesten technischen Stand entspricht. Sollten sich bei Ihrer Feuerungsanlage aus diesen Gründen Störungen bemerkbar machen, so muss die Anlage den neuen Anforderungen angepasst werden. **Grundsätzlich müssen bei Änderungen, Um- oder Neubauten von Feuerstätten, Abluftanlagen oder Kücheneinrichtungen** die gesetzlichen Anforderungen eingehalten werden.

Mit folgenden Maßnahmen kann dies erreicht werden:
1. Änderung der Abluftanlage auf Umluftbetrieb
2. Einbau eines Doppelmauerkastens (dieser lässt beim Betrieb der Abluftanlage automatisch genügend Zuluft nachströmen)
3. Einbau eines Fensterkontaktschalters (hier ist der Betrieb der Abluftanlage nur bei gekipptem Fenster möglich)

Für weitere Fragen stehe ich Ihnen persönlich gerne zur Verfügung.

Mit freundlichen Grüßen
Ihr Bez.-Schornsteinfegermeister

Gustav Rußguck
Bez.-Schornsteinfegermeister
Krähenkolonie 11
77124 Kuckucksheim
Telefon 07456 12399
Handy 0175 61870

Abb. 8.2
Mängelerläuterung des Schornsteinfegers

8.2 Einbau des Sensors

Überprüfen Sie die Bauteile der gelieferten Dunstabzugshaubensteuerung (Abb. 8.3) und machen Sie sich mit der räumlichen Situation und der elektrischen Versorgung für die DAH in der Küche des Kunden Huckebein vertraut. Überprüfen Sie das in Frage kommende Küchenfenster auf den möglichen Einbau des Schaltsensors.

Abb. 8.3 Dunstabzugssteuerung DAS 3000

8.3 Umbau der Leuchtenschaltung der Dunstabzugshaube

Bauen Sie die Leuchtenschaltung so um, dass die Leuchten der Dunstabzugshaube trotz geschlossener Fenster eingeschaltet werden können.

8.4 Beschreibung des physikalischen Prinzips des Sensors

Beschreiben Sie das physikalische Prinzip des eingesetzten Sensors zur Überwachung der Fensteröffnung und erläutern Sie die prinzipielle Arbeitsweise der Steuerung zum Einschalten der Dunstabzugshaube.

8.5 Entwurf des Schaltplans für die Steuerung

Entwerfen Sie einen Schaltplan für ein Steuergerät, das die in der Aufgabe beschriebene Funktion zur Steuerung der Dunstabzugshaube über einen Fensterkontakt mit möglichst einfachen Mitteln (einfache elektrische Bauelemente) erfüllt.

8 Einbau der Steuerung einer Dunstabzugshaube

Lösungen

8.1 Änderung der Installation einer Dunstabzugshaube

Lösung 8.1

Nach den Bestimmungen der Feuerstättenverordnung von 1996 (Anlage A 8.1) hat der Schornsteinfeger richtig gehandelt, indem er die Umrüstung der Dunstabzugshaube angeordnet hat.

Die Feuerstättenverordnung FeuV §4 schreibt vor, dass bei gleichzeitigem Betrieb einer raumluftabhängigen Feuerstätte (Gastherme, Holzkohleofen, ...) und Abluftventilatoren (Dunstabzugshaube, ...) im Haus gewährleistet sein muss, dass kein Kohlenmonoxyd (CO) aus der Feuerstätte entzogen und in die Küche befördert werden kann. Denn sobald ein Abluftsystem eingeschaltet wird, entsteht in der Wohnung ein Unterdruck. Ein Druckausgleich für die von der Dunstabzugshaube nach außen beförderte Luftmenge darf nur über das Nachströmen von Frischluft aus dem Außenbereich erfolgen, z. B. durch ein geöffnetes Küchenfenster, aber nicht über die Feuerstätte.

Für die Hausbewohner hätte der Betrieb der Dunstabzugshaube bei geschlossenen Fenstern unter ungünstigen Umständen das Ansaugen von giftigem und geruchlosem Kohlenmonoxid zur Folge, sodass Sauerstoffmangel auftritt und Vergiftungsgefahr besteht, weil nicht genügend frische Luft von außen nachströmen kann.

8.2 Einbau des Sensors

Lösung 8.2

Die gelieferte Steuerung besteht aus dem Sensor mit Kabel, dem Montagezubehör und dem eigentlichen Steuergerät (Abb. 8.4), welches nur in die für die Dunstabzugshaube vorgesehene Steckdose eingesteckt werden darf. Die ausgangsseitige Steckdose des Steuergerätes, in die nun der Stecker für die Stromversorgung der Dunstabzugshaube eingesteckt wird, wird von dem Fensterkontakt erst bei geöffnetem Fenster eingeschaltet.

Da alle Teile vollständig vorhanden sind, ist die mechanische Montage schnell erledigt. Der Fensterflügel, der zur Steuerung der Lüftung benutzt wird, liegt gleich neben der Dunstabzugshaube, sodass auch die Länge des Sensorkabels problemlos ausreicht. Die beiden Sensorteile werden mit Kontaktkleber auf die Fensterflächen geklebt (Abb. 8.5), die vorher gereinigt und entfettet wurden.

Beim Kippen oder Öffnen des Fensterflügels wird der Permanentmagnet vom Reed-Kontakt wegbewegt, sodass der Reed-Kontakt den Stromkreis öffnet und die Steckdose für die Dunstabzugshaube über ein Relais in der Steuerung an das Netz geschaltet wird. Jetzt kann die Dunstabzugshaube eingeschaltet werden. Bei geschlossenem Fenster ist das nicht möglich, da der Stromkreis des Sensors die Relaiskontakte in der Steuerung so schaltet, dass die Steckdose nicht von der Netzspannung versorgt wird.

Abb. 8.4 Steuergerät

Abb. 8.5 Fensterflügel mit Sensor (Reed-Kontakt und Permanentmagnet)

8.3 Umbau der Leuchtenschaltung der Dunstabzugshaube

Lösung 8.3

Mehraufwand entsteht durch den Wunsch des Wohnungsinhabers, die beiden Leuchten der Dunstabzugshaube als Lichtquelle für den Arbeitsplatz um den Elektroherd, unabhängig von der Lüftung zu benutzen. Bei geschlossenem Fenster, trennt jetzt die Steuerung die Dunstabzugshaube komplett vom Netz, sodass auch das Licht nicht mehr eingeschaltet werden kann.

Die bisherige Installation in der Küche sieht folgendermaßen aus (Abb. 8.6, 8.7):

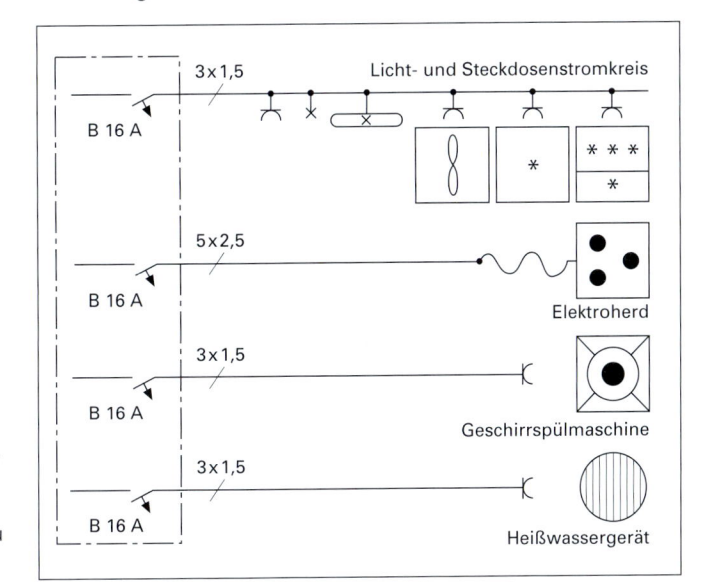

Abb. 8.6 Verschiedene Stromkreise in der Küche. Die bisherige einfache Steckdose für die Dunstabzugshaube ist im Bild oben (3. von rechts) zu sehen.

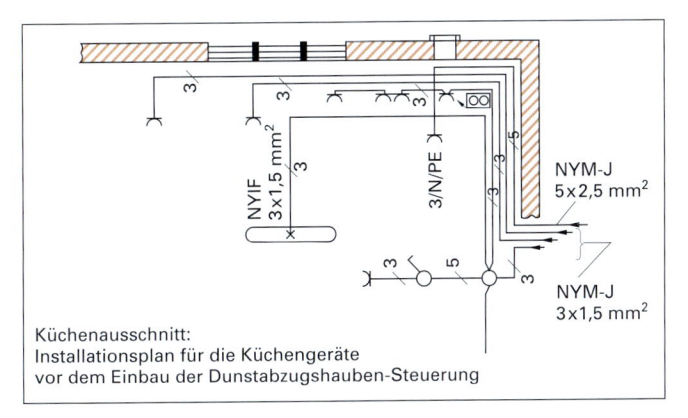

Abb. 8.7 Installationsplan der Küche vor dem Umbau der Dunstabzugshaube

Küchenausschnitt:
Installationsplan für die Küchengeräte vor dem Einbau der Dunstabzugshauben-Steuerung

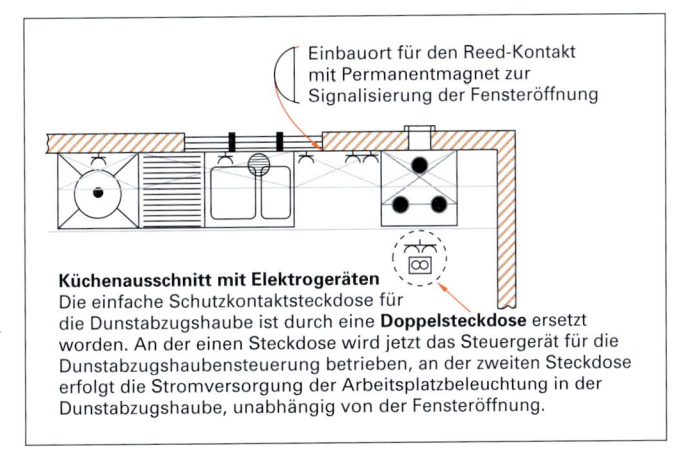

Abb. 8.8 Küchenausschnitt mit Elektrogeräten. Die notwendigen Änderungen für die lüftungsunabhängige Schaltung der Beleuchtung sind bezeichnet.

Küchenausschnitt mit Elektrogeräten
Die einfache Schutzkontaktsteckdose für die Dunstabzugshaube ist durch eine **Doppelsteckdose** ersetzt worden. An der einen Steckdose wird jetzt das Steuergerät für die Dunstabzugshaubensteuerung betrieben, an der zweiten Steckdose erfolgt die Stromversorgung der Arbeitsplatzbeleuchtung in der Dunstabzugshaube, unabhängig von der Fensteröffnung.

8 Einbau der Steuerung einer Dunstabzugshaube

Um dem Wunsch des Kunden nachzukommen, das Licht der Dunstabzugshaube unabhängig von der Lüftungssteuerung betreiben zu können, muss zunächst an die Stelle der bisherigen einfachen Steckdose eine zweite bzw. eine Doppelsteckdose installiert werden.

Dann muss die Dunstabzugshaube aufgeschraubt werden und die bisher für den Lüftermotor und die Beleuchtung gemeinsam genutzte, aber getrennt schaltbare Netzversorgung geändert werden.

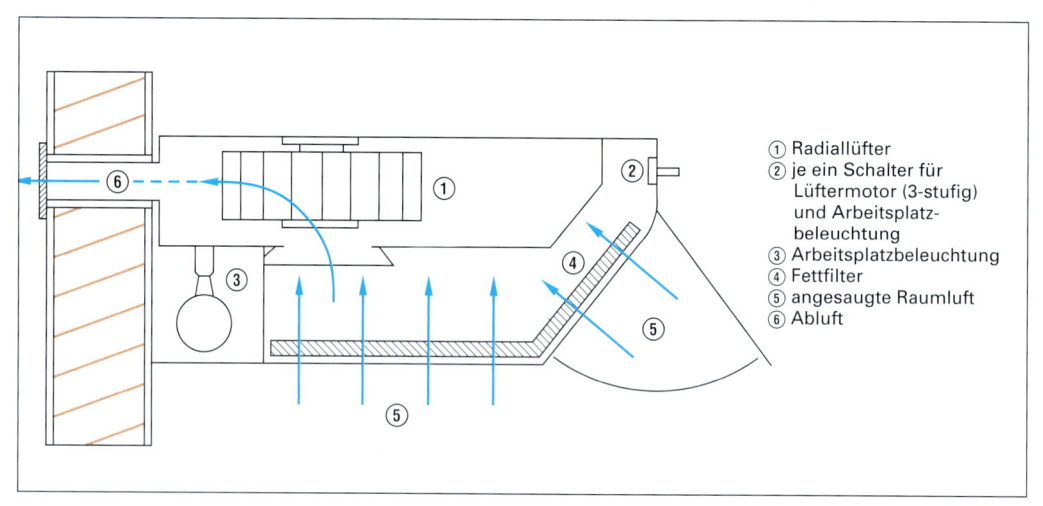

Abb. 8.9 Prinzipskizze der Bauteile der Dunstabzugshaube (DAH)

① Radiallüfter
② je ein Schalter für Lüftermotor (3-stufig) und Arbeitsplatzbeleuchtung
③ Arbeitsplatzbeleuchtung
④ Fettfilter
⑤ angesaugte Raumluft
⑥ Abluft

Das Gehäuse des Lüftermotors kann nach dem Lösen einer Schraube einfach geöffnet werden. Die gemeinsame Stromversorgung, die sowohl die Beleuchtung als auch den Lüftermotor gleichzeitig einschaltet, wird jetzt verändert. Während die Stromversorgung für den Lüftermotor über den zuständigen Schalter an der Front vom Lichtstromkreis abgetrennt wird, wird für die Beleuchtung über den ebenfalls an der Gehäusefront angeordneten Lichtschalter eine zweite, unabhängige Stromversorgungsleitung mit Stecker nach außen neu installiert. Diese wird dann über die neu montierte Steckdose unabhängig von der Fenstersteuerung der Lüftung versorgt.

Abb. 8.10
DAH geöffnet. Das Lüftergehäuse kann links aufgeschraubt werden um die Trennung der Stromkreise für Lüftung und Beleuchtung zu installieren. Die beiden Schalter sind zu sehen.

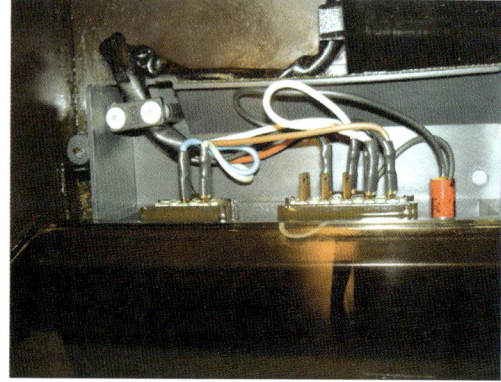

Abb. 8.11
Schalter für Licht (links) und den Lüfter (3 Geschwindigkeiten), rechts. Die einzelnen Kabel sind gemeinsam in das Lüftergehäuse geführt und dort verschaltet.

8.4 Beschreibung des physikalischen Prinzips des Sensors

Lösung 8.4

Der Fenstersensor besteht aus zwei Teilen:
- dem Reed-Kontakt mit dem Kabel zum Steuergerät und
- dem Permanentmagneten, der den Reed-Kontakt je nach Position öffnet oder schließt.

Die Kontaktzungen des Reed-Kontaktes bestehen aus ferromagnetischem Material und sind in ein Glasgehäuse eingeschmolzen. Das Glasgehäuse ist mit einem Inertgas gefüllt, sodass eine Oxidation der Kontakte vermieden wird. Die Kontaktzungen sind ohne ein äußeres Magnetfeld nicht magnetisiert und berühren sich nicht. Beim Nähern eines Permanentmagneten werden sie selbst magnetisch und ziehen sich an, sodass sie sich berühren und damit der Kontakt geschlossen ist

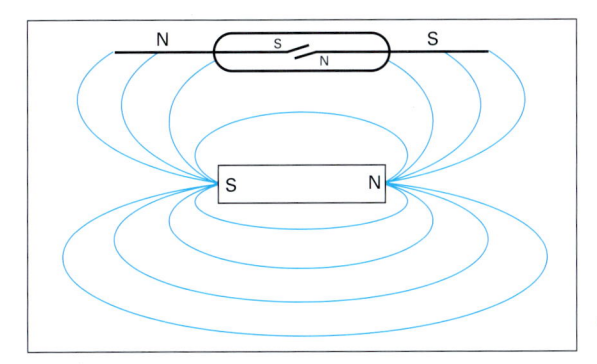

Abb. 8.12
Prinzip des Reed-Schalters

Wird der Reed-Kontakt in einen Stromkreis eingebaut, können damit Steuerungsvorgänge berührungslos ausgelöst werden. Im Beispiel des Fensterkontaktes löst das Öffnen des Fensters auch ein Öffnen des Stromkreises mit dem Reed-Kontakt aus, wodurch in der eigentlichen Steuerung ein Relais oder ein Schalttransistor beeinflusst werden kann. Dadurch wiederum wird die Steckdose des Lüftermotors entweder an das Netz geschaltet (Fenster offen – Reed Kontakt offen) oder wieder vom Netz getrennt (Fenster geschlossen – Reed-Kontakt geschlossen).

8.5 Entwurf des Schaltplans für die Steuerung

Lösung 8.5

Der Aufbau einer Steuerung ist prinzipiell recht einfach, denn man muss nur ein Relais über den Fensterkontakt schalten, welches über seine Kontaktpaare die Ausgangssteckdose an das Netz anschaltet oder wieder vom Netz trennt. In der folgenden Schaltung erkennt man, dass der Stromkreis mit dem Reed-Kontakt zur Potenzialtrennung über einen Transformator und eine Zweiweg-Gleichrichtung an einer Kleinspannung von 12 V betrieben wird. Das Relais zieht beim Schließen des Reed-Kontaktes an und schaltet damit die ausgangsseitige Steckdose von der Netzversorgung ab, während bei geöffnetem Fenster, d. h. bei geöffnetem Reed-Kontakt, die Relais-Ruhekontakte die ausgangsseitige Steckdose an das Netz schalten.

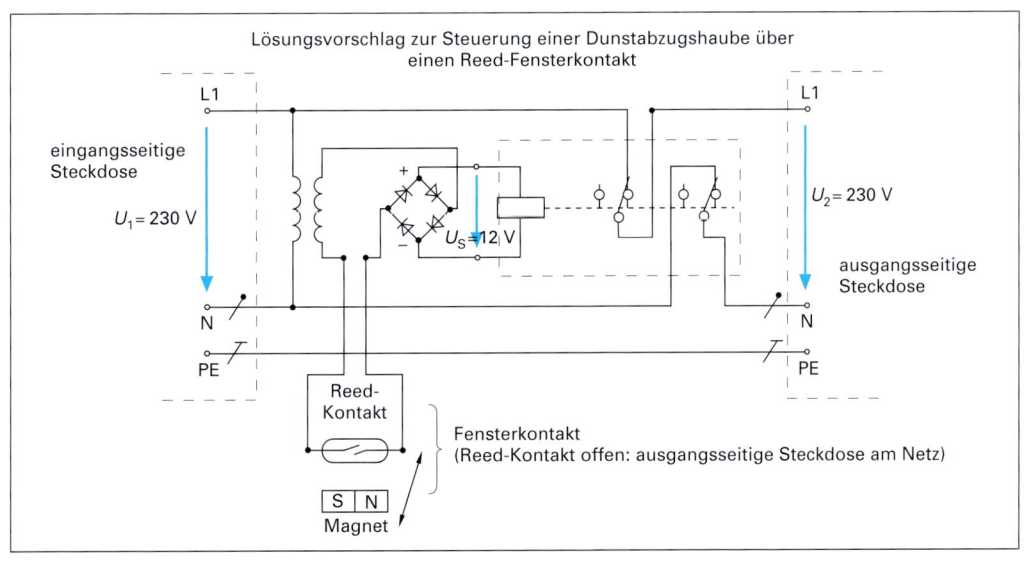

Abb. 8.13   Schaltplan für eine Dunstabzugshaubensteuerung

9 Fehlersuche in einer Wohnungsinstallation

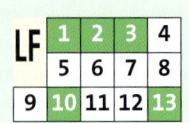

Projektbeschreibung

Der Hausbesitzer Herr Mayer ruft mit folgendem Problem bei der Firma Elektro-Team an:
Seine Frau hatte im Wohnzimmer gebügelt, als es plötzlich einen Kurzschluss im Bügeleisen gab und daraufhin die Stromversorgung in den beiden Wohnräumen zusammengebrach. Herr Mayer stellte fest, dass die Sicherung ausgelöst hatte. Aber auch nachdem die Sicherung wieder eingeschaltet war, blieben die beiden Räume elektrisch ohne Funktion.

Meister Strom schickt seinen Gesellen Max Tüchtig zu Herrn Mayer, um den Fehler zu beheben. Max konnte den Fehler mit den mitgeführten Geräten nicht lokalisieren und beheben. Er brachte aber die folgenden Skizze (Abb. 9.1) von der Wohnung des Herrn Mayer mit und erläuterte Meister Strom seine Fehlersuche vor Ort.

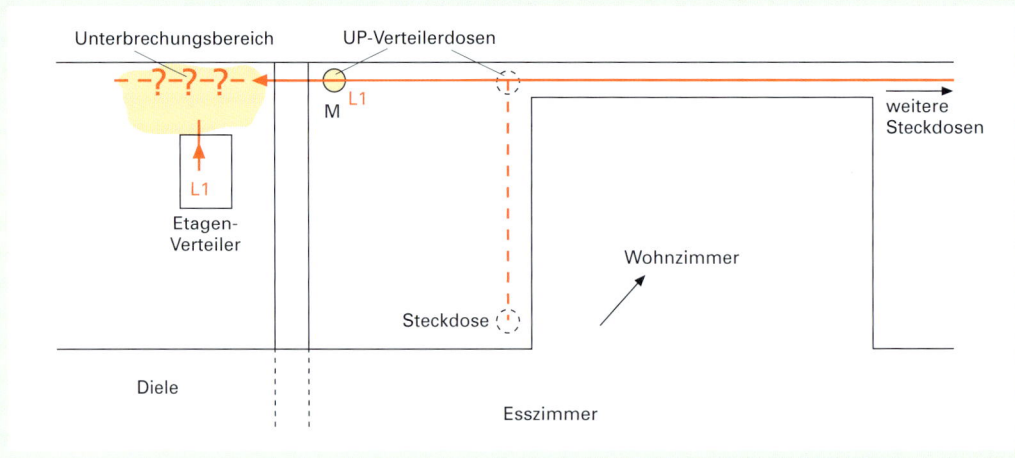

Abb. 9.1 Skizze zur Fehlersituation in der Wohnung. Vereinfachte Darstellung der Leitungsführung vom Etagenverteiler zum Esszimmer (Sicht auf die Wände in der Diele bzw. im Esszimmer, in denen die Leitungen verlegt waren). Der Leiter L1 in der UP-Verteilerdose M hatte keine elektrische Verbindung zu dem zugehörigen Leitungsschutzschalter im UP-Etagenverteiler.

Max hat die Stromversorgung in der Wohnung überprüft und bestätigt die Fehlerbeschreibung von Herrn Mayer: Beide Zimmer im Erdgeschoss haben keine Spannungsversorgung mehr.

Der LS-Schalter im Etagenverteiler arbeitet einwandfrei, die über den LS-Schalter in ein Leerrohr abgehende Leitung L1 zum Wohnzimmer ist spannungsführend (durch Spannungsmessung überprüft), während im Esszimmer, in der UP-Verteiler/Abzweigdose (in der Abb. 9.1 mit M bezeichnet) die vom Etagenverteiler ankommende Leitung L1 spannungsfrei ist.

Ein optischer Vergleich der Leitung L1, die vom Etagenverteiler in Richtung Esszimmer abgeht, und der Leitung L1, die in der UP-Dose M ankommt, zeigte allerdings, dass die beiden Leitungen etwas unterschiedliche Farben haben (schwarz-matt bzw. schwarz-intensiv).

Da auch eine von Max durchgeführte elektrische Durchgangsprüfung an der vom LS-Schalter gelösten, spannungsfreien Leitung L1 im Etagenverteiler, bis zur Leitung L1 in der UP-Verteilerdose M erfolglos blieb, vermutet er, dass der Leiter L1 an einer nicht sichtbaren Stelle unterbrochen sein muss. Dafür könne eigentlich nur eine gelöste Verbindung in einer (vermutlich zugegipsten) UP-Verteilerdose in der Diele die Ursache sein.

Warum allerdings die Leitung nach dem Kurzschluss im Bügeleisen überhaupt unterbrochen war, ist noch fraglich.

Herr Mayer besitzt keine Installationspläne. Die Elektroinstallation ist vor Jahren komplett erneuert worden, wobei auch der Etagenverteiler und Leerrohre sowie UP-Verteilerdosen in diesem Bereich der Diele neu eingebaut wurden. Ansonsten sind aber die alten Leerrohre und Verteilerdosen wieder für die Neuinstallation genutzt worden. Die Diele wurde neu verputzt. Genaueres ist nicht bekannt.

Max hat eine Geräuschprüfung durch Abklopfen der Wand oberhalb des Etagenverteilers durchgeführt, in der Hoffnung, eine zugegipste UP-Dose zu finden. Die Geräuschprüfung war jedoch zu unspezifisch und blieb erfolglos.

Als letzte Möglichkeit versuchte Max mit zwei verschiedenen Metall- und Leitungssuchgeräten (Abb. 9.2), die der Hausbesitzer zur Verfügung stellte, den Verlauf der Leitung in der Wand zu bestimmen. Leider brachte auch diese Methode kein verwertbares Ergebnis, da beide Leitungssuchgeräte entweder gar nicht reagierten oder bei erhöhter Empfindlichkeitseinstellung im ganzen Wandbereich ein Dauersignal anzeigten, was wertlos war.

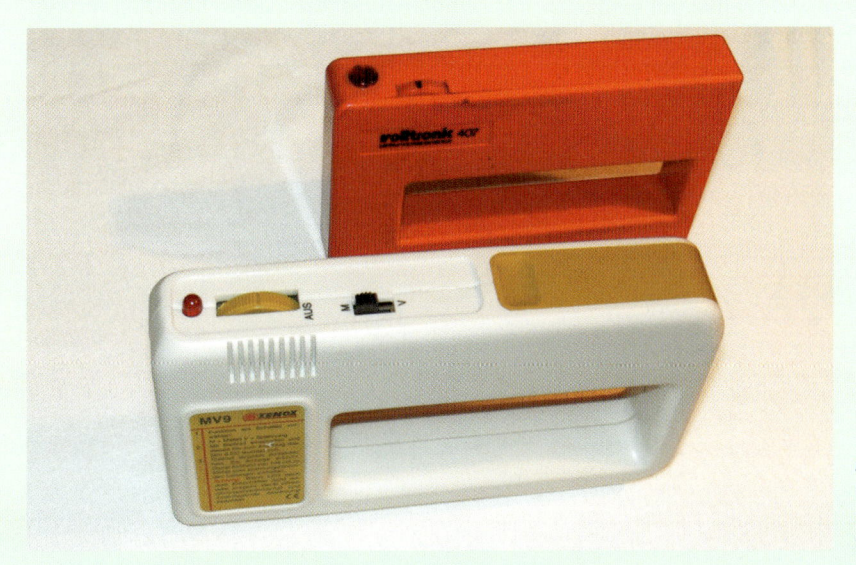

Abb. 9.2
Einfache Metall- und Leitungssuchgeräte

Meister Strom wird nun ein **spezielles Leitungssuchgerät** (Abb. 9.3) einsetzten, welches mit Sicherheit zur Leitungsunterbrechung und zu der eventuell zugegipsten UP-Verteilerdose führen wird. Das vom Hausbesitzer ausgeliehene so genannte „Metall- und Leitungssuchgerät" ist kein geeignetes Werkzeug. Vor allem nicht, wenn in der Wand mehrere Leitungen und Metallrohre in der Nähe sind. Diese Geräte können dann nicht mehr selektieren.

9 Fehlersuche in einer Wohnungsinstallation

Abb. 9.3
Bedienelemente des Gebers a) und des Empfängers b)

a) **Geber**
1 Geber
2 Anschluss
3 Anschluss
4 Signalstärkeeinstellung für
 „LEVEL II" (Signallampe blinkt stark)
 „LEVEL I" (Signallampe blinkt schwach)
 verstärkt Empfindlichkeit um das
 5- bis 6-fache
5 Ein/Aus-Schalter

b) **Empfänger**
1 Anzeige der Leitungsnummer und des Batteriezustandes von Empfänger und Geber (Anzeige „L" für leere Batterie im Geber)
2 LED-Zeile zur Anzeige der empfangenen Signalstärke (Leuchtband)
3 Bereichsanzeige zeigt an, dass ein Signal vom Geber vorliegt
4 Empfindlichkeitseinstellung „SENSE MAX"
5 Empfindlichkeitseinstellung „SENSE MIN"
6 Ein/Aus-Schalter
7 Berührungselektrode verstärkt die Empfindlichkeit um das 1,5-fache

Mit Hilfe des professionellen Leitungssuchgerätes wird der Fehler lokalisiert:

Die im Etagenverteiler abgehende Leitung, die zu der Unterbrechungsstelle führen musste, wurde vom Signalgeber mit einem hochfrequenten pulsierenden Signal gespeist. Das magnetische Feld um diese spezielle Leitung konnte nun mit dem Sensor des Empfängers präzise durch die Wand verfolgt werden. Die Unterbrechung kann so eingekreist werden. Danach schließt man durch Abklopfen auf eine zugegipste UP-Verteilerdose. Damit war der Weg der Stromversorgung in das Wohn- und das Esszimmer gefunden und die Leitungsunterbrechung konnte untersucht werden (siehe Abb. 9.4).

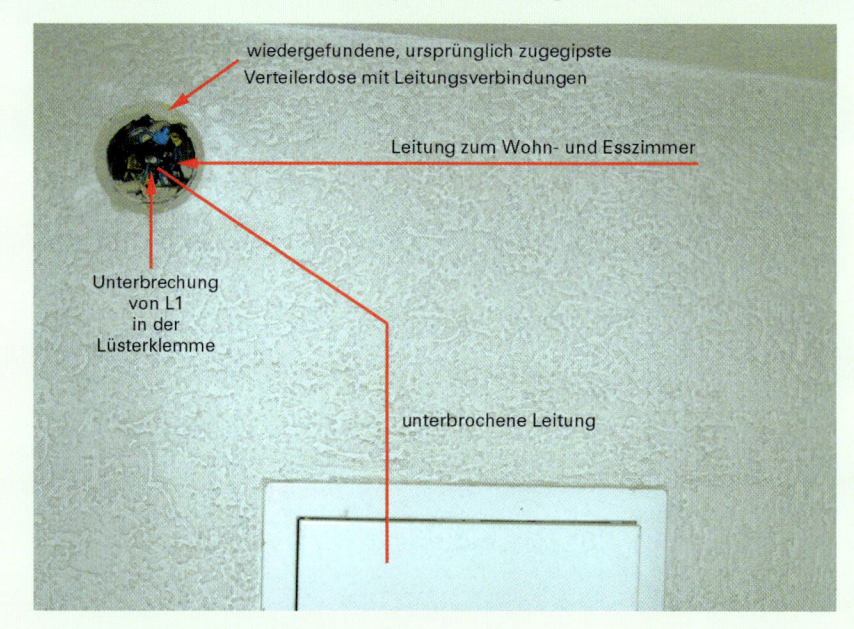

Abb. 9.4
Wandbereich in der Diele des Hausbesitzers mit Etagenverteiler und der georteten und freigelegten UP-Verteilerdose

Die Unterbrechung wurde verursacht durch den Leiter L1, der locker war. Offensichtlich hatte er keinen elektrischen Kontakt mit den anderen Leitern, die die Verbindung zu Wohn- und Esszimmer herstellten.

Erst nach neuem Positionieren aller Leiter in der Lüsterklemme und ordnungsgemäßem Anziehen der Schraube in der Lüsterklemme kontaktierten alle Leiter wieder miteinander und die Stromversorgung in beiden Zimmern ist wieder hergestellt.

In Abstimmung mit dem Hausbesitzer ersetzte Max außerdem die Lüsterklemmen in der UP-Dose durch moderne Klemmen mit Steckklemmtechnik, damit ein solcher Fehler nicht mehr auftreten kann. Nachdem auch die freigelegte UP-Dose mit einem Deckel verschlossen war und auch im Etagenverteiler die Anschlüsse wieder hergestellt und die LS-Schalter eingeschaltet waren, funktionierte die Stromversorgung in beiden Zimmern wieder.

Aufgaben

9.1 Beschreibung der physikalischen Prinzipien zur Suche von verlegten elektrischen Leitungen

9.1.1 Erläutern Sie, welche unterschiedlichen elektrotechnischen Prinzipien man in
a) einfachen Metall- und Leitungssuchgeräten
b) professionellen Leitungssuchgeräten
nutzt, um in Wänden verlegte Leitungen oder Metallrohre zu suchen und zu orten.

9.1.2 Worin liegt der Unterschied in Technik und Handhabung zwischen einfachen Metall- und Leitungssuchgeräten und professionellen Leitungssuchgeräten?

9.1.3 Diskutieren und begründen Sie die möglichen Fehlerursachen beim Einsatz der unterschiedlichen Geräteprinzipien.

9.2 Leitungssuchgeräte im Internet recherchieren

Suchen Sie im Internet nach Informationen zu Leitungssuchgeräten.

9.3 Fehlerquellen für den aufgetretenen Defekt

9.3.1 Warum hat die Stromversorgung der beiden Wohnräume mehr als ein Jahrzehnt funktioniert, obwohl doch die Schraubklemmung der Leiter mit der Lüsterklemme in der UP-Verteilerdose nicht ordnungsgemäß ausgeführt war?

9.3.2 Warum hat ein Kurzschluss in dieser Leitung zum Ausfall an der Kontaktstelle in der Lüsterklemme geführt?

9.4 Vor- und Nachteile von Verbindungsklemmen

9.4.1 Begründen Sie die Entscheidung von Max, die Lüsterklemmen in der UP-Dose gegen Steckklemmen auszutauschen.

9.4.2 Welche Probleme können beim Kontaktieren mehrerer Leiter durch Verschrauben in einer Lüsterklemme auftreten?

9.4.3 Kann die Klemmtechnik für alle Leitertypen (Volldraht, Litze) verwendet werden?

Lösungen

9.1 Beschreibung der physikalischen Prinzipien zur Suche von verlegten elektrischen Leitungen

Lösung 9.1.1 a)

Einfache Metall- und Leitungssuchgeräte (Abb. 9.5) nutzen das physikalische Prinzip aus, wonach metallische Leiter einem elektromagnetischen Wechselfeld Energie entziehen und es dadurch dämpfen, wenn sie in dieses Feld eingebracht werden. Daher bestehen einfache Metallsuchgeräte aus einem Oszillator, der das zur Metallsuche benutzte Wechselfeld erzeugt, und einer Schaltstufe mit optischer Anzeige.

Abb. 9.5
Innenansicht eines einfachen Metall- und Leitungssuchgerätes mit Oszillatorspulen (Schwingkreis- und Rückkopplungsspule) und Ferritstab. Es gibt auch Geräte mit ähnlichem Aufbau, bei denen die aufgespürten Metalle oder Leiter die Induktivität des Schwingkreises und damit die Frequenz des Signals verändern sowie weitere technische Ausführungen spezieller Oszillatoren, die aber eher bei speziellen Metallsuchgeräten („Schatzsuche") angewendet werden.

Ein Oszillator besteht zunächst einmal aus einem Schwingkreis, d. h. aus Spule und Kondensator, über den die Frequenz der Schwingung festgelegt wird. Technisch wird der Spulenteil dieses Schwingkreises meist durch einen Ferritstab als Spulenkern und darauf aufgebrachter Wicklung aufgebaut. Mit diesem Schwingkreis alleine ließe sich auf Grund der Dämpfung durch die Kreiswiderstände keine stationäre Schwingung aufrechterhalten. Daher wird in der Nähe der eigentlichen Schwingkreisspule eine zweite Spule (Rückkopplungsspule) auf dem Ferritstab angebracht und dazu benutzt, einen geringen Teil der Energie aus dem Feld der Schwingkreisspule auszukoppeln. Dieses Wechselfeld in der Rückkopplungsspule erzeugt nach dem Induktionsgesetz eine Spannung an den Spulenenden, die dann einem Verstärker zugeführt wird.

Der Verstärker hat zwei Aufgaben:
1) er muss die rückgekoppelte Spannung **genügend** verstärken und
2) diese verstärkte Spannung muss nun der Schwingkreisspule wieder **phasengleich** zugeführt werden. Nur dadurch kann die Dämpfung des Schwingkreises aufgehoben und die Schwingung des Oszillators stationär und mit konstanter Amplitude aufrecht erhalten werden (stationärer Oszillator).

Werden nun Metalle in die Nähe des Wechselfeldes um den Ferritstab gebracht, so entziehen sie dem Feld Energie. Dadurch verringert sich die Kopplung zwischen Schwingkreis- und Rückkopplungsspule und die zuvor eingestellte stationäre Schwingung reißt ab, d. h. der Oszillator schwingt nicht mehr. Dieser Zustand wird über eine Schaltstufe ausgewertet und optisch über eine LED zur Anzeige gebracht. Das Leuchten der Anzeige signalisiert also „Metall", das aber nicht unbedingt ein elektrischer Kupferleiter sein muss. Sind z. B. in einer Wand mehrere Kupferleiter und eventuell noch Wasserrohre in unmittelbarer Nähe verlegt, wird die Ortung einer speziellen Leitung fast unmöglich.

Lösungen 9

Lösung 9.1.1 b)

Professionelle Leitungssuchgeräte nutzen ein **selektives** Ortungsprinzip, um einen ausgewählten Leiter zu identifizieren. Diese Leitungssucher bestehen praktisch immer aus einem Geber und einem Empfänger. Mit dem Geber oder Signalgenerator wird eine meist digital codierte Wechselspannung **auf die zu verfolgende Leitung** eingespeist, die dann auf dem gesamten Leitungsweg **nur um diese Leitung herum ein definiertes elektrisches Feld erzeugt,** das wiederum mit dem speziellen Empfänger geortet und entlang der in der Wand verlegten Leitung verfolgt werden kann. Andere eventuell vorhandene metallische Leiter stören dabei die Messung nicht. Hier wird also nicht einfach „Metall" durch eine unspezifische Dämpfung des Feldes gesucht, sondern ganz speziell die Leitung, die ein bestimmtes eingespeistes Signalmuster führt. Die Erfolgsquote ist dadurch sehr hoch.

Lösung 9.1.2

Für die einfache Handhabung eines **einfachen Metall- und Leitungssuchgerätes** ist der Ferritstab mit den Wicklungen an einer speziell ausgebildeten Geräteseite eingebaut, mit der man über die zu prüfende Stelle einer Wand streicht, in der man Metalle oder Leitungen vermutet. Das elektromagnetische Feld um den Ferritstab dringt dann in die Wand ein und wird durch eventuell vorhandene Metalle oder Leitungen gedämpft (vgl. Abb. 9.6).

Abb. 9.6
Erfolgreiche „Ortung" einer elektrischen Leitung im Putz mit einem einfachen Metall- und Leitungssuchgerät.
Nachweis des Kupferleiters zum Lichtschalter durch Aufleuchten der LED des Metallsuchgerätes.

Vor der Leitungssuche an der Wand muss das Gerät durch eine von Hand regulierbare Empfindlichkeitseinstellung (Veränderung der Rückkopplung über die Verstärkung) zunächst „empfindlich" gemacht werden. Diese Einstellung bewirkt, dass die Rückkopplung gerade so schwach ist, dass die Schwingung stationär bleibt. Kommt nun bei der Leitungssuche ein Metall in die Nähe des Ferritstabes, wird Energie aus dem Schwingkreis entzogen. Unterhalb einer bestimmten Oszillatoramplitude bzw. wenn die Schwingung abreißt, leuchtet die LED oder ein Summer gibt ein akustisches Signal.

Die Handhabung zweier **professioneller Leitungssuchgerätesets** mit Geber und Empfänger ist in den Abb. 9.7 bis 9.9 dargestellt.

Abb. 9.7　AT 2000 Leitungssuchgerät der Firma Amprobe

Abb. 9.8　Einspeisen des codierten Gebersignals in eine Leitung

In Abb. 9.8 ist dargestellt, wie das codierte Suchsignal des Gebers über die Steckdose in die Leitung eingespeist wird. Diese Leitung ist irgendwo auf dem Weg vom Etagenverteiler zum Wohnzimmer unterbrochen.

9 Fehlersuche in einer Wohnungsinstallation

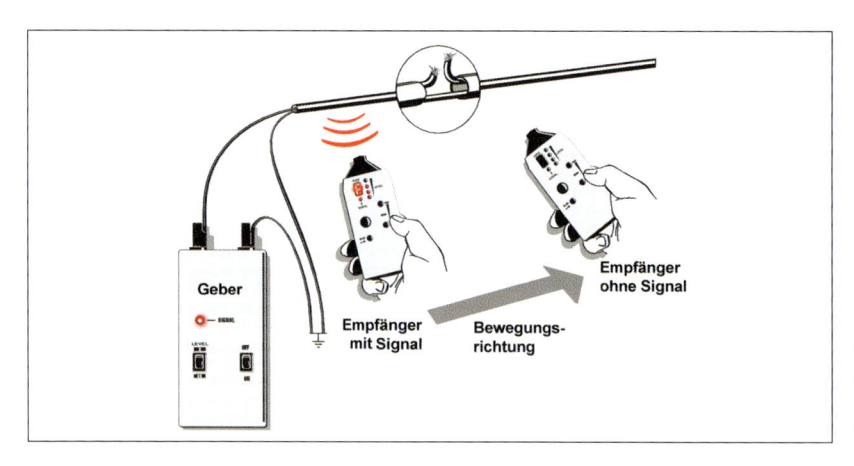

Abb. 9.9 Typische Anwendung eines Leitungssuchgerätes

Die Abb. 9.9 zeigt eine typische Anwendung eines Leitungssuchgerätes und dessen Handhabung beim Auffinden von Leitungsunterbrechungen. Die LED-Anzeige des Empfängers macht deutlich, dass die Leitung erkannt wurde. Nach der Leiterunterbrechung wird das eingespeiste Gebersignal nicht mehr empfangen, der Fehlerort ist damit gefunden.

Voraussetzungen: Der Stromkreis muss spannungsfrei geschaltet sein und alle nicht benutzten Leitungen sowie der Geber müssen geerdet sein.

Lösung 9.1.3

Verschiedene Materialien, vor allem Eisenarmierungen in der Wand, aber auch Putzbestandteile der Wände selbst, dämpfen das elektromagnetische Feld zusätzlich, sodass die Empfindlichkeit der „**Einfachen Metall- und Leitungssuchgeräte**" auf gesuchte Metalle oder Leitungen nicht besonders hoch ist. Das Aufleuchten der LED-Anzeige ist besonders dann nicht unbedingt als verlässlicher Hinweis auf die gesuchte Leitung zu werten, wenn die Empfindlichkeit des Gerätes vor der Messung auf „sehr empfindlich" eingestellt wurde. Dann ist selbst ein einzelner Kupferleiter mit solchen Geräten in einiger Tiefe der Wand nicht zu orten. In den Abb. 9.10 und Abb. 9.11 ist die Oszillatorschwingung eines Leitungssuchgerätes durch eine einfache Messung (über die schwarze Hilfswicklung um den Bereich der Ferritspule induziert das Wechselfeld eine Spannung proportional zur Oszillatoramplitude) auf einem Oszilloskop dargestellt, einmal ohne Dämpfung (Metallplatte weit entfernt) und einmal mit Dämpfung durch eine Metallplatte in der Nähe des Ferritstabes.

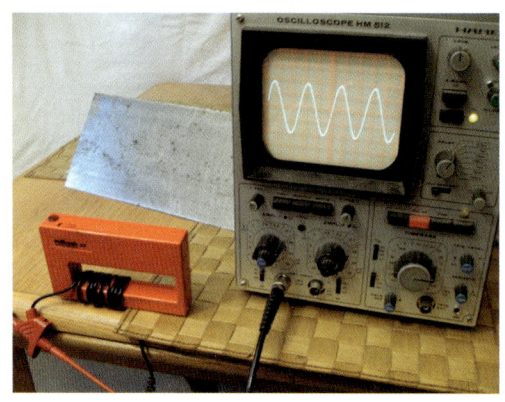

Abb. 9.10 Oszillatorschwingung des Leitungssuchgerätes ohne Dämpfung des Feldes durch eine Metallplatte. Die LED oben links am Gerät leuchtet nicht: kein Metall in der Nähe.

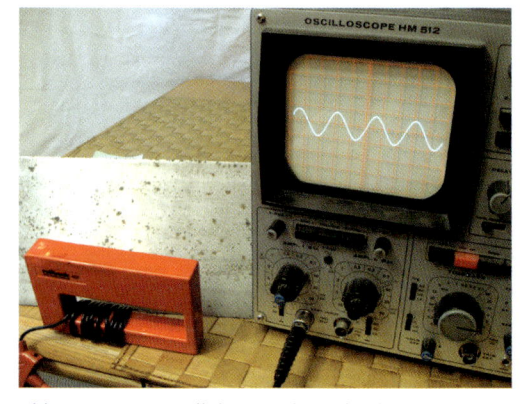

Abb. 9.11 Die Metallplatte in der Nähe des Ferritstabes im Leitungssuchgerät führt zu einer deutlichen Dämpfung des Oszillatorsignals und die LED links oben auf dem Gerät signalisiert durch ihr Aufleuchten: „Metall".

Lösungen 9

In der Praxis der Elektroinstallation sind die Dimensionen der zu suchenden metallischen Leiter nicht so günstig, wie auf den Abb. 9.10 und Abb. 9.11 dargestellt.
Daher sind diese einfachen und auch sehr billigen Geräte im Normalfall für die Praxis der Leitungssuche in der Elektroinstallationstechnik ungeeignet. Sie können beispielsweise keine Leitungsunterbrechung orten. Diese Geräte werden meist von Heimwerkern eingesetzt, die vor dem Bohren eines Loches in einer Wand überprüfen wollen, ob sie dabei nicht ein Metallrohr oder eventuell eine mehradrige elektrische Leitung beschädigen werden. In günstig gelagerten Fällen sind sie damit erfolgreich, wie in Abb. 9.6.

Die „**Professionellen Leitungssuchgeräte**" unterschiedlicher Hersteller nutzen speziell codierte Signale, die von einem Geber erzeugt und dann in die zu verfolgende Leitung eingespeist werden. Ein speziell für dieses Gebersignal empfindlicher elektronischer Empfänger wird zur Verfolgung des Signals eingesetzt. **Durch das digital codierte Gebersignal ist eine falsche Anzeige durch eventuell vorhandene Störfelder oder andere Metallteile ausgeschlossen.**

Mit diesem Prinzip können Leitungen sowohl spannungslos, als auch Leitungen unter Spannung verfolgt werden, dazu kommt die Möglichkeit der Fehlerortung bei Unterbrechungen, bei zugegipsten Verteilerdosen (wie im dargestellten Praxisfall) und bei der Leitungsverfolgung in bis ca. 2,5 m Tiefe usw. Ein solches Leitungssuchgerät sollte also zur Standardausrüstung eines modernen Elektroinstallationsbetriebes gehören.

9.2 Leitungssuchgeräte im Internet recherchieren

Lösung 9.2

Ergebnisse der Internetrecherche nach Leitungssuchgeräten für den Elektrofachmann in folgenden Abbildungen:

Bild	Artikel	Hersteller/-Nr.
	LEITUNGSSUCHGERÄT LSG-3	Voltcraft k.A.
	Leitungssuchgerät 701K Classic - Herstellerartikelnr.: 50658603	Klauke 50658603
	METALL- U.LEITUNGSSUCHGERÄT XENOX MV 9	Xenox MV9
	Leitungssuchgerät für LAN-Netzwerk	Psiber cabletracker
	LEITUNGSSUCHGERÄT LSG-2	Voltcraft k.A.
	Leitungssuchgerät 801K Premium - Herstellerartikelnr.: 50648071	Klauke 50648071
	Induktions-Leitungssuchgerät 540 - Herstellerartikelnr.: 540DK	Wavetek 540DK
	FLUKE2042, Leitungssucher Set,D/F/I/E	Fluke FLUKE2042
	Metall-Ortungsgerät DMF 10 Zoom, Erfassungstiefe Stahl/Kupfer 100/80 mm	Bosch 0 601 010 000
	Leitungssucher Unitest Set im Koffer 2032	Beha Amprobe 2032
	Leitungssucher Fluke, 12-400V, LC FLUKE2042	Fluke
	Leitungssucher MT: 100mm, 4x1,5V (AA) D-TECT100	Bosch 0601095003

Abb. 9.12 Ausschnitt aus einer Internetseite mit Suchergebnissen für das Stichwort „Leitungssuchgeräte" im Suchfenster bei www.google.de

9 Fehlersuche in einer Wohnungsinstallation

Leitungssuchgeräte

für erdverlegte Kabel und Leitungen

Zum Auffinden von erdverlegten Kabeln und metallische Rohrleitungen wie Strom, Kabelfernsehen, Wasser, Telefon etc.

Einfache Bedienung - robust - zuverlässig und preiswert!

Geeignet für Tiefbauer, Trax- und Baggerunternehmungen, Kabelverleger, Ingenieur- und Vermessungsbüros

SEBA Leitungssuchgerät EASYLOC

Kabelfinder

für Gebäude-, Industrie- und Ausseninstallationen

Zum Auffinden von stromlosen und stromführenden Leitungen in Decken, Wänden und Fussböden. Zum Orten von Schaltern, Sicherungen und Automaten. Zur Kabelauslese in Kabelpritschen und Kabelbünden.

Der clevere Alleskönner, der **jeder** Leitung auf die Spur kommt!

Geeignet für Elektroinstallateure, Betriebsunterhaltsfachleute, Elektrizitätswerke und Versorgungsnetzbetreiber.

AMPROBE Kabelfinder AT 2000

dinfo ag · Dorfstrasse 12 · 5624 Bünzen · tel. 056 666 3888 · fax 056 666 3889 · info@dinfo.ch

Abb. 9.13 Weitere Beispiele für Suchergebnisse zu Leitungssuchgeräten mit geänderten Suchbegriffen in der Suchmaske

Wall Scanner D-tect 100 BOSCH

Produktinformationen von Sieland_Industriebedarf

Artikel-Nr.:	140-378451
Hersteller:	Bosch
Herst.-Nr.:	k.A.
EAN:	3165140260282

🔍 Suchbegriffe:
Leitungssuchgerät
Stromversorgung
Wallscanner
Wandscanner

Wallscanner D-tect 100 - Maximale Sicherheit beim Bohren - Lokalisiert alee Eisen- und Nichteisenmetalle, elektrische Leitungen, Holz und Kunststoff - Im Display wird zulässige Bohrtiefe genau angezeigt - Übersichtliche und leicht verständliche Anzeige im Display - Einfache Bedienung durch logische Führung über das Display - Lieferumfang: Scanner, 4 x AA 1,5 Volt Batterien, Schutztasche
WG-Nr.: 827 26
Genauigkeit: +/- 5 m 5
Gebinde: 0,8 kg 7

Abb. 9.14 Produktbeschreibung eines Anbieters als Ergebnis der Suche nach „Leitungssuchgerät" im Internet

Lösungen

XENOX Metallsuchgerät M 9 incl. Batterie
IVF-Suchtechnik (inductance variation freqency detection) mit Microchip.
Für überragende Sensivität mit optischer und akustischer Anzeige.
Zum Aufspüren von verborgenen Metallteilen und Stromleitungen in Wand, Decke und Fußboden.
Wichtig: Die nicht gewünschte Funktion kann "weggeschaltet werden".
Nur zum Aufspüren von Metallteilen (auch NE-Metalle wie Messing, Kupfer, Alu und Edelmetalle wie Gold oder Silber). Ortet große Metallteile und Wasserrohre bis zu einer Distanz von ca. 50 mm und 3 x 1,5 mm Kupferstegleitungen bis ca. 30 mm. Zum genauen Lokalisieren von verborgenen Gegenständen kann die Eindringtiefe (und damit die Streuung) Zug um Zug reduziert werden.
Inklusive 9-Volt-Alkali-Mangan-Blockbatterie.

EAN - Nummer: 4006274420007

Artikelnummer: 42000

Hersteller / Lieferant: Proxxon

Abb. 9.15 Produktbeschreibung eines „Metallsuchgerätes" als Ergebnis der Suche nach „Leitungssuchgerät" im Internet.

9.3 Fehlerquellen für den aufgetretenen Defekt

Lösung 9.3.1

Beim Einfädeln und Verschrauben von drei mal vier Leitern in Lüsterklemmen in dem begrenzten Raum einer UP-Verteilerdose ist Folgendes problematisch: Die starren Kupferleiter müssen nach dem Einlegen in die Lüsterklemme und nach dem Verschrauben in der UP-Dose unter dem Deckel Platz finden. Es kann vorkommen, dass sich beim Hineindrücken des Kabelbündels in die UP-Dose ein Leiter so weit aus der Verschraubung lockert, dass er zwar Kontakt hatte, aber nur durch den Druck der Kupferleiter gegeneinander und nicht durch die Schraube in dieser Position gehalten wird. So lange keine Kräfte auf diese Leiterkonfiguration einwirken, kann der Kontakt über viele Jahre funktionsfähig bleiben.

Abb. 9.16 Geortete und aufgemeißelte UP-Dose mit Kontaktunterbrechung des Leiters L1 in der Lüsterklemme

9 Fehlersuche in einer Wohnungsinstallation

Lösung 9.3.2

Nachdem der Kurzschluss eingetreten war und der LS-Schalter ausgelöst hatte, ist die Leitung an der Lüsterklemme unterbrochen.

Als Möglichkeit zur Auftrennung des Stromkreises kommen zwei Ursachen in Frage, die auch gleichzeitig auftreten können:
- Ein kurzer Funke könnte das Material an der Berührungsstelle (Lüsterklemme) abgebrannt und dadurch die Verbindung der Leiter getrennt haben.
- Der hohe Kurzschlussstrom kann kurzzeitig so starke dynamische Kräfte zwischen den nicht festgeschraubten Leitern in der Lüsterklemme bewirkt haben, dass sich die Leiter um eine winzige Strecke voneinander entfernt haben und so eine Auftrennung des Stromkreises eingetreten ist.

Zweifelsfrei kann die Ursache im Nachhinein nicht mehr aufgeklärt werden.

9.4 Vor- und Nachteile von Verbindungsklemmen

Lösung 9.4.1

Die Entscheidung des Gesellen Max, die Lüsterklemmen mit Schraubtechnik in der UP-Verteilerdose gegen moderne Verbindungsklemmen mit Federklemmtechnik (Abb. 9.17) oder Betätigungshebeln (Abb. 9.18) auszutauschen, ist elektrotechnisch von Vorteil.

Diese modernen Klemmtechniken ergeben wartungsfreie, rüttelsichere elektrische Kontaktierungen ohne Werkzeugeinsatz, die darüber hinaus, gerade bei beengten Platzverhältnissen in UP-Verteilerdosen, ein ungewolltes Lösen der Kontaktierung sicher verhindern. Mit diesen Verbindungsklemmen können ein-, mehr- und feindrähtige Leiter von 0,08 mm^2 bis zum Nennquerschnitt der Klemme sicher kontaktiert werden, sodass diese Klemmen als universelle Leiteranschlüsse zu bezeichnen sind. Die Kontaktierung ist unabhängig von der Sorgfalt der Person, sodass menschliches Versagen an dieser Stelle keine Fehler mehr verursacht, vorausgesetzt, dass die richtigen Leiter kontaktiert werden.

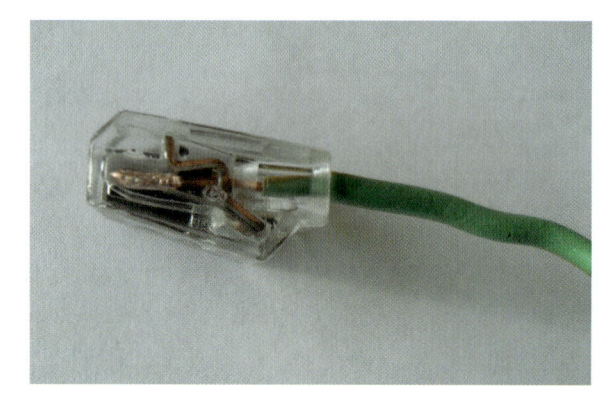

Abb. 9.17
Verbindungsklemme mit eindrähtigem Leiter in der Federklemme (Push Wire-Technik)

Abb. 9.18
3-polige Verbindungsklemme mit Betätigungshebeln zum Kontaktieren und Lösen der Verbindung (Cage Clamp-Anschluss)

Lösung 9.4.2

Wenn mehrere Leiter in einer Lüsterklemme durch Verschrauben kontaktiert werden sollen, ist darauf zu achten, dass die passende Lüsterklemme verwendet wird. Ist die Öffnung der Lüsterklemme zu groß gewählt, werden die Leiter eventuell durch die Verschraubung nur unzureichend miteinander verklemmt, sodass sich beim Bewegen und Hineindrücken der verbundenen Kabel in die Verteilerdose einzelne Leiter wieder unerkannt lockern und der elektrische Kontakt nicht sicher und dauerhaft gewährleistet ist. Auch ein zu geringes Anzugsmoment der Schraube der Lüsterklemme – eventuell auch durch falsche Schraubendreher verursacht – kann dazu führen, dass der Kontakt zwischen den zu verbindenden Leitern nicht ausreichend ist. Eine Sichtkontrolle der Verbindung in der Verteilerdose nach dem Hineindrücken der Leiter ist nicht mehr möglich, eine nochmalige Prüfung der Festigkeit der Verschraubung unterbleibt häufig aus.

Lösung 9.4.3

Die modernen Steckklemmen mit Federklemmtechnik (Wago-Klemmen) können – natürlich je nach ausgewählter Ausführung der Klemme – für alle Leitertypen verwendet werden, also nicht nur für eindrähtige Leiter. Auch die Verbindung von ein- und mehrdrähtigen Leitern, wie z. B. häufig beim Anschluss von Leuchten in der Installationstechnik, ist mit den entsprechenden Klemmen sicher und dauerhaft möglich. Die Abb. 9.17 zeigt eine so genannte Push Wire-Klemme für eindrähtige Leiter. Hier drückt eine spezielle Blattfeder den Leiter nach dem Einschieben (Push) auf die Stromschiene und sorgt für einen optimalen und absolut dauerhaften Kontakt.

Zum Verbinden von ein- mit feindrähtigen Leitern gibt es zwei unterschiedliche technische Ausführungen:

a) Klemmen mit zwei unterschiedlichen Mechanismen: Auf der Seite des eindrähtigen Leiters wird die Push Wire-Technik verwendet und auf der anderen Seite kommt eine Cage Clamp-Technik zum Einsatz. Dabei wird die Klemme vor der Einführung des feindrähtigen Leiters mit einem Betätigungshebel geöffnet, sodass der Leiter leicht eingeschoben werden kann. Nach dem Schließen des Betätigungshebels klemmt die Zugfeder den feindrähtigen Leiter kontaktsicher auf die Stromschiene der Klemme.

b) Klemmen in Cage Clamp-Technik: Es gibt auch Klemmen in Cage Clamp-Technik, welche gleichzeitig für verschiedene Leitertypen verwendet werden kann. Abb. 9.18 zeigt eine solche Cage Clamp-Klemme zum Verbinden von drei Leitern, die sowohl eindrähtig als auch mehr- bzw. feindrähtig sein können.

10 Erweiterung eines ISDN-Anschlusses auf DSL

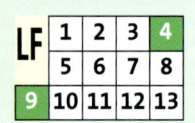

Projektbeschreibung

Herr Müller, Besitzer eines Hauses mit zwei Wohnungen, möchte seinen bisherigen ISDN-Telefon- und Internetanschluss auf DSL aufrüsten lassen. Herr Müller bewohnt das Erdgeschoss und das 1. OG. Die kleinere Wohnung im 2. OG, bewohnt von seinem Sohn, soll in die DSL-Umrüstung einbezogen werden. Da Herr Müller durch die Umrüstung möglichst keine Baumaßnahmen mit Schmutzanfall im Haus haben möchte, bittet er Meister Fritz Strom von der Firma Elektro-Team um einen Beratungsbesuch, in dem technische Details und die Realisierbarkeit seiner Wünsche besprochen werden.

Bestandsaufnahme beim Kunden
Zunächst prüfte Meister Strom im Internet die Verfügbarkeit einer schnellen DSL-Verbindung bei einigen DSL-Anbietern für das Haus von Herrn Müller. Die Prüfung fiel positiv aus. Damit war die Grundlage für eine Änderungsmöglichkeit des Internetanschlusses von Herrn Müller gegeben.

Meister Fritz Strom hat sich während des Beratungsbesuches das Bauobjekt mit den beiden Wohnungen genau angesehen und folgende informationstechnische Details und Kundenwünsche notiert:
Die ISDN-TK-Anlage (ISDN-Mehrgeräteanschluss) ist gemeinsam mit dem NTBA und dem ISDN-Übergabepunkt des Netzbetreibers (1. TAE-Dose) in einem speziellen Anschlusskasten im Flur des Erdgeschosses untergebracht. In diesem Anschlusskasten ist genügend Platz für weitere Geräte bei DSL-Einführung. Hier im Flur steht auch das ISDN-Telefon. Im Wohnbereich im EG sind zwei analoge Telefone über die TK-Anlage installiert. Je eine weitere analoge Leitung führt von der TK-Anlage ins 1. OG und in die Wohnung des Sohnes im 2. OG, sodass insgesamt vier analoge Telefone über die Anlage versorgt werden.

Bestehende Anschlussleitungen:
Neben den Leitungen für die analogen Geräte in die genannten Räume, ist vom NTBA eine So-Bus-Leitung in das Arbeitszimmer im 1. OG (ausgeführt als UAE 8/8-Doppeldose) geführt. Dort betreibt Herr Müller einen PC, den er bisher über eine ISDN-Fritzkarte für den Zugang zum Internet nutzt.

Aufgaben 10

Abb. 10.1 zeigt den Installationsplan, den Meister Strom nach seiner Hausbesichtigung als Grundlage für die spätere Beratung angefertigt hat.

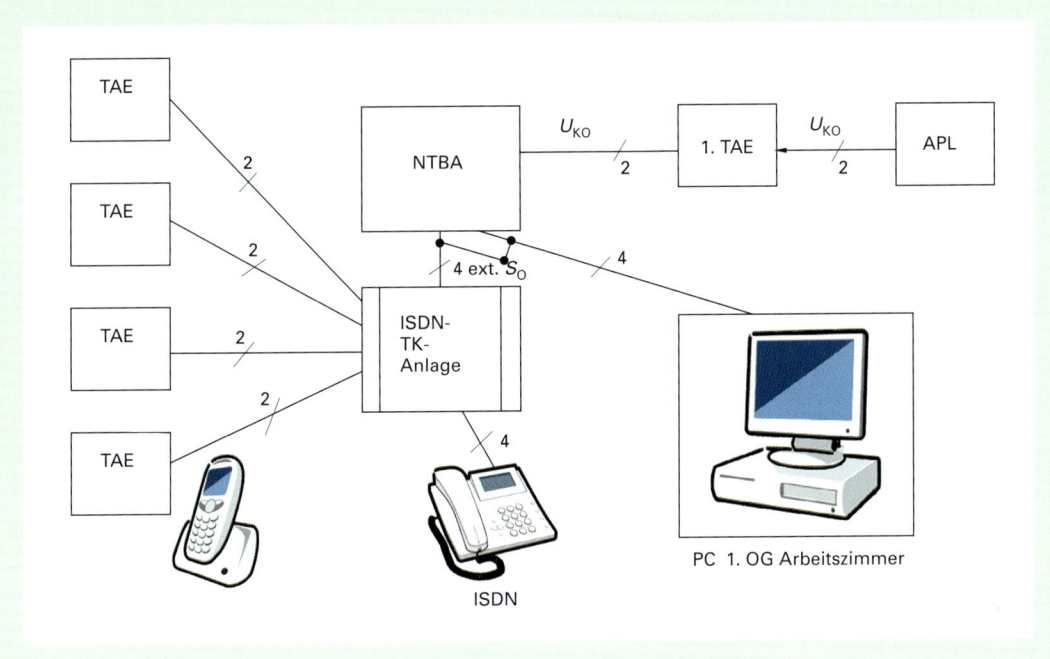

Abb. 10.1 Installationsplan der vorhandenen Anlage beim Kunden als Ausgangssituation vor der Beratung

Gesprächsergebnis:
Herr Müller möchte neben dem bisherigen PC-Arbeitsplatz mit Internetanschluss im Arbeitszimmer auch im Wohnzimmer oder auf der angrenzenden Terrasse mit dem Laptop ins Internet gehen und der Sohn soll in seinem Bereich ebenfalls das Internet nutzen können. Herr Müller hat außerdem Interesse daran, über einen DSL-Anschluss sehr preiswerte Telefongespräche führen zu können. Da seine bisherige ISDN-Telefonanlage und auch die analogen Geräte einwandfrei funktionieren, möchte sie Herr Müller weiterhin benutzen. Er bittet daher den Meister um einen entsprechenden Erweiterungsvorschlag.

Meister Strom schlägt einen WLAN-DSL-Anschluss als Erweiterung über den bisherigen ISDN-Netzanbieter oder eventuell einen anderen Provider vor.

Abschluss der Beratung:
Herr Müller bittet Meister Strom spontan um eine sofortige Internetrecherche am PC bei ihm im Haus. Nach dem Studium mehrerer DSL-Angebote aus dem Internet, die Meister Strom auf die Wünsche und Nutzungsmöglichkeiten seines Kunden überprüft und abwägt, entscheidet sich Herr Müller für einen Internetprovider, der bei der Umstellung auf DSL 6.016 ein komplettes DSL-Paket mit der sehr leistungsfähigen „Fritz!Box 7170 WLAN" kostenlos mitliefert und auch eine Telefon-Flatrate kostengünstig anbietet.

Anlage A 10.1 auf CD-ROM

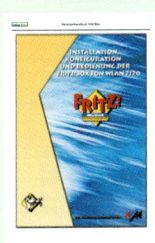

Auftrag:
Herr Müller vereinbart mit Meister Strom, dass ein Mitarbeiter der Firma Elektro-Team nach der Lieferung der DSL-Komponenten durch den Netzanbieter alles montieren, anschließen und mit der bisherigen TK-Anlage verbinden soll. Alle PCs im Haus sollen über WLAN internetfähig sein. Die für die beiden PCs zur Netzwerkanbindung nötigen USB-WLAN-Sticks liefert die Firma Elektro-Team.

Die Übergabe der vollständig funktionierenden Anlage mit einer Dokumentation aller Systeme an Herrn Müller soll den Auftrag abschließen.

10 Erweiterung eines ISDN-Anschlusses auf DSL

Aufgaben

Anlagen A 10.2 und A 10.3 auf CD

10.1 Erstellen eines Installationsplans

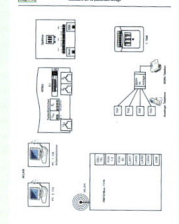

Lesen Sie sich die Anlage A 10.2 über das DSL-Paket und die Fritz!Box 7170 durch und erstellen Sie mit dem Arbeitsblatt Anlage A 10.3 den neuen Installationsplan für die Wohnung des Kunden Müller.

10.2 Beschreiben der Komponenten Splitter, Fritz!Box, WLAN-Stick

Welche Aufgaben haben die neuen Komponenten Splitter, Fritz!Box und WLAN-Stick (USB-WLAN-Stick)?

10.3 Maßnahmen zur sicheren Datenübertragung bei WLAN

Auf welche Sicherheitsstandards sollten Sie den Kunden hinweisen, wenn er den Internetbetrieb seines PCs über WLAN durchführen will?

10.4 Einsatz von DSL bei Analog- und ISDN-Anschlüssen

Warum kann man DSL sowohl mit einem analogen als auch mit einem ISDN-Anschluss einrichten?

Lösungen

10.1 Erstellen eines Installationsplans

Lösung 10.1

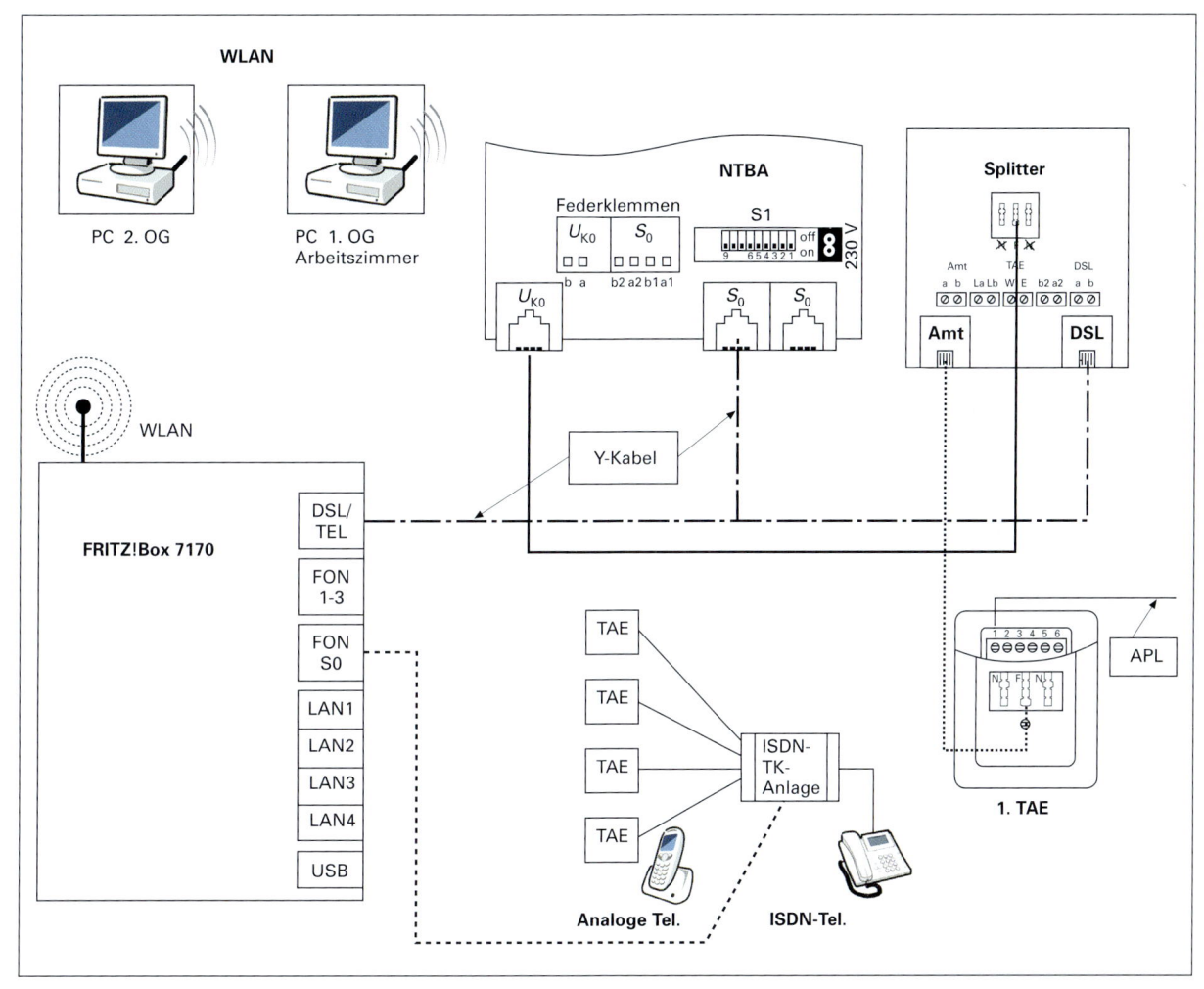

Abb. 10.2 Notwendige Verkabelung der Komponenten des neuen Installationsplans für einen DSL-Anschluss (Anlage A 10.2)

10.2 Beschreiben der Komponenten Splitter, Fritz!Box, WLAN-Stick

Lösung 10.2

Splitter: Diese Baugruppe wird als **BBAE** bezeichnet, was **B**reit**b**and-**A**nschluss-**E**inheit bedeutet. Der Splitter folgt als erste Baugruppe auf die so genannte 1. TAE-Dose und er hat die Aufgabe, die relativ niedrigen Telefonfrequenzen (POTS = analoges Telefon oder ISDN = digitales System) von den höherfrequenten Datenfrequenzen zu trennen. In der Anlage A 10.1 sieht man, dass der Frequenzbereich der DSL-Signale ab ca. 138 kHz beginnt. Die ISDN-Signale reichen bis etwa 120 kHz. Diese Frequenzen entstehen durch die gewählte Codierung des ISDN in Deutschland (4B3T-Codierung). Deshalb dürfen in dem Bereich unterhalb von 120 kHz noch keine DSL-Signale liegen, sonst wäre eine Trennung in Telefon und Daten nicht möglich. Nach der Trennung der Signale durch den Splitter werden sie in ihren unterschiedlichen Anwendungen (POTS, ISDN) oder im DSL weiterverarbeitet.

Fritz!Box: Die Fritz!Box 7170 WLAN ist in der oben dargestellten Funktion nur wenig ausgelastet, sie könnte viel mehr leisten. Eine Aufgabe der Fritz!Box ist die eines DSL-Modems, das abgekürzt als **NTBBA**, ausführlich als **N**etwork **T**ermination **B**roadband **A**ccess, oder auf deutsch als **Netzabschluss** des **DSL-Diensteanbieters** bezeichnet wird. Modem ist ein Kunstwort aus **Mo**dulator und **Dem**odulator. Damit wird ausgesagt, dass dieses Gerät die DSL-Signale von der Netzseite in eine für den PC auswertbare Codierung umsetzt und auch umgekehrt, vom PC die Daten auf eine für die Netzseite des DSL übertragbare Codierung moduliert. Der Anschluss eines DSL-Modems erfolgt zwischen dem Splitter (RJ 45) und dem PC (über die Ethernet-Schnittstelle). Bei der Fritz!Box wird ein spezielles Y-Kabel benutzt, welches die DSL-Signale dem Splitter und die ISDN-Signale nach dem NTBA auf die DSL/Tel-Buchse der Fritz!Box führt.

Darüber hinaus kann die Fritz!Box als WLAN-Router benutzt werden, d. h. damit kann der DSL-Anschluss auf mehrere PCs gleichzeitig verteilt werden und diese können mit der Fritz!Box auch drahtlos (**WLAN = wireless LAN**) vernetzt werden.

USB-WLAN-Stick: Damit die PCs mit der Fritz!Box drahtlos kommunizieren können, müssen sie sich über Funk miteinander „verständigen". Der PC und die Fritz!Box benötigen dafür spezielle Sender und Empfänger. Das ist natürlich nur dann international problemlos möglich, wenn die entsprechenden Funknetze für diese Anwendungen standardisiert sind. Hierfür stehen heute z. B. verschiedene Varianten mit unterschiedlich schnellen Datenübertragungsverfahren zur Verfügung, die von der Fritz!Box beherrscht werden.

WLAN-Funknetze nach 802.11b (11 Mbit/s), 802.11g (54 Mbit/s) und 802.11g++ (125 Mbit/s)

Dem PC wird die Sende- und Empfangseinheit als so genannter WLAN-Stick am USB-Port eingesteckt. Meist muss durch eine Software zuvor die Installation des Sticks durchgeführt werden. Speziell für die Fritz!Box bietet die Firma AVM den Fritz-WLAN-Stick an, der sich besonders einfach an der Fritz!Box über den USB-Port konfigurieren lässt.

10.3 Maßnahmen zur sicheren Datenübertragung bei WLAN

Lösung 10.3

Funkverbindungen haben den Nachteil, dass sie nicht nur in Räumen des eigenen Netzes empfangen werden, sondern eventuell auch in weit größerer Entfernung. „Spezialisten" und Hacker nutzen diese Tatsache aus, in dem sie z. B. vom fahrenden Fahrzeug aus mit ihrem Laptop-PC und WLAN-Ausstattung versuchen, sich in drahtlose Netze einzuklinken. Wenn keine Schutzverschlüsselung für die drahtlose Verbindung zum PC-Netzwerk (über den Stick einstellbar) vorgenommen wurde, ist der PC von einem Hacker leicht anzuzapfen und es ist möglich, unerlaubt Daten herunterzuladen.

Bei der Fritz!Box sind hervorragende Verschlüsselungsmechanismen vorhanden (WLAN-Verschlüsselung mit WPA2, WPA, WEP-64 oder WEP-128. Die Verschlüsselung funktioniert natürlich nur, wenn Sender und Empfänger, d. h. sowohl die Fritz!Box als auch der verwendete Stick, mit der gleichen Codierung verschlüsselt werden. Bei der Fritz!Box ist die Verschlüsselung werksseitig schon eingestellt, der Benutzer muss bei der Installation des Sticks am PC die entsprechende Verschlüsselung eintragen.

10.4 Einsatz von DSL bei Analog- und ISDN-Anschlüssen

Lösung 10.4

Die Daten für DSL müssen in einem anderen Frequenzbereich übertragen werden, als die Telefondaten. Beim analogen Telefon (POTS) wird ein Frequenzbereich von 300 Hz bis 3,4 kHz benutzt. Dazu kommt noch der 16-kHz-Ton zur Gebührenerfassung. Für das digitale ISDN reicht der benötigteFrequenzbereich bis ca. 120 kHz. Innerhalb dieser Frequenzbereiche dürfen also keine Daten für DSL liegen, sonst würden Störungen und Datenverfälschungen auftreten, die nicht mehr zu beseitigen wären.

Die DSL-Daten werden daher im Frequenzbereich von 138 kHz bis 1,1 MHz (oder die schnelle Version ADSL2+ bis 2,2 MHz) übertragen. Sie liegen also frequenzmäßig höher als die analogen oder digitalen Telefonfrequenzen. Das ist der Grund, warum man sie überhaupt mit einem Filter, dem Splitter, von den Telefondaten trennen kann. Diese Art von Datenverteilung auf unterschiedliche Frequenzbereiche oder Frequenzbänder ist etwa vergleichbar mit verschiedenen Radio- oder Fernsehsendern, die auch alle auf verschiedenen Frequenzbändern gleichzeitig senden. Um einen gewünschten Sender zu hören, müssen wir unseren Radioempfänger auf die (Träger-)Frequenz des gewünschten Senders einstellen. Das Radiogerät mit seiner konstruktiv festgelegten Frequenzbandbreite filtert dann das gewünschte Programm aus und wir können es nach entsprechender elektronischer Verarbeitung über den Lautsprecher hören.

So ähnlich funktioniert das System bei DSL. Die Daten von Telefon und DSL werden von der Vermittlungsstelle über die 1. TAE-Dose in das Haus eingespeist und von dort über die Anschlussbuchse „Amt" dem Splitter zugeführt. Der Splitter (to split, engl., aufspalten) ist ein Filter, welcher die Signale der DSL-Daten im Frequenzbereich von ca. 138 kHz bis 1,1 MHz (bzw. sogar bis 2,2 MHz beim neuen ADSL2+) ausfiltert und dadurch von den Telefondaten trennt. Diese DSL-Daten werden dann nach dem Splitter zum PC oder zur Fritz!Box weitergeleitet und dort verarbeitet. Die Telefondaten, egal ob ein analoges System oder das digitale ISDN verwendet wird, können nun wieder getrennt vom DSL weiterverarbeitet werden. Beim Analoganschluss können die analogen Telefone direkt oder über eine analoge TK-Anlage wie bisher benutzt werden. Beim ISDN muss ein NTBA verwendet werden, der über den So-Bus den Anschluss von ISDN-Telefonen oder einer ISDN-TK-Anlage ermöglicht.

11 Reparatur eines Kaffeevollautomaten

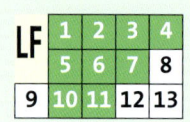

Projektbeschreibung

Ein Kunde kommt in Ihr Ladenlokal mit einem defekten Kaffeevollautomaten, der 7 Jahre alt ist und Gebrauchsspuren aufweist (Abb. 11.1).
Der Kunde bemängelt drei Störungen, für deren Reparatur er gerne einen Kostenvoranschlag (KVA) hätte. Ihr Betrieb erhält eine Freigabe auf Reparaturen in Höhe von 200 Euro.

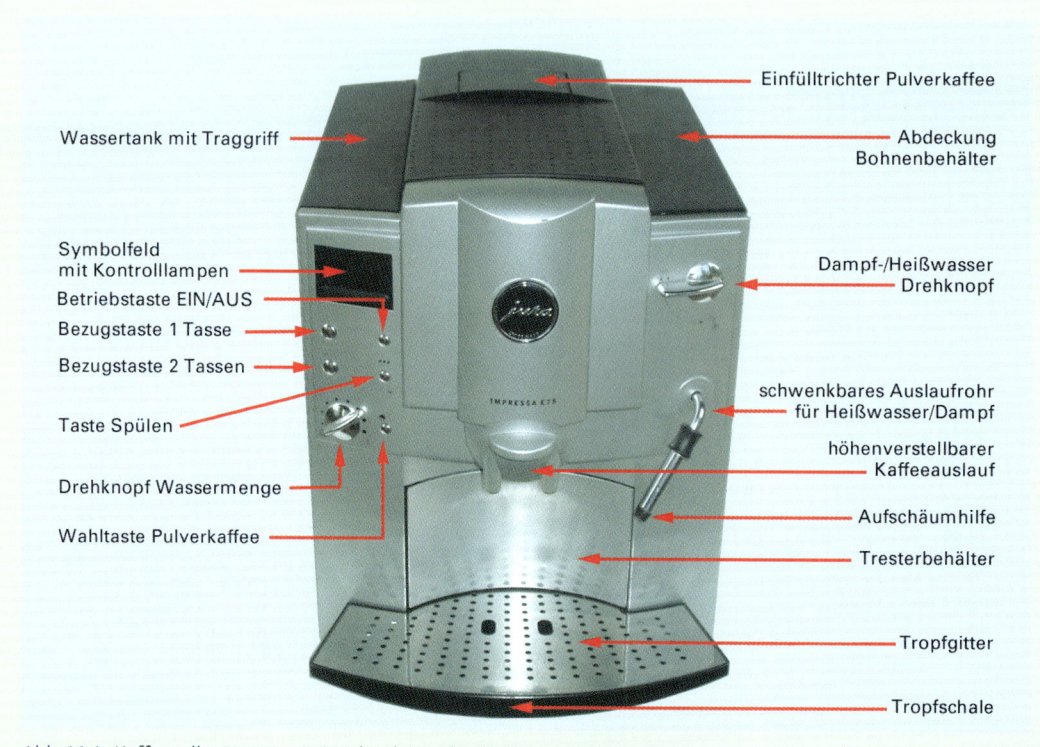

Abb. 11.1 Kaffeevollautomat mit Beschreibung der Bedienungselemente

Der Kunde beschreibt folgende Gerätestörungen:

- Seit Monaten tritt an der linken Gehäuseseite unterhalb des Wasserbehälters sporadisch Wasser aus. Da dieser Fehler keine Auswirkungen auf die Funktion des Gerätes hatte, fühlte sich der Kunden bisher nicht veranlasst, das Gerät zum Service zu bringen.
- An der rechten Gehäuseunterseite tritt bei Gebrauch des Dampfrohrs Heißwasser aus. Dieser Fehler ist erst während des Reinigungs- bzw. Entkalkungsprogramms vom Kunden bemerkt worden, da ansonsten kein Milchschaum bzw. Wasser über das Dampfrohr bezogen wurde.
- Seit einigen Tagen zeigt sich ein Totalausfall der Maschine. Das Mahlwerk ist ohne Funktion, d. h. bei Bezug eines Kaffees zeigt die Maschine beim Programmpunkt Mahlen „Störung" an.

Aufgaben

11.1 Beschreibung der systematischen Fehlersuche

Beschreiben Sie die systematische Fehlersuche (Eingrenzung, Lokalisierung, Behebung der Störungen, Funktionskontrolle usw.) unter Zuhilfenahme der in Anlage A 11.1 befindlichen Fluid- und elektrischen Pläne.

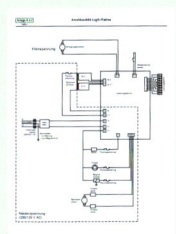

11.2 Gerätewartung

Welche weiteren Tätigkeiten sollten im Rahmen eines Reparaturauftrags ausgeführt werden, bzw. welche zusätzlichen Baugruppen sollten im Rahmen eines Reparaturauftrags überprüft bzw. ausgetauscht werden?

11.3 Erstellen eines Kostenvoranschlags/Reparaturberichts

Erstellen Sie einen Kostenvoranschlag (KVA)/Reparaturbericht mit einem ausführlichen Leistungsverzeichnis (Lohn- und Materialkosten). Ein Muster ist in der Anlage A 11.2 beigefügt.

11.4 Erstellen einer detaillierten Rechnung

a) Erstellen Sie aus dem Kostenvoranschlag (KVA)/Reparaturbericht eine Rechnung.
b) Welche Angaben müssen Gegenstand der Rechnung sein?
 Ein Muster ist in der Anlage A 11.3 beigefügt.

11.5 Einweisen des Kunden

Welche Unterlagen sollten bei der Übergabe des instand gesetzten Gerätes an den Kunden übergeben werden und welche Ratschläge an den Kunden für einen dauerhaften störungsfreien Betrieb sind wichtig?

Anlagen
A 11.1, A 11.2 und
A 11.3 auf CD

11 Reparatur eines Kaffeevollautomaten

11.1 Beschreibung der systematischen Fehlersuche

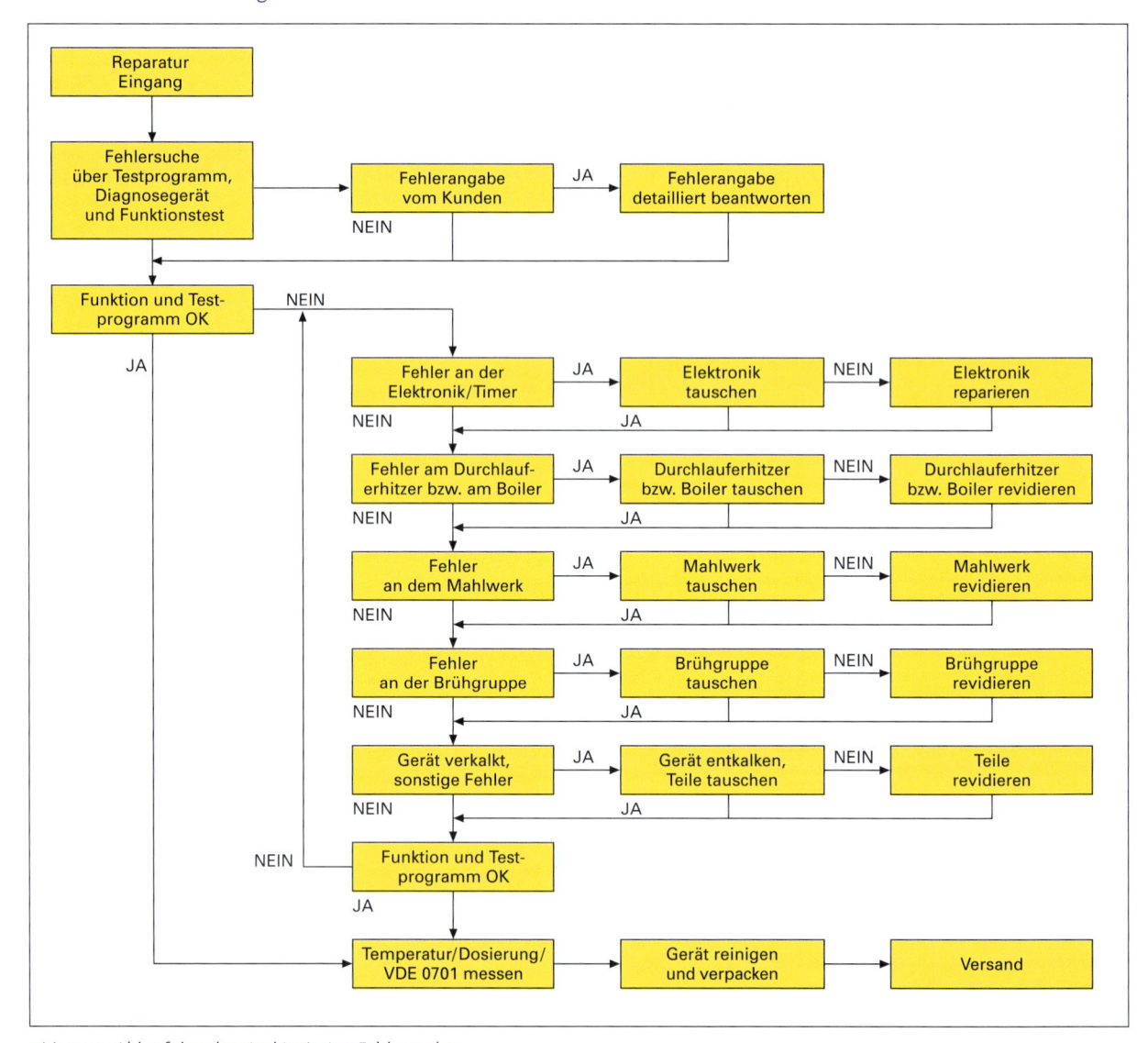

Lösung 11.1

Abb. 11.2 Ablaufplan der strukturierten Fehlersuche

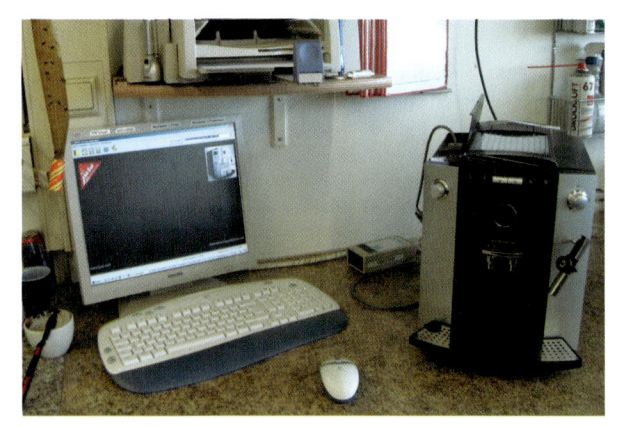

Abb. 11.3 Messplatz zum Auslesen der Serviceschnittstelle

Abb. 11.4 Servicetechniker bei der Demontage eines Kaffeevollautomaten

Nach dem Eingang wird der Kaffeevollautomat zunächst zusammen mit einem Insektenköder in Folie verpackt, um der Gefahr der Ausbreitung von Ungeziefer vorzubeugen. Selbst wenn das Gerät erst einige Tage später instand gesetzt wird, verfangen sich Schädlinge im Köder und können sich nicht auf andere Geräte ausbreiten.

Aufgrund der Fehlerangabe des Kunden und eines Tests der Maschine bzw. mithilfe einer integrierten Testroutine bzw. Serviceschnittstelle (siehe Abb. 11.3, 11.4) werden drei Fehler lokalisiert:

Fehler 1: Tankmanschette

An den Kalkspuren unterhalb des Wasserbehälters ist deutlich zu erkennen, dass die Leckage an der Tankmanschette zur Aufnahme des Fußventils des Wasserbehälters zu suchen ist.

Gemeinsam mit der Tankmanschette sollte die Ventilkappe für einen festen Sitz der Dichtung ausgetauscht werden (Abb. 11.5, 11.6).

Abb. 11.5 Tankmanschette

Abb. 11.6 Ventilkappe

Fehler 2: O-Ringe Umschaltventil

Der zweite reklamierte Fehler zeigt sich beim Dampf- bzw. Wasserbezug aus dem Dampfrohr. Wie aus dem Wasserlaufplan (Anlage A 11.1, Fluidplan) ersichtlich, kann die Undichtigkeit nur im Weg Umschaltventil (Keramikventil, Abb. 11.7) und Dampfrohr sein. Ein Test bei geöffnetem Gerät zeigt sofort einen defekten O-Ring am Keramikumschaltventil als Ursache für die Undichtigkeit.

Bei dieser Gelegenheit sollten auch auf Kalkablagerungen und eventuelle Undichtigkeiten an anderen Verbindungsstellen (Pumpe, Membranregler, Legris-Verbindung zum Boiler (Abb. 11.8), Rückschlag-/Sperrventil, Aufnahme des Umschaltventils, Verbindung zum Dampfrohr usw.) geachtet und notwendige Reparaturen durchgeführt werden. Der O-Ring sollte beim Einsetzen mit etwas lebensmittelechtem Silikonfett bestrichen werden.

Abb. 11.7 Umschaltventil mit Dampf-/Kaffeeschalter

Abb. 11.8 Boiler mit Temperatursensor (NTC)

Fehler 3: Leistungsprint (Ansteuerung Mahlwerk)

Beim Bezug des Kaffees mit Mahlvorgang geht das Gerät ohne Wasseraustritt in den Ausgangszustand zurück. Beim Bezug von Pulverkaffee ist keine Störung festzustellen. Die Ursache ist folglich beim Mahlwerk bzw. der Ansteuerung des Mahlwerks (Leistungsprint oder Leistungsplatine, evtl. auch Logikprint) zu suchen (Abb. 11.9 und Abb. 11.10).

Dieser Fehler lässt sich mit einem Testprogramm über die Serviceschnittstelle oder ganz einfach über die Funktionsüberprüfung am Gerät lokalisieren.

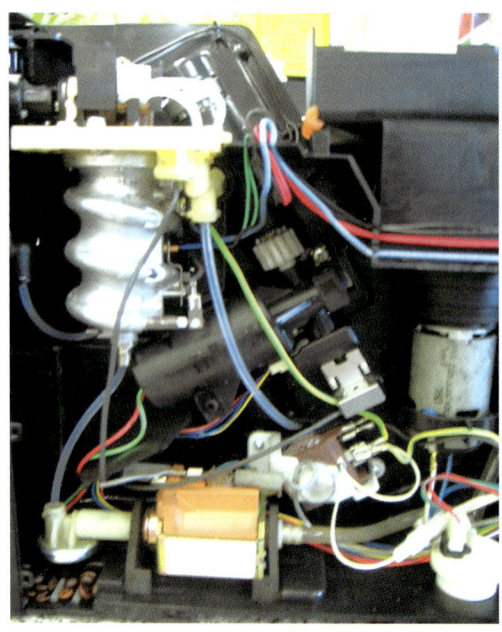

Abb. 11.9 Innenansicht Kaffeevollautomat mit Mahlwerk, Boiler, Magnetventil, Pumpe und Flowmeter (Durchflussmengenmesser)

Abb. 11.10 Innenansicht Kaffeevollautomat mit Leistungsplatine und Brühgruppe bzw. Tankmanschette

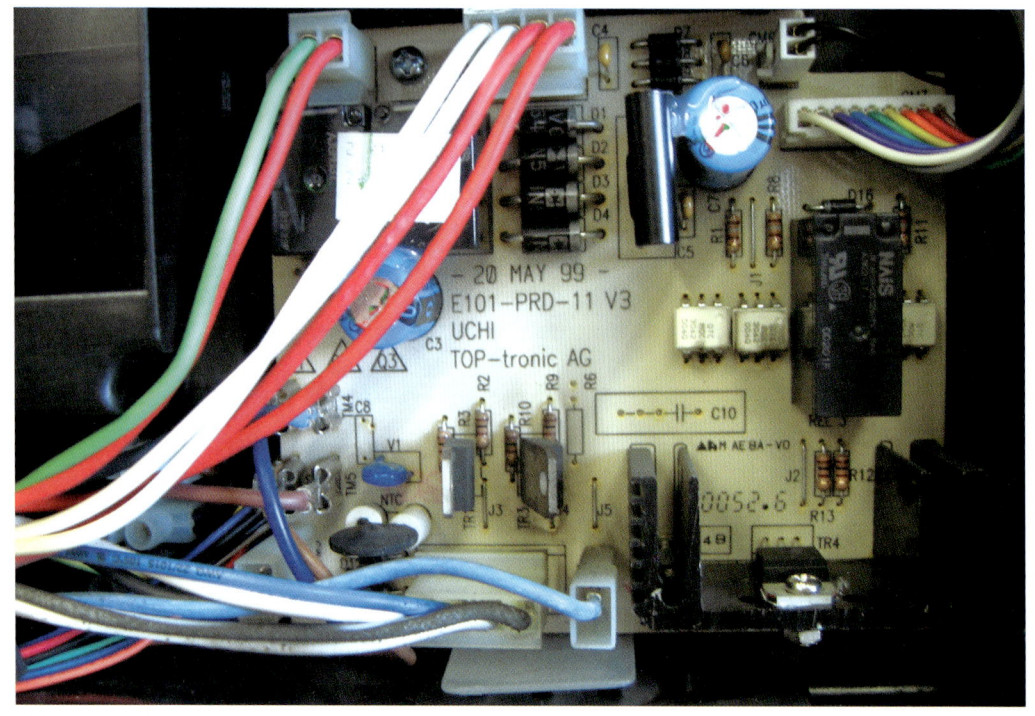

Abb. 11.11 Teilansicht Leistungsplatine

An den Klemmen 3 und 4 des Steckers CM 7 am Leistungsprint sollte beim Mahlvorgang am Mahlwerk eine Gleichspannung von ca. 230 V anliegen. Das Fehlen der Spannung deutet auf einen Fehler der Elektronik hin. An der Steckerleiste CM 3 der Leistungsplatine, die zum Logikprint führt, ist am Pin 1 ein Signal zur Ansteuerung des Mahlwerks vorhanden.

Der Fehler ist also eindeutig der Leistungsplatine zuzuordnen. Zur Sicherheit sollte auch der Mahlwerksmotor auf seinen ohmschen Widerstand geprüft werden ($R \approx 50$ Ohm), damit beim Ersatz bzw. bei Reparatur der Leistungsplatine der neue Leistungsprint nicht erneut zu Schaden kommt.

Für Elektronikspezialisten mit entsprechender Erfahrung und Ausstattung kommt auch die Reparatur der Leistungsplatine (Abb. 11.11) infrage. Aus dem Detailschaltbild ist ersichtlich, dass in der Leitungsführung zum Mahlwerksmotor der Triac TR1, der Brückengleichrichter mit den Dioden D11 bis D14 und der NTC vom Typ NTC 60 defekt sein könnten. Diese Bauteile sind relativ einfach mit einem Vielfachmessgerät zu überprüfen und bei Defekt durch Bauelemente gleicher Spezifikation zu ersetzen. Auch sollte auf eventuelle kalte Lötstellen geachtet werden, da hier relativ hohe Ströme fließen.

11.2 Gerätewartung

Lösung 11.2

- Grundreinigung des Gerätes durchführen. Die Hersteller bieten dazu spezielle Reinigungsmittel an, die das Gehäuse bzw. die Oberflächen nicht angreifen.
- Reinigungs- bzw. Entkalkungsprogramm aktivieren (bei Aufforderung durch das Gerät bzw. beim Auslesen der Daten mittels Schnittstelle bzw. PC erkennbar).
- Wasserfilter (Sieb) im Fußventil des Wassertanks (Abb. 11.12) ersetzen.
- Mahlwerk reinigen und falls notwendig nach Herstellerangaben justieren.
- Brühgruppe (Abb. 11.13) ausbauen und reinigen, dann auf Leichtgängigkeit und Dichtheit überprüfen und eventuell überholen (Ersatz des oberen und unteren Kolbendichtrings, Ersatz der O-Ringe

Abb. 11.12 Wasserfilter im Fußventil des Wassertanks

Abb. 11.13 Brühgruppe

am Drainageventil, Schmierung der Reibflächen mit lebensmittelechtem Silikonfett, Kontrolle der Funktion der Schaltkulisse usw., Abb. 11.14).
- Überprüfung gemäß VDE 0701 (Messung des Schutzleiterwiderstandes, Messung des Ersatzableitstroms und Messung des Isolationswiderstands) mit Dokumentation in einem Prüfprotokoll vornehmen.

Abb. 11.14 Bestandteile der Brühgruppe zur Revidierung

A Schaltkulisse
B Seitenabdeckung
C Seitenteile mit Kolbenführung
D Kolben mit oberem Kolbenring 3
E oberer Deckel mit Aufnahme des Wasserauslaufs
F Zylinder mit unterem Kolben H
G Gleitringe 1 zur Führung in der Schaltkulisse und in den Seitenteilen
H unterer Kolben mit O-Ring 3
I Drainageventilplatte
J Ventilbetätigungsstift mit Feder für Drainageventil
K Auslauf Drainageventil (zu Zylinder F)
L Drainageventilkörper
M Achse zur Fixierung der Zahnradkombination
N Düsenstock mit O-Ringen 4 und 5 sowie Cremaventil mit Kugel und Feder R
O Sieb im oberen Kolben mit Befestigungsschraube
P Zahnrad zum Brühgruppenantrieb
R Cremaventil mit Kugel und Feder

1 Metallgleitringe
2 Sprengringe zur Fixierung der Achse M
3 unterer/oberer Kolben-O-Ring
4/5 O-Ringe für Düsenstock
6 Klemmfeder (Sicherungssplint) für Drainageventil bzw. Anschlussleitungen
7 Endstücke bzw. Auslassöffnung für Drainageventilkörper
8 O-Ring Drainageventil
9 Lippendichtring Drainageventil

11.3 Erstellen eines Kostenvoranschlags/Reparaturberichts

Lösung 11.3

ELEKTROTEAM
Fachbetrieb für Elektrotechnik und Kommunikationstechnik

Musterstraße 11
12345 Musterstadt
Tel.: (012345) 567-800   Fax: (012345) 567-801
info@elektro-team.de   www.elektroteam.de

Reparaturbericht / Kostenvoranschlag Nr. 08154711   **Kunden-Nr.:** 400789   **Eingangsdatum:** 10.09.2011

für:

Hugo Meier
Sicherstraße 1
12345 Musterstadt

Tel.: 012345/76890
Fax / E-Mail: h.meier@meier.de

- ☐ Vorreparatur: nein   Datum: —
- ☐ Transportschaden?
  Versand: DPD / UPS / GP / Post /
- ☐ zum Verbleib Lager
- ☒ KVA

Modell: Jura E50
Baujahr: 2001
Serien-Nr.: 99887766

Garantiecode: —
Zählerstand Eingang: 9874
Zählerstand Ausgang: 9893

- ☒ Bedienungsanleitung
- ☐ Netzkabel
- ☐ Abtropfschale
- ☐ Abtropfschublade
- ☐ Abtropfgitter
- ☐ Wasserbehälter
- ☐ Wasserbehälterdeckel
- ☒ Kratzer auf Gehäusedeckel links

- ☐ Milchbehälter
- ☐ Cappuccinatore
- ☐ 2. Deckel
- ☐ Messlöffel
- ☐ Bohnenbehälter
- ☐ Bohnenbehälterdeckel
- ☐ Brühgruppe komplett

- ☐ Satzschublade
- ☐ Reinigungspinsel
- ☐ Drehknebel
- ☐ Siebträger
- ☒ Milchschaumdüse
- ☐ Doppelauslauf
- ☐ Sonstiges

- ☒ Selbstabholer
- ☐ ohne Fehlerangabe
- ☐ Pflegecheck
- ☐ Totalschaden

Temperatur:
- Kaffee lang: Ø 84 °C
- Kaffee: Ø 84 °C
- Espresso: Ø 85 °C
- Milch / Schaum: Ø 95 °C

Dauertest: Zeit: 60 min
Dichtigkeit: ☒ Ja ☐ Nein
Netzkabel OK: ☒ Ja ☐ Nein

Diagnose (Fehlercode)
Undichtigkeit Wasserbehälter, Tankmanschette
Undichtigkeit Dampfrohr, O-Ring
Mahlwerk ohne Funktion, Leistungsprint defekt

Schutzleiterwiderstand: 92 mOhm   **Isolationswiderstand:** 310 MOhm   **Ableitstrom:** 1,55 mA

Ersatzteile:	Art-Nr.:	Bezeichnung	Nettoverkaufspreis:
1	9669969	Tankmanschette	3,90 Euro
1	9669866	Ventilkappe	1,90 Euro
1	9669789	Wasserfilter	2,90 Euro
2	9669668	O-Ring	0,45 Euro
1	9668669	Lippendichtring Brühgruppe	2,85 Euro
1	9666679	Leistungsprint E-Serie	123,65 Euro
1	9665445	Entkalker	5,90 Euro
1	9662345	Reiniger	3,50 Euro

☐ Fotos
Fehlersuche: 15 min
Reparaturzeit: 60 min
Reinigung: 15 min
Sonstiges: — min

Brühgruppe revidiert: ☒ Ja ☐ Nein
Entkalkt: ☒ Ja ☐ Nein
Garantie: ☐ Ja ☒ Nein
Kulanz: ☐ Ja ☒ Nein
Material: ☒ Ja ☐ Nein

Zustand nach der Reparatur:
- ☐ neu
- ☒ gebraucht
- ☐ REF

Datum: 12.09.2011   **Bearbeiter:** M. Strom

Abb. 11.15   Kostenvoranschlag   (Anlage A 11.2)

11 Reparatur eines Kaffeevollautomaten

11.4 Erstellen einer detaillierten Rechnung

Lösung 11.4

ELEKTROTEAM
Fachbetrieb für Elektrotechnik und Kommunikationstechnik

Musterstraße 11
12345 Musterstadt

Tel. (01 23 45) 5 67-800
Fax (01 23 45) 5 67-801

info@elektro-team.de
www.elektro-team.de

Elektroteam · Musterstraße 11 · 12345 Musterstadt

Herrn
Hugo Meier
Sicherstraße 1
12345 Musterstadt

Rechnung Nr.:	Auftrag vom	Gerät	Datum
700678	10.09.2011	Typ: Kaffeevollautomat Jura E50 Serien-Nr.: 99887766 Interne Auftrags-Nr.: 08154711	15.09.2011

Sehr geehrter Herr Meier,
wir bedanken uns für Ihren Auftrag und stellen Ihnen für die Reparatur des Kaffeevollautomaten Jura E50 mit folgender Fehlerangabe
• Undichtigkeiten an Wassertank und Heißwasserdüse, Mahlwerk ohne Funktion
folgende Leistungen gemäß unseren umseitig abgedruckten allgemeinen Geschäftsbedingungen in Rechnung:

Position 1: Arbeitszeit
1 Arbeitseinheit (AE) entspricht 5 min = 4 Euro

Fehlersuche	3 AE
Austausch Tankmanschette	2 AE
Ersatz von O-Ringen	2 AE
VDE-Sicherheitsüberprüfung	1 AE
Brühgruppe revidiert	4 AE
Leistungsprint getauscht	3 AE
Reinigung, Entkalkung und Funktionstest	3 AE
Summe:	18 AE à 4,00 € = 72,00 €

Position 2: Material

Tankmanschette	3,90 €
Ventilkappe	1,90 €
Wasserfilter	2,90 €
2 O-Ringe (20-15)	0,90 €
Lippendichtring Brühgruppe	2,85 €
Leistungsprint E-Serie	123,65 €
Entkalker	5,90 €
Reiniger	3,50 €
Kleinmaterial	0,00 €
Summe	145,50 €

Position 3: Anfahrtpauschale (Zone 1) — 0,00 €

Position 4: Verpackung / Entsorgung — 0,00 €

Nettopreis:	217,50 €
Mehrwertsteuer 19 %:	41,33 €
Gesamtpreis:	258,83 €

Der Rechnungsbetrag ist innerhalb eines Monats nach Rechnungserhalt ohne Abzug auf unser Konto zu überweisen.
Ausführliche Informationen entnehmen Sie dem in der Anlage beigefügten Reparaturbericht.

Bankverbindung: Sparkasse Musterstadt · **BLZ:** 100 200 30 · **Konto:** 10020 300
Geschäftsführer: Elektromeister Rudi Strom · **UST-IDNr.:** 08154711 · **St.-Nr.:** 12345678

Abb. 11.16   Beispiel für eine detaillierte Rechnung, der ein Reparaturbericht als Anlage beigefügt wurde (Anlage A 11.3)

Da der Kostenvoranschlag um mehr als 10 %, bzw. die durch den Kunden freigegebenen Kosten in Höhe von 200 Euro überschritten werden, sollte vor Durchführung der Arbeiten und Rechnungsstellung mit dem Kunden Rücksprache gehalten werden.

In der Rechnung müssen folgende Angaben enthalten sein:
- Rechnungsempfänger
- Firmendaten (Geschäftsführer, Anschrift usw.)
- Umsatzsteueridentifikationsnummer
- Rechnungsnummer
- Rechnungsdatum
- Bearbeiter für eventuelle Rückfragen
- Zahlungsziel (Hinweis auf Nichtskontierung bei Handwerkerrechnungen)
- detaillierte Rechnungspositionen
- ausgewiesene Mehrwertsteuer
- Hinweis auf die Allgemeinen Geschäftsbedingungen (möglich als Anlage, rückseitig auf Geschäftspapier, als Hinweis auf Aushang in den Geschäftsräumlichkeiten usw.)

11.5 Einweisen des Kunden

Lösung 11.5

Unterlagen bei der Übergabe des instand gesetzten Gerätes an den Kunden:
- VDE-Prüfprotokoll bzw. Reparaturbericht
- eventuelle Wartungshinweise o. Ä.
- detaillierte Rechnung
- Wartungsmaterialien (Reinigungs- und Entkalkungsmittel, Dicht- bzw. Pflegesets usw.), Zubehör gegen Aufpreis

Ratschläge an Kunden für einen dauerhaften störungsfreien Betrieb:
- regelmäßige Wartung (Einhaltung der Reinigungs- und Entkalkungszyklen unter Verwendung der Herstellermittel)
- auf außergewöhnliche Geräusche im Betrieb achten (Schwergängigkeit der Brühgruppe, Fremdkörper im Mahlwerk usw.)
- auf Wasseraustritt achten (Sicherheitsaspekte und Folgeschäden durch Kalkablagerungen und Verstopfungen bzw. Korrosion)
- Durchführung von Inspektionen in regelmäßigen Abständen in der Fachwerkstatt
- Verwendung von kaffeevollautomatengeeignetem Kaffee
- Kontrolle, ob Gerät auf die verwendete Wasserhärte eingestellt ist (Teststreifen)

12 Planung einer DVB-S-Empfangsanlage (Digital Video Broadcasting-Satellite-Empfangsanlage)

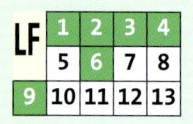

Projektbeschreibung

Ein unterkellertes Wohnhaus mit zwei Etagen und ausgebautem Dachgeschoss (Anlage A 12.1, Pläne Wohnhaus) war in der Vergangenheit mit einem Kabelanschluss einer privaten Kabelbetreibergesellschaft versehen.

Da der private Netzbetreiber die Gebühren drastisch erhöht hat und künftig kein digitales Programmangebot zur Verfügung stellen möchte, plant der Hausbesitzer im Rahmen einer Hausrenovierung auf Satellitendirektempfang umzustellen. Der Einspeisepunkt und die Verteilung für das Kabelfernsehen sind im Keller (Anlage A 12.1, Position 1), in einer Baumstruktur.

Der Bauherr plant nun, eine Satellitenempfangsanlage einzurichten, die den Anforderungen der Varianten 1 bis 3 Rechnung trägt und für künftige Entwicklungen offen bzw. ausbaufähig ist.

Variante 1:
Empfang von den gängigen analogen und digitalen Programmen (ASTRA 19,2° Ost), zukunftssichere Verteilstruktur (Pay-TV, Video on Demand usw.), jeweils eine Antennendose in den Wohnzimmern des EG (Anlage A 12.1, Pos. 2) und 1. OG (Anlage A 12.1, Pos. 3)
Im 1. OG soll dabei ein analoges Programm aufgenommen und ein weiteres analoges Programm gleichzeitig angeschaut werden können. Im Dachgeschoss soll eine weitere Antennendose im Gästezimmer (Anlage A 12.1, Pos. 4) vorgesehen werden, die zum Übergabezeitpunkt noch nicht mit einem Receiver versehen sein wird. Im Wohnzimmer des EG (Anlage A 12.1, Pos. 2) möchte der Bauherr sowohl analoge als auch digitale Programme (Free to Air und Pay-TV) empfangen können.

Variante 2:
Der Bauherr plant einen italienischen Mieter in die Dachgeschosswohnung aufzunehmen, der italienische und ausländische Programme (auf EUTELSAT Hot Bird 13° Ost) empfangen möchte. Die Anlage aus Variante 1 soll so erweitert werden, dass dieses Programmangebot allen Teilnehmern zugänglich ist.

Aufgaben 12

Variante 3:
Der Bauherr möchte nach eingehender Beratung eine Komfortausstattung, bei der alle möglichen TV-Empfängerstandorte mit geeigneten Antennendosen ausgestattet sind (alle Wohnzimmer mit je 2 Twin-Dosen) und in jedem Wohnzimmer ein Digitalreceiver mit Karteneinschub, in jedem Kinder-, Gäste- bzw. Schlafzimmer je eine Antennendose mit einem Analogreceiver vorhanden sind.
Alle Varianten benötigen eine vollständige Außeneinheit, da kein Dachständer existiert. Eine Erdleitung ist nach oben auf den Dachstuhl geführt, die Verlegung der Leitungen kann an den Hauswänden erfolgen. Für die aktiven Antennenkomponenten ist eine Stromversorgung von 230 V vorzusehen. Der Aufbau muss nach den gültigen VDE-, EN- und DIN-Bestimmungen vorgenommen werden. Zusätzlich sollen eine UHF-Antenne und ein Kreuzdipol, die auf die regionalen TV-Programme ausgerichtet sind, am Mast angebracht werden und in die SAT-Anlage eingespeist werden. Auch hier sind Abstände, Kreuzungen, Näherungen usw. einzuhalten. Falls erforderlich, sollte ein Mehrbereichsverstärker für die terrestrische Einspeisung vorgesehen werden.

Aufgaben

12.1 Realisierungsvorschlag

12.1.1 Erarbeiten Sie einen Realisierungsvorschlag für die Variante 1 (Variante 2 und 3 zur Übung) unter Nutzung der Anlage A 12.2, Produktkatalog.
Erstellen Sie dazu eine Installationsskizze der gesamten Anlage mit Materialliste und Pegelplan für die Varianten 1, 2 und 3. Nutzen Sie dazu den Pegelberechnungsplan in Anlage A 12.3.

12.1.2 Begründen Sie die Auswahl der Komponenten für die Variante 1 sowie für die Varianten 2 und 3 zur Übung.

Anlagen A 12.2, 12.3 und A 12.4 auf CD

12.2 Übergabe an den Kunden

Beschreiben Sie die Übergabe der Anlage und die Unterweisung des Kunden in die Benutzerführung (Receiver usw.). Nutzen Sie dazu das Abnahmeprotokoll in Anlage A 12.4.

12.3 Erweiterung der Anlage

Beschreiben Sie dem Kunden die Möglichkeiten der Erweiterung der Anlage auf mehrere Teilnehmer und die Möglichkeit der Einspeisung des Satelliten TÜRKSAT 42° Ost.

12.4 Fehlersuche

12.4.1 Beschreiben Sie, wie Sie durch telefonische Abfrage beim Kunden folgende Fehler eingrenzen:
- kein Bild bzw. verschneit („Fische"), Receiver zeigt „kein Signal"
- auf ASTRA sind Programme nur teilweise zu empfangen
- ASTRA-Empfang einwandfrei, EUTELSAT-Empfang nicht möglich
- Free-to-Air-Empfang O. K., Pay-TV-Empfang nicht möglich
- Kunde empfängt mit eigenem Receiver (nachträglich installiert) nur einen Teil der Programme
- ein Programm des ASTRA-Empfangs ist mit störenden Streifen unterlegt (Störung tritt nur zeitweise auf)

12 Planung und Installation einer Satellitenempfangsanlage

12.4.2 Beschreiben Sie die systematische Fehlersuche vor Ort mit Lösungsvorschlägen bei folgenden Fehlern:
- kein Bild bzw. verschneit („Fische"), Receiver zeigt „kein Signal"
- auf ASTRA sind Programme nur teilweise zu empfangen
- ASTRA-Empfang einwandfrei, EUTELSAT-Empfang nicht möglich
- Free-to-Air-Empfang O. K., Pay-TV-Empfang nicht möglich
- Kunde empfängt mit eigenem Receiver (nachträglich installiert) nur einen Teil der Programme
- manche Teilnehmer empfangen alle Ebenen und Satellitenpositionen, ein Teilnehmer empfängt nur eine Ebene bzw. eine Satellitenposition
- zeitweise Aussetzer des ASTRA-Empfangs für alle Teilnehmer
- nach Anschluss eines digitalen Receivers im Wohnzimmer (Anlage A 12.1, EG Pos. 2, Variante 1) anstelle des analogen Receivers bemängelt Kunde verstärkt „Klötzchenbildung", vorher war der Empfang einwandfrei
- bei ansonsten gutem Satellitenempfang sind Geisterbilder festzustellen
- zeitweise (insbesondere bei feuchtem Wetter) ist kein bzw. nur ein gestörter ASTRA-Empfang möglich

Lösungen

Die Projektaufgabe wurde exemplarisch mit WISI-Komponenten und einer WISI-Planungssoftware realisiert. Diese Aufgabe lässt sich auch mit anderen Herstellerprodukten (Kathrein, Technisat, Astro usw.) lösen.

12.1 Realisierungsvorschlag

Lösung 12.1.1 Installationsskizze mit Materialliste und Pegelplan

Variante 1:

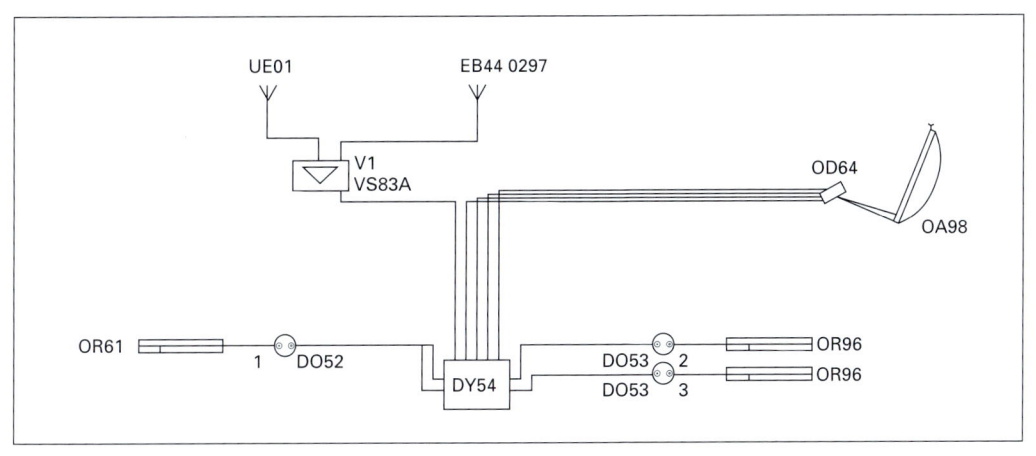

Abb. 12.1 Installationsskizze Variante 1

Pos.	Stück/Meter	Typ	Bezeichnung
1	1	OR61	Stereo-SAT-Receiver Twin
2	141	MK95C0100	Koax-Kabel 75 Ohm 100M Blister
3	1	DO52	Antennensteckdose Twin
4	18	DV55	Kabelstecker-FF. MK90
5	2	OR96	digitaler SAT-Receiver
6	2	DO53	Antennensteckdose, 3-Loch-Stichdose
7	1	DY54	4-fach Multischalter aktiv
8	1	OD64	Quadro Speisesystem, lichtgrau
9	1	OA98	Parabolantenne, 90 cm, lichtgrau
10	1	VS56A	Mehrbereichs-Verstärker 18–21 dB
11	1	UE01	Kreuzdipol-Antenne
12	1	EB44 0297	UHF-Antenne, Kanal 21–69

Tabelle 12.1 Materialliste Variante 1

Frequenz f	47 MHz	862 MHz	950 MHz	2400 MHz
Eingangspegel L	73,0 dBµV	73,0 dBµV	75,0 dBµV	75,0 dBµV
V1	90,9 dBµV	93,4 dBµV		
D1	79,7 dBµV	78,6 dBµV	62,5 dBµV	58,7 dBµV
D2	79,7 dBµV	78,6 dBµV	61,5 dBµV	57,7 dBµV
D3	79,7 dBµV	78,6 dBµV	59,5 dBµV	55,7 dBµV

Tabelle 12.2 Pegelplan Variante 1

12 Planung und Installation einer Satellitenempfangsanlage

Variante 2:

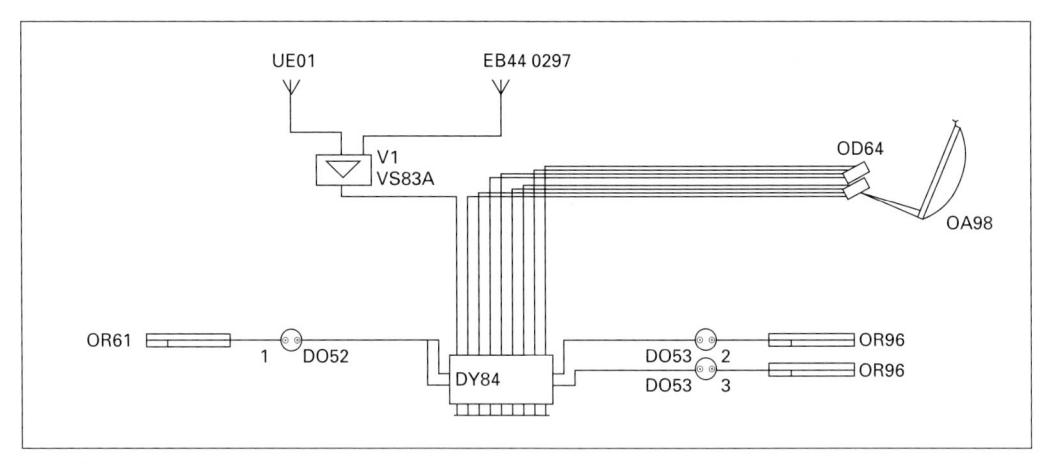

Abb. 12.2 Installationsskizze Variante 2

Pos.	Stück/Meter	Typ	Bezeichnung
1	1	OR61	Stereo-SAT-Receiver Twin
2	165	MK95C0100	Koax-Kabel 75 Ohm 100M Blister
3	1	DO52	Antennensteckdose Twin
4	26	DV55	Kabelstecker-FF. MK90
5	2	OR96	digitaler SAT-Receiver
6	2	DO53	Antennensteckdose, 3-Loch-Stichdose
7	9	DV25	Abschlusswiderstand F-Stecker
8	1	DY84	Multischalter 9/4, aktiv
9	2	OD64	Quadro Speisesystem, lichtgrau
10	1	OA98	Parabolantenne, 90 cm, lichtgrau
11	1	OF90	Duo-Feed-Adapter, lichtgrau
12	1	VS83A	Mehrbereichs-Verstärker 18–21 dB
13	1	UE01	Kreuzdipol-Antenne
14	1	EB44 0297	UHF-Antenne, Kanal 21–69

Tabelle 12.3 Materialliste Variante 2

Frequenz f	47 MHz	862 MHz	950 MHz	2400 MHz
Eingangspegel L	73,0 dBµV	73,0 dBµV	75,0 dBµV	75,0 dBµV
V1	100,9 dBµV	100,4 dBµV		
D1	77,2 dBµV	73,1 dBµV	56,5 dBµV	60,2 dBµV
D2	77,2 dBµV	73,1 dBµV	56,5 dBµV	60,2 dBµV
D3	77,2 dBµV	73,1 dBµV	56,5 dBµV	60,2 dBµV

Tabelle 12.4 Pegelplan Variante 2

Variante 3:

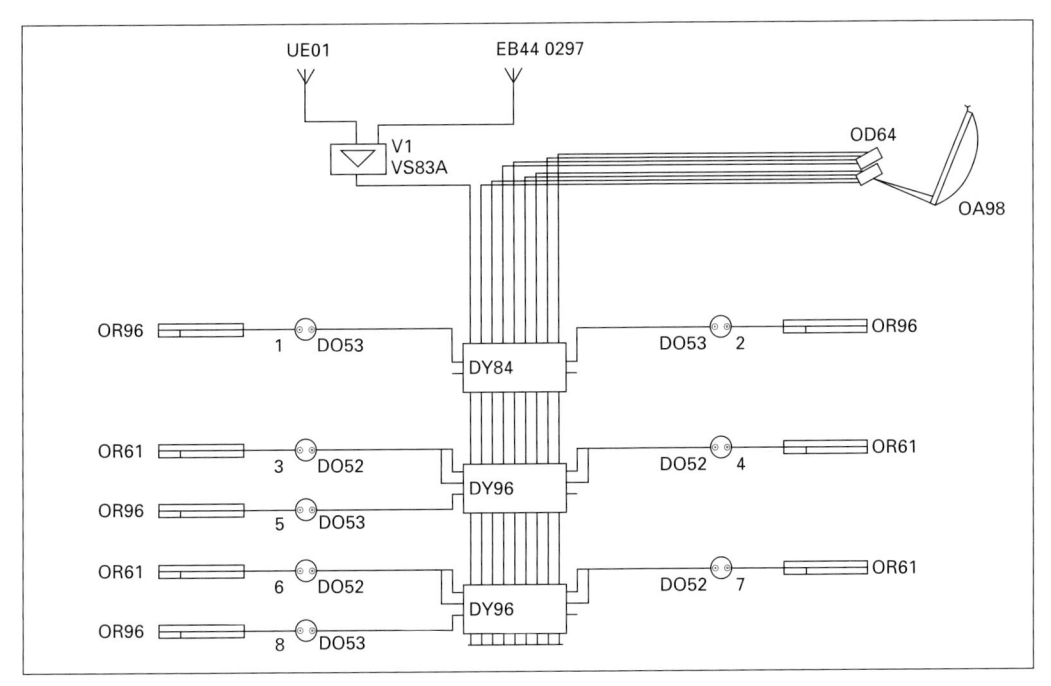

Abb. 12.3 Installationsskizze Variante 3

Pos.	Stück/Meter	Typ	Bezeichnung
1	4	OR96	Stereo-SAT-Receiver Twin
2	427	MK95C0100	Koax-Kabel 75 Ohm 100M Blister
3	4	DO53	Antennensteckdose, 3-Loch-Stichdose
4	70	DV55	Kabelstecker-FF. MK90
5	4	OR61	Stereo-SAT-Receiver Twin
6	4	DO52	Antennensteckdose Twin
7	9	DV25	Abschlusswiderstand F-Stecker
8	2	DY96	Multischalter 9/6, passiv
9	1	DY84	Multischalter 9/4, aktiv
10	2	OD64	Quadro Speisesystem, lichtgrau
11	1	OA98	Parabolantenne, 90 cm, lichtgrau
12	1	OF90	Duo-Feed-Adapter, lichtgrau
13	1	VS83A	Mehrbereichs-Verstärker 18–21 dB
14	1	UE01	Kreuzdipol-Antenne

Tabelle 12.5 Materialliste Variante 3

Frequenz f	47 MHz	862 MHz	950 MHz	2400 MHz
Eingangspegel L	73,0 dBµV	73,0 dBµV	75,0 dBµV	75,0 dBµV
V1	100,9 dBµV	100,4 dBµV		
D1	77,2 dBµV	73,1 dBµV	56,5 dBµV	60,2 dBµV
D2	77,2 dBµV	73,1 dBµV	56,5 dBµV	60,2 dBµV
D3	72,6 dBµV	70,2 dBµV	56,0 dBµV	54,8 dBµV
D4	72,6 dBµV	70,2 dBµV	56,0 dBµV	54,8 dBµV
D5	72,6 dBµV	70,2 dBµV	56,0 dBµV	54,8 dBµV
D6	69,7 dBµV	64,8 dBµV	53,0 dBµV	47,9 dBµV
D7	69,7 dBµV	64,8 dBµV	53,0 dBµV	47,9 dBµV

Tabelle 12.6 Pegelplan Variante 3

Lösung 12.1.2

Begründung Auswahl der Komponenten für die **Variante 1:**
- Kreuzdipol UE 01 für UKW-Rundumempfang
- UHF-Antenne EB 44 für den terrestrischen TV-Empfang
- Mehrbereichsverstärker VS56A für die Verstärkung der terrestrischen Signale (Verstärkung und Ausgangspegel ausreichend für die Verteilanlage)
- Parabolantenne OA 98 mit Quadro-Speisesystem OD 64 zur Verteilung von 4 ZF-Ebenen (Astra analog und digital), 90 cm Spiegeldurchmesser zur Bereitstellung von Empfangsreserven und möglicher Erweiterung auf EUTELSAT-Empfang
- 4-fach Multischalter DY 54 aktiv zur Verteilung auf derzeit 4 Teilnehmer (erweiterbar, falls Anlage ausgebaut wird)
- Koaxialkabel MK95C, entspricht Anforderungen hinsichtlich Schirmungsmaß und Dämpfung für digitale Verteilanlagen (auch Class A-Spezifikation)
- Die Leitungslängen sind beim Aufmaß aus den Grundrissplänen abzulesen und in den Materiallisten und Pegelplänen berücksichtigt.
- Antennensteckdosen DY 52 und DY 53 als Einzel- bzw. Twin-Anschlussdose für Stichleitungen zu den Empfangsreceivern.

12.2 Übergabe an den Kunden

Lösung 12.2

- Übergabe des Abnahmeprotokolls der ARGE SAT (Anlage A 12.4) mit Besprechung der ausgeführten Leistungen und der eingesetzten Komponenten bzw. der Messwerte
- Installation bzw. Inbetriebnahme der Receiver und Einweisung in die Benutzerführung bzw. Programmierung der Programme in der gewünschten Reihenfolge
- Beschreibung der Menüführung (z. B. für Softwaredownloads bzw. Programmupdates)
- Beschreibung der Vorgehensweise bei Totalausfall der Anlage (Stromversorgung bzw. Leitungsschutzschalter für die Außeneinheit bzw. Umschaltmatrix und Verstärker) bzw. des Receivers (Notbehelf)

12.3 Erweiterung der Anlage

Lösung 12.3

- Erweiterung der Außeneinheit um ein weiteres Speisesystem (OD 64) mit Parabolantenne (OA 98) am gesonderten Mast, da sich der Satellit TÜRKSAT auf 42° Ost befindet und eine schielende Anlage mit Duo-Feed-Adapter aus Pegelgründen ausscheidet (bis 6° Abstand unproblematisch)
- Ersatz des 5/4-Multischalters DY 54 durch einen 9/4-Multischalter DY 94, der 8 Sat-ZF-Ebenen auf 4 Teilnehmer verteilt. Falls Erweiterung auf mehr als 4 Teilnehmer gewünscht, ist Kaskadierung möglich (DY 06 oder DY 08 mit 8 + 1 Eingängen und 6 bzw. 8 Teilnehmeranschlüssen für insgesamt 4 + 6 = 10 bzw. 4 + 8 = 12 Teilnehmer) bzw. der Einsatz einer Umschaltmatrix DY 08 für insgesamt 8 Teilnehmer. Diese Lösungen lassen die Verteilung von 8 Sat-ZF-Ebenen (ASTRA und TÜRKSAT oberes und unteres Band, analog und digital, vertikale und horizontale Polarisation) und die Einspeisung von terrestrischen Programmen zu. (Abb. 12.4)
- Der Empfangskonverter wird für den Empfang von TÜRKSAT 42° Ost um ca. 45° gedreht montiert (maximaler Pegel und größtmögliche Polarisationsentkopplung).

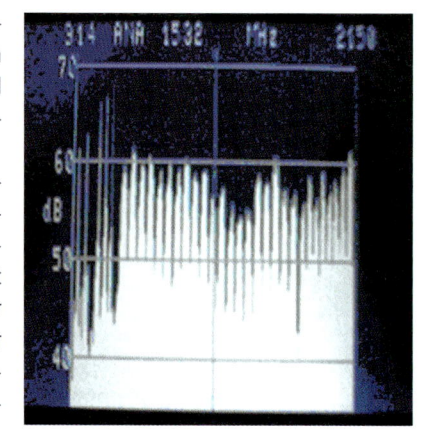

Abb. 12.4
Frequenzspektrum eines Analogsignals am Ausgang einer Umschaltmatrix mit ausreichendem Pegel und Polarisationsentkopplung

12.4 Fehlersuche

Lösung 12.4.1

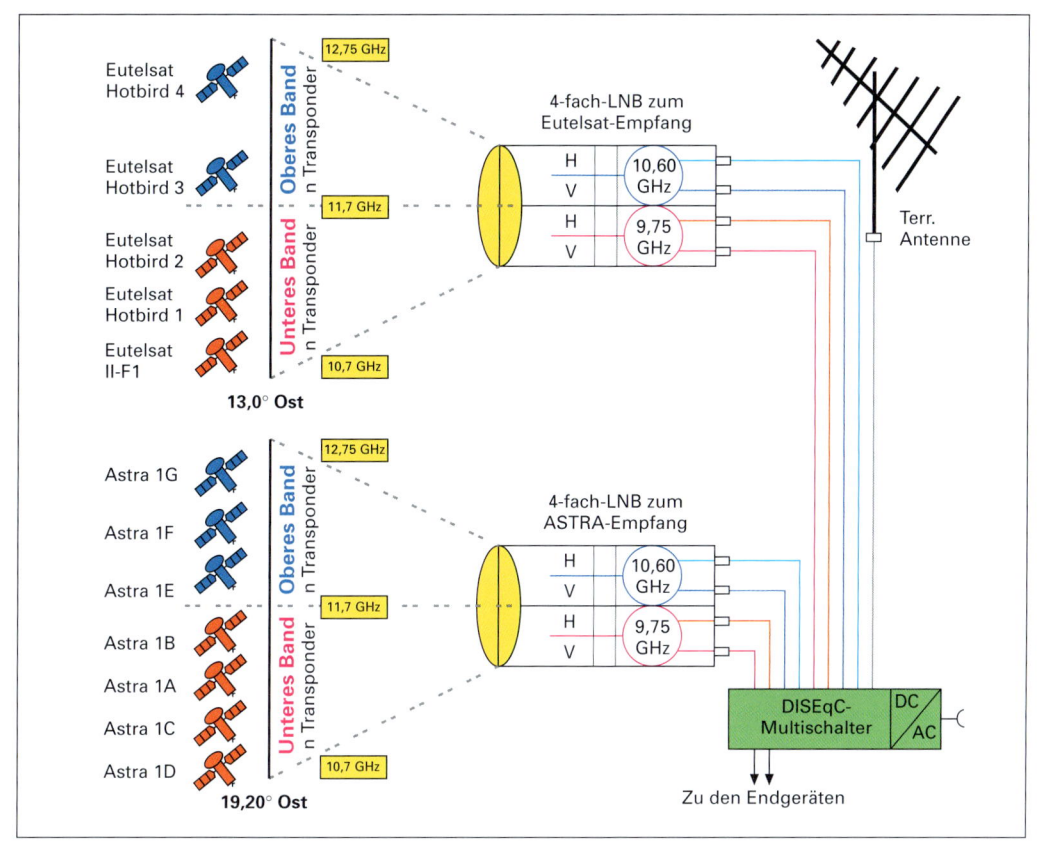

Abb. 12.5 Schema zur Fehlersuche an einer ASTRA-EUTELSAT-Satellitensternverteilanlage

- Kein Bild bzw. verschneit („Fische"), Receiver zeigt „kein Signal".
  Unterbrechung Signalweg LNB – Umschaltmatrix – Leitungssystem-Teilnehmerdose – Anschlusskabel – Receiver – Stromversorgung Matrix.

- Auf ASTRA sind Programme nur teilweise zu empfangen.
  Polarisationsumschaltung Umschaltmatrix, Receiver oder Empfangskonverter defekt.
  Durch Test mit anderen Receivern bzw. Teilnehmerausgängen ist eine Lokalisierung bzw. Eingrenzung des Fehlers möglich.
  Zeigt sich mit einem ordnungsgemäßen Receiver an allen Teilnehmeranschlussdosen dieser Fehler, ist wahrscheinlich die Polarisationsumschaltung (14/18-Volt-Umschaltspannung) des Speisesystems bzw. der Umschaltmatrix defekt. Wenn dieser Fehler nur an einem Teilnehmer festgestellt wird (das kann vom Kunden durch Austausch des Receivers leicht lokalisiert werden) ist die Polarisationsumschaltung an der Umschaltmatrix (Switch) defekt und muss ersetzt werden.

- ASTRA-Empfang einwandfrei, EUTELSAT-Empfang nicht möglich.
  Eventuell sind der Empfangskonverter Speisesystem 2 oder Umschaltmatrix bzw. die Stromversorgung für diese Komponenten defekt, falls auch andere Teilnehmer im Verteilsystem diesen Fehler bemängeln. Ansonsten ist die Positionsumschaltung im Receiver fehlerhaft (Bedienung, Programmierung oder Defekt des Gerätes). Ein Reset auf Werkseinstellungen (DiSEqC-Grundeinstellungen) ist ratsam.

- Free-to-Air-Empfang O. K., Pay-TV-Empfang nicht möglich.
  CAM (**Conditional-Access-Module**, dt.: **Modul für bedingten Zugriff**) bzw. Kartenfreischaltung überprüfen, Benutzerführung (Menü) am Sat-Receiver (Settop-Box) mit dem Kunden kontrollieren.

12 Planung und Installation einer Satellitenempfangsanlage

- Kunde empfängt mit eigenem Receiver (nachträglich installiert) nur einen Teil der Programme.
  Da die nachträgliche Installation durch den Endkunden erfolgt ist, sollte nachgefragt werden, ob der angeschlossene Receiver digitaltauglich ist (oberes Band), bzw. über den erforderlichen Eingangsfrequenzbereich (Altgeräte oft nur bis 1700 MHz bzw. 1950 MHz) verfügt.

- Ein Programm des ASTRA-Empfangs ist mit störenden Streifen unterlegt (Störung tritt nur zeitweise auf).
  Nachfragen, ob sich im Haushalt DECT-Telefone oder andere Geräte, die in diesem Frequenzbereich arbeiten, befinden. Strukturierte Fehlereingrenzung durch Zu- und Abschalten bzw. Entfernen dieser Geräte bzw. Darstellung/Untersuchung mit einem Spektrumanalysator.

Frequenz	Kanäle	Belegung mit
47 – 54 MHz	K 02	DAB-Ausweichkanal
111 – 118 MHz	S 02	VOR, ILS (Drehfunkfeuer, Instrumentenlandesystem, bundesweit)
118 – 125 MHz	S 03	Flug-Sprechfunk (regional)
132 – 139 MHz	S 05	Flugfunk
139 – 146 MHz	S 06	Funkamateur
153 – 160 MHz	S 07 – S 09	Mobilfunk im alten B-Netzbetrieb, z. B. Taxifunk
167 – 174 MHz	S 10	BOS (Behörden und Organe mit Sicherheitsaufgaben, bundesweit)
174 – 181 MHz	K 05	ERMES-Tonstörung
223 – 230 MHz	K 12	DAB-Hauptkanal
302 – 310 MHz	S 21	schnurlose Telefone CT 2, Instrumentenlandesysteme
382 – 406 MHz	S 31 – S 33	TETRA-BOS
446 – 470 MHz	S 35 – S 36	Datenfunk
438 – 446 MHz	S 38	C-Netz-Telefon
446 – 470 MHz	S 39 – S 41	Funkrufdienste (Quix, C-Netz, …)
1451 – 1492 MHz	–	DAB L-Band
1710 – 1785 MHz	–	E-Netz-Telefon, Senden
1805 – 1880 MHz	–	E-Netz-Telefon, Empfangen
1880 – 1900 MHz	–	DECT (Digital European Cordless Telephone)
1920 – 1980 MHz	–	UMTS (Universal Mobile Telephone Service)

Tabelle 12.7 Potenzielle Störfrequenzen (z. B. DECT)

12.4.2 Lösung

- Kein Bild bzw. Bild verschneit („Fische"), Receiver zeigt „kein Signal".
  Eingrenzung des Fehlers mit Satellitenmessempfänger (Abb. 12.6) Pegel- bzw. Spektrumsmessungen vom LNB (Antenne verdreht?) über Umschaltmatrix (Eingänge und Ausgänge kontrollieren, Spannungsversorgung?) und Teilnehmerdosen (Kontakte und Anschlüsse) durchführen.

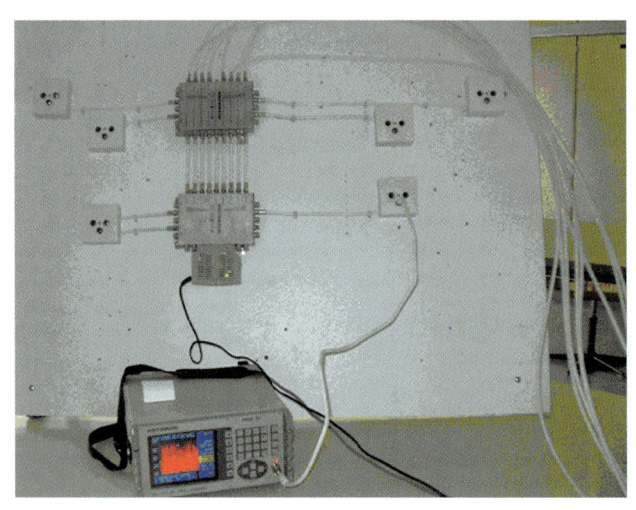

Abb. 12.6
Fehlersuche mit einem Satellitenmessempfänger an einem Modell einer Satellitenverteilanlage

Lösungen 12

- Auf ASTRA sind Programme nur teilweise zu empfangen.
Siehe Lösung 12.4.1 ab der Außeneinheit Richtung Receiver, falls an allen Teilnehmeranschlussdosen ein Fehler vorhanden ist oder ab der Teilnehmerdose Richtung Außeneinheit, falls nur an einem Teilnehmer der Fehler bemängelt wird.

- ASTRA-Empfang einwandfrei, EUTELSAT-Empfang nicht möglich.
Alle Teilnehmer haben Probleme beim Mehrsatellitenempfang: Fehlersuche von Außeneinheit Richtung Multischalter.
Nur ein Teilnehmer hat Probleme beim Mehrsatellitenempfang: Fehlersuche von Teilnehmeranschlussdose (bzw. Satellitenreceiver) in Richtung ZF-Verteilung (Multischalter).

- Free-to-Air-Empfang O. K., Pay-TV-Empfang nicht möglich.
Mit Messempfänger (integrierter MPEG-Decoder bzw. Decoder zum Empfang von verschlüsselten Programmen mit freigeschalteter Karte) oder Receiver am Teilnehmerausgang kontrollieren, Bitfehlerratenmessung durchführen (eventuell analoger Empfang O. K., digitaler Empfang fehlerhaft).

- Kunde empfängt mit eigenem Receiver (nachträglich installiert) nur einen Teil der Programme.
Fehlersuche wie unter Lösung 12.4.1 beschrieben

- Manche Teilnehmer empfangen alle Ebenen und Positionen, ein Teilnehmer empfängt nur eine Ebene bzw. eine Position.
Fehlersuche von Anschlussdose (eventuell Receiver defekt bzw. Einstellungen fehlerhaft) bis zum jeweiligen Ausgang der Umschaltmatrix.

- Zeitweise Aussetzer des ASTRA-Empfangs für alle Teilnehmer.
Korrosion oder fehlerhafte Verbindungen zwischen ASTRA-Außeneinheit und Eingängen der Umschaltmatrix bzw. defekter ASTRA-Empfangskonverter (Sichtprüfungen und Messungen mit Messempfänger eventuell Langzeitmessungen der Bitfehlerrate und Pegel). In seltenen Fällen bei 9/x-Umschaltmatrizes Eingangsumschaltungen für Speisesystem 1 defekt.

- Nach Anschluss eines digitalen Receivers im WZ (Anlage A 12.1, EG Pos. 2, Variante 1) anstelle des analogen Receivers bemängelt Kunde verstärkt „Klötzchenbildung", vorher war der Empfang einwandfrei.
Pegel (Bitfehlerrate) waren für analogen Empfang ausreichend, Kontrolle der Pegel und BER (eventuell Langzeitmessung) an der beanstandeten Teilnehmerdose (Abb. 12.7). Die Bitfehlerrate sollte kleiner $1 \cdot 10^{-8}$ sein (s. Anlage A 12.4, Abnahmeprotokoll Seite 5).

Abb. 12.7
Auswertung des Empfangspegels und der Bitfehlerrate (BER) „Bit-Error-Rate" (engl.) mit einem Satellitenmessempfänger (hier ein Beispiel für schlechten Empfang)

- Im ansonsten guten Satellitenempfang sind Geisterbilder festzustellen.
Eventuell Fehlausrichtung der Antenne oder zu kleiner Spiegeldurchmesser (Einfluss von anderen Satellitenpositionen), Einfluss durch Reflexionen von benachbarten Gebäuden oder metallischen

12 Planung und Installation einer Ssatellitenempfangsanlage

Flächen bzw. Stromleitungen oder Richtfunkstrecken möglich, Schirmungsmaß bzw. alle aktiven und passiven Komponenten (und auch Leitungen) kontrollieren (Steckverbindungen, F-Verbindungen usw.). Dazu ist professionelle Messtechnik und Erfahrung mit diesen Geräten erforderlich.

- Zeitweise (insbesondere bei feuchtem Wetter) ist kein bzw. nur ein eingeschränkter ASTRA-Empfang möglich
  Falls der EUTELSAT- Empfang bei einer Multifeedanlage störungsfrei ist, kann von einer einwandfreien Ausrichtung der Außeneinheit ausgegangen werden und der Fehler ist beim ASTRA-LNB bzw. den Verbindungen (F-Stecker) vom ASTRA-Empfangskonverter bis zur Umschaltmatrix zu suchen. Die Verbindungen an der Außeneinheit sind ganzjährig der Witterung ausgesetzt und können korrodieren. Wenn dieser Fehler ausgeschlossen werden kann, ist der Pegel am ASTRA-LNB zu kontrollieren und die Antenne eventuell neu auszurichten.
  Neben schraubbaren F-Steckern, haben sich F-Crimp- und F-Kompressionsstecker in der Praxis bestens bewährt.

Abb. 12.8
a) F-Schraubstecker   b) F-Crimpstecker   c) F- Kompressionsstecker

Diese Verbindungen zeichnen sich durch gute, reproduzierbare Übertragungs- und Schirmdämpfungswerte aus. Besonders wichtig ist, wie bei allen elektrischen Verbindungen, das Zusammenwirken von Stecker, Kabel, Werkzeug und dessen sorgfältige Handhabung, um eine langfristige Verbindungsqualität zu gewährleisten.

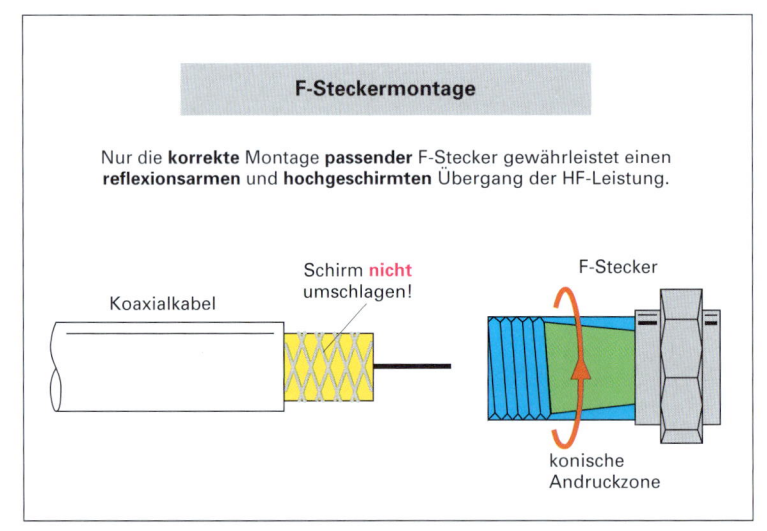

F-Steckermontage

Nur die **korrekte** Montage **passender** F-Stecker gewährleistet einen **reflexionsarmen** und **hochgeschirmten** Übergang der HF-Leistung.

Anlage A 12.5 auf CD

Abb. 12.9
Fachgerechte Montage eines schraubbaren F-Steckers

Neben der Zuverlässigkeit, dem Schutz vor eindringender Feuchtigkeit und hervorragenden Kopplungswiderständen stellen Crimp- und Kompressionsstecker eine sehr zeit- und kostensparende Verbindungstechnik dar. Abb. 12.9 zeigt die fachgerechte Montage eines F-Schraubsteckers. Auf der CD in der Anlage A 12.5 befindet sich eine ausführliche Herstelleranleitung zur fachgerechten Montage eines F-Kompressionssteckers.

13 Planung und Installation einer Breitbandkommunikations (BK)-Verteilanlage (DVB-C = Digital Video Broadcasting-Cable)

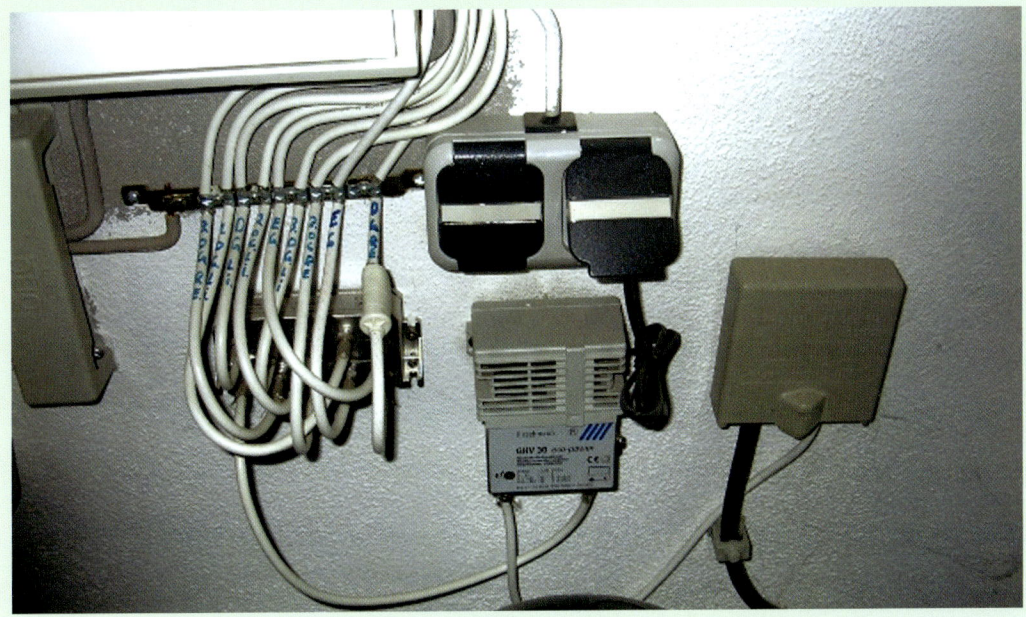

Projektbeschreibung

Ein unterkellertes Wohnhaus mit zwei Etagen und ausgebautem Dachgeschoss (siehe Anlage A 12.1, Pläne) ist mit einem Kabelanschluss einer privaten Kabelbetreibergesellschaft versehen. Der Einspeisepunkt Position 1 und die Verteilung für das Kabelfernsehen sind im Keller (Anlage A 12.1, Position 1, Grundriss Kellergeschoss) vorzunehmen.

Die Verteilstruktur ist zukunftssicher zu planen. Bei nicht sternförmig verlegten Anschlussdosen, ist für weitere Dienste eine TAE- bzw. UAE-Dose vorzusehen, damit die BK-Anlage rückkanaltauglich ist.

Der Bauherr wünscht im Wohn- und Esszimmer des EG jeweils zwei Antennendosen, im Schlafzimmer und in den Kinderzimmern des 1. OG jeweils eine Antennendose und im DG des Wohnhauses sollen zwei Antennendosen in den Gästezimmern installiert werden. Die Verlegung in das DG kann über Kabelkanäle an der Außenwand erfolgen, die anderen Antennendosen sind über vorhandene Leerrohre anzufahren. In das Dachgeschoss sollen die Leitungen mit einer Leitungsreserve von 20 m versehen werden, falls im Zuge einer Renovierungsmaßnahme die Installationsart geändert wird.

Alle aktiven und passiven Komponenten sollen in den Blitzschutz (Potenzialausgleich usw.) integriert werden.

Eine Stromversorgung 230 V für die aktiven Verteilkomponenten ist vorzusehen. Der Aufbau hat nach den gültigen VDE-, EN- und DIN-Bestimmungen vorgenommen zu werden.

Es sind ausschließlich Class-A-Komponenten zu verwenden.

Anlage A 12.1 auf CD

13 Planung und Installation einer Breitbandkommunikations (BK)-Verteilanlage

Aufgaben

13.1 Entwerfen einer Hausanlage für einen Kabelanschluss

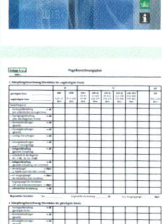

13.1.1 Erarbeiten Sie einen Realisierungsvorschlag unter Nutzung der Anlage A 12.2, Produktkataloge. Erstellen Sie dazu eine Installationsskizze der gesamten Anlage mit Materialliste und Pegelplan. Nutzen Sie dazu den Pegelberechnungsplan in Anlage A 12.3.

13.1.2 Begründen Sie die Auswahl der Komponenten.

Anlagen A 12.2, A 12.3 und A 12.4 auf CD

13.2 Aufbauen und Einpegeln der geplanten Anlage

13.2.1 Beschreiben Sie Ihre Vorgehensweise beim Aufbau und Einpegeln der Anlage.

13.2.2 Welche besonderen Punkte (Pegelreduzierung, Schräglage usw.) gilt es dabei zu beachten?

13.3 Übergabe der Anlage an den Kunden

Beschreiben Sie stichwortartig die Übergabe der Anlage an den Kunden. Nutzen Sie dazu das Abnahmeprotokoll in der Anlage A 12.4.

13.4 Beratung über eine mögliche Erweiterung der Anlage

Beschreiben Sie dem Kunden die Möglichkeiten der Erweiterbarkeit der Anlage für:
a) zusätzliche Teilnehmer
b) Rückkanaltauglichkeit
c) Einspeisung von SAT-Programmen
d) Sperren eines Teilnehmers
e) Einspeisung von digitalen Programmen (DVB-C)

13.5 Systematische Fehlersuche in einer Breitbandkommunikations-Verteilanlage

Beschreiben Sie die systematische Fehlersuche und machen Sie Lösungsvorschläge bei folgenden Fehlern bzw. Fehlermöglichkeiten an einer BK-Anlage:
- große Pegelunterschiede an den verschiedenen Teilnehmerdosen messbar
- Programme im oberen Sonderkanalbereich bzw. bei hohen Frequenzen sind verrauscht; in den unteren Frequenzbereichen ist keine sichtbare Beeinträchtigung feststellbar
- In allen Programmen wandert vertikal im Bild eine Rauschzone, bzw. es ist ein ganz leichter Brummton zu vernehmen.
- An allen Teilnehmeranschlussdosen ist ein Totalausfall des Empfangs festzustellen.

Lösungen

Die Projektaufgabe wurde exemplarisch mit WISI-Komponenten und einer WISI-Planungssoftware realisiert. Die Aufgabe lässt sich auch mit anderen Herstellerprodukten (Kathrein, Technisat, Astro usw.) lösen.

13.1 Entwerfen einer Hausanlage für einen Kabelanschluss

Lösung 13.1.1 Installationsskizze mit Materialliste und Pegelplan

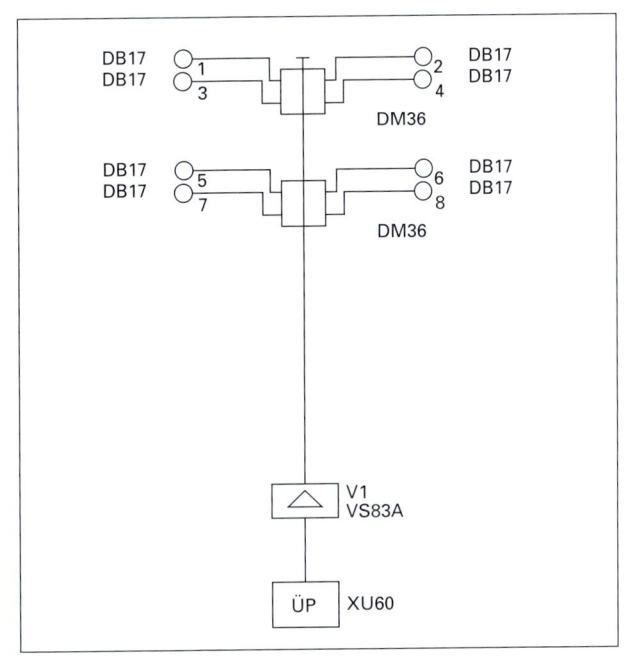

Abb. 13.1 Installationsskizze

Pos.	Stück/Meter	Typ	Bezeichnung
1	1	DV24	Abschlusswiderstand F-Technik
2	8	DB17	Antennendose (Stichdose)
3	136	MK95C0100	Koax-Kabel 75 Ohm 100M Blister
4	13	DV55	Kabelstecker-F F. MK90
5	2	DM36	4-fach-Abzweiger 4–862 MHz 3/14 dB
6	1	VX83A	Hausanschluss-Verstärker 28–31 dB
7	1	XU60	Hausübergabepunkt

Tabelle 13.1 Materialliste

Frequenz f	47 MHz	862 MHz
Eingangspegel L	63,0 dBµV	60,0 dBµV
V1	91,0 dBµV	90,9 dBµV
D1	72,3 dBµV	68,6 dBµV
D2	71,3 dBµV	67,6 dBµV
D3	70,8 dBµV	67,1 dBµV
D4	70,3 dBµV	66,6 dBµV
D5	75,5 dBµV	72,4 dBµV
D6	74,5 dBµV	71,4 dBµV
D7	74,0 dBµV	70,9 dBµV
D8	73,5 dBµV	70,4 dBµV

Tabelle 13.2 Pegelplan

13 Planung und Installation einer Breitbandkommunikations (BK)-Verteilanlage

Lösung 13.1.2 Komponentenauswahl

- Hausübergabepunkt XU 60, falls nicht vom Kabelbetreiber gestellt
- Hausanschlussverstärker VX 83A mit notwendiger Verstärkung und ausreichend großem maximalen Ausgangspegel bzw. Entzerrungsmöglichkeiten (Schräglage)
- 2 Stück 4-fach-Abzweiger DM 36 zur Verteilung (Etagenstern) bzw. Entkopplung der Teilnehmeranschlüsse
- Koaxialkabel MK95C, welches die Anforderungen hinsichtlich Schirmungsmaß (Class A für analoge und digitale Verteilung) und Dämpfungsmaß erfüllt.
- Antennenstichdosen DB 17 mit ausreichender Entkopplung (Richtkopplertechnik) und Dämpfung/Schirmungsmaß
- Abschlusswiderstand DV24 (75 Ohm) zur Vermeidung von unerwünschten Reflexionen bei nicht abgeschlossenen Leitungen

13.2 Aufbauen und Einpegeln der geplanten Anlage

Lösung 13.2.1

- Beim Aufbau und bei der Konfektionierung der Steckverbindungen auf gute Kontakte achten (passende F-Stecker sorgfältig montieren und mit richtigem Anzugsmoment festschrauben, evtl. Werkzeug des Herstellers benutzen).
- Biegeradien einhalten, um Reflexionen zu vermeiden.

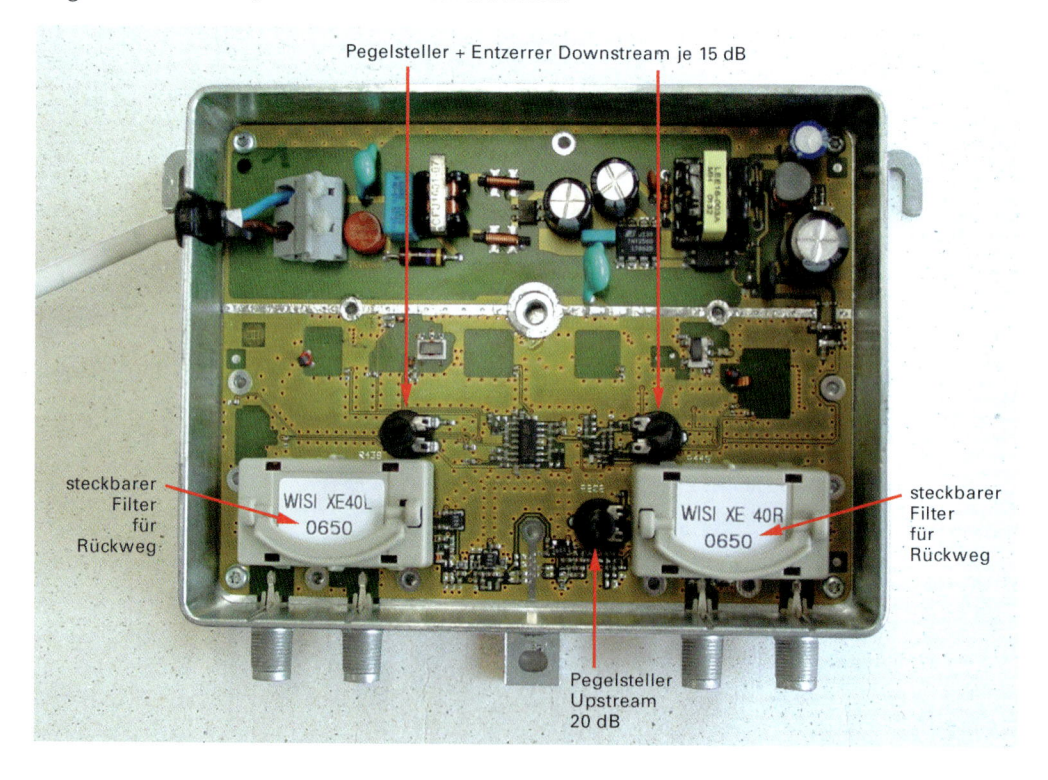

Abb. 13.2 Innenansicht BK-Verstärker mit Einsteller für Pegel und Entzerrung

- Ausgangspegel einstellen (minimale Pegel an den Teilnehmeranschlussdosen einhalten, maximale Pegel kontrollieren, Ausgangspegel am Verstärker überprüfen und nach Korrektur kontrollieren.

Verstärkerkorrekturwerte (BK) in Abhängigkeit der belegten Kanäle

Anzahl der belegten Kanäle	2	3	4	5	6	7	8	BK
Katalogkorrekturwert	0 dB	−2 dB	−3 dB	−4 dB	−5 dB	−5,5 dB	−6 dB	Tabelle

Die Verstärkung sollte soweit eingestellt werden, dass an der am schlechtesten versorgten Teilnehmeranschlussdose die Mindestpegel in allen Kanälen eingehalten werden. Anschließend ist an der am besten versorgten Dose der maximale Pegel zu überprüfen. Wenn die Verteilstruktur es zulässt (bei Sternverteilungen immer) sollte ein mittlerer Pegel angestrebt werden (z. B. TV analog 70 dBμV, siehe Anlage A 12.3, Tabelle Nutzpegel, und Anlage A 12.2, Produktkatalog).

- Die Entzerrung hat soweit zu erfolgen, dass ein möglichst linearer Frequenzgang über das gesamte übertragene Spektrum entsteht. Dadurch werden Pegeldifferenzen und frequenzabhängige Dämpfungen der Verteilkomponenten soweit möglich kompensiert. (Messungen der Pegel am oberen und unteren Ende des Spektrums und Justage auf linearen Pegelverlauf.) Entzerrung (Schräglage) mit dem Einsteller am Verstärker so justieren, dass sich am unteren Ende (f = 47 MHz) und am oberen Ende (f = 862 MHz) des Frequenzbandes ungefähr gleiche Pegelverhältnisse einstellen.

- Messung der Bitfehlerraten (BER) und Modulationsfehlerraten (MER bei Kabelnetzen), Übernahme der Messwerte in das Übergabeprotokoll.

Lösung 13.2.1

Besonders zu beachten bei Pegelreduzierung, Schräglage usw. sind:

- maximalen Ausgangspegel am Verstärker aus dem Datenblatt Anlage A 12.2, Produktkatalog, entnehmen (113 dBμV bei 60 dB IMA 3. Ordnung bzw. 102 dBμV bei 60 dB IMA 2. Ordnung beim Verstärker WISI Typ VX 83A) und nach Anzahl der übertragenen TV-Programme nach unten korrigieren (Rundfunkprogramme gelten wie 1 TV-Kanal, z. B. 8 Kanäle bedeuten – 6 dB Korrektur, d. h. maximaler Ausgangspegel beträgt nach IMA 3. Ordnung 113 dBμV – 6 dB = 107 dBμV).

- Einstellung des Ausgangspegels mit dem Verstärkungseinsteller, damit an der am schlechtesten versorgten Dose die Minimalpegel eingehalten werden (Verstärkung beträgt beim Typ VX 83A 28 bis 31 dB, Dämpfung kann bis – 20 dB eingestellt werden).

- Kontrolle des Ausgangspegels an der bestversorgten Teilnehmeranschlussdose bei der niedrigsten und der höchsten zu übertragenden Frequenz.

- Die Schräglage ist beim gewählten Verstärker VX 83A mit 3 dB fest voreingestellt, die Typen VX 83B bzw. VX 83B 0650 lassen eine variable Entzerrung von 3 bis 18 dB zu. Dies ist insbesondere bei langen Leitungen und komplexen Verteilstrukturen erforderlich.

13.3 Übergabe der Anlage an den Kunden

Lösung 13.3

- Übergabe des Abnahmeprotokolls der ARGE SAT (Anlage A 12.4) mit Besprechung der ausgeführten Leistungen und der eingesetzten Komponenten bzw. der Messwerte zum Zeitpunkt der Übergabe mit Gegenzeichnung des Kunden wegen eventuellen Gewährleistungsansprüchen.

- Installation bzw. Inbetriebnahme der TV-Empfänger (evtl. Rundfunkempfänger) und Einweisung in die Benutzerführung bzw. Programmierung der Programme in der gewünschten Reihenfolge.

- Beschreibung der Vorgehensweise bei Totalausfall der Anlage (Stromversorgung bzw. Leitungsschutzschalter für den/die Verstärker), Tipps für den Kunden zur Behebung von kleineren Störungen.

13.4 Beratung über eine mögliche Erweiterung der Anlage

Lösung 13.4

a) zusätzliche Teilnehmer:
Mit weiteren Abzweigern DM 36 und Teilnehmeranschlussdosen (Stichdosen DB 17) möglich, bzw. Austausch eines oder mehrerer Abzweiger durch Typen mit mehr als 4 Abzweiganschlüssen (z. B. DM 36, DM 38, DM 39 usw.). Dabei ist erneutes Einpegeln der Anlage und anschließende Pegelkontrolle durch den Fachbetrieb erforderlich.

13 Planung und Installation einer Breitbandkommunikations (BK)-Verteilanlage

b) Rückkanaltauglichkeit:
Bei reinen Sternstrukturen ist die Rückkanaltauglichkeit immer gegeben, bei Etagensternstrukturen bzw. Mischstrukturen ist sie oft nur bedingt möglich. Deshalb durch Montage einer TAE- bzw. UAE-Anschlussdose als Kombination mit der TV/RF-Anschlussdose (Multimediaanschlussdosen) eine Rückkanaltauglichkeit vorsehen.

c) Einspeisung von SAT-Programmen:
Durch Verwendung von satellitentauglichen Komponenten kann in eine Stern- bzw. Etagensternstruktur die SAT-ZF eingeschleust werden. (Frequenzbereich, Dämpfung und Schirmungsmaß aller aktiven und passiven Verteilkomponenten sowie Leitungen und Anschlussdosen kontrollieren.) Alternativ besteht die Möglichkeit 1– 4 Satellitenprogramme via Remodulator (Kanalumsetzung) in das BK-Netz einzuspeisen. Der Vorteil besteht darin, dass keine weiteren Endgeräte (Satellitenreceiver oder Settopboxen) notwendig sind.
Künftige Installationen sollten Kombinationen von BK-, Terrestrik- und Sat-ZF-Verteilstrukturen (Abb. 13.3) durch strukturierte Sternverkabelung (austauschbar in Leerrohren verlegt und von Energieleitungssystemen getrennt) zulassen, um offen für alle Programmangebote zu sein. Des Weiteren sollten die vorhandenen Daten- bzw. Telefondienste mit in das Verteilnetz integriert (TK-Overlay) werden, um weitere Dienste, wie Pay-TV oder Internet via Satellit, die einen Rückkanal erforderlich machen, zu ermöglichen.

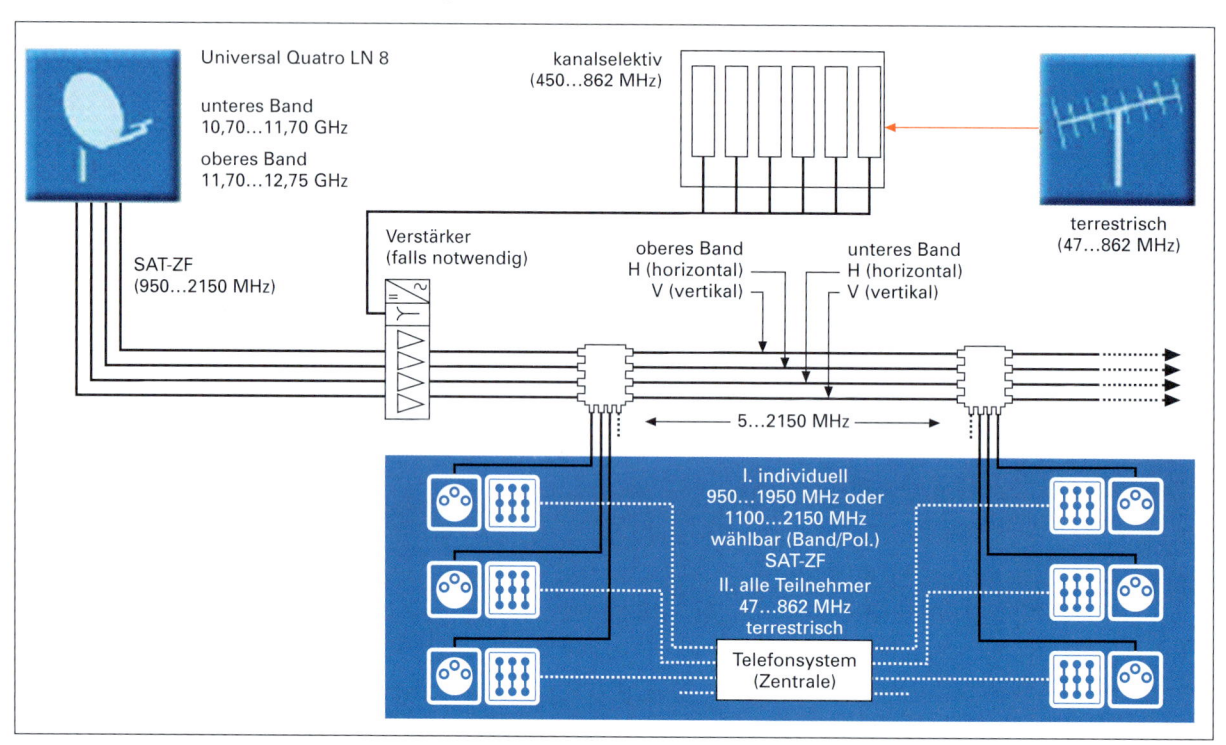

Abb. 13.3 Strukturierte BK-, Terrestrik- und Sat-ZF-Verteilung mit TK-Overlay

d) Sperren eines Teilnehmers bzw. einer Teilnehmeranschlussdose:
Bei Etagenstern- und Sternstrukturen ist dies einfach und wirkungsvoll möglich. Bei Misch- und Baumstrukturen kann das Sperren mittels Sperrdosen vom Kunden relativ leicht in seiner Wohnung umgangen werden, bei den eingangs erwähnten Verteilstrukturen kann die Sperrung an den nicht für die Öffentlichkeit zugänglichen Verteilkomponenten (z. B. durch Filter) vorgenommen werden.

e) Einspeisung von digitalen Programmen (DVB-C):
Bei der Verwendung von digitaltauglichen Komponenten insbesondere auf das Schirmungsmaß (z. B: Spezifikation Class A) bzw. dem Frequenzbereich der Bauelemente achten. Die Erweiterung der oben beschriebenen Anlage ist problemlos mit den verwendeten Komponenten möglich. Der Kunde soll-

te darüberhinaus umfassend über die notwendigen Endgeräte (Settop-Boxen, DVB-C-Receiver) für den Empfang von DVB-C-Programmen bzw. von kostenpflichtigen Programmangeboten z. B SKY-HD informiert werden.

13.5 Systematische Fehlersuche in einer Breitbandkommunikations-Verteilanlage

Lösung 13.5

- Große Pegelunterschiede an den verschiedenen Teilnehmerdosen messbar.
  Zunächst Pegel bei verschiedenen Frequenzen nach dem Verstärker mit einem Antennenmessgerät (Spektrum) kontrollieren. Falls die Pegelunterschiede nicht auf eine fehlerhafte Entzerrung bzw. auf Defekt des Verstärkers zurückzuführen sind, ist auf eine ordnungsgemäße Terminierung von freien Leitungsenden bzw. offenen Ausgängen von Verteilern und Abzweigern zu achten, bzw. sind diese zu kontrollieren.
  Bei manchen Abzweigern ist die Terminierung nicht vorgeschrieben, wenn die Abzweigung bzw. Entkopplung so groß ist, dass der Einfluss auf die anderen Teilnehmer vernachlässigbar ist (siehe Datenblatt Anlage A 12.2, Produktkatalog).

- Programme im oberen Sonderkanalbereich bzw. bei hohen Frequenzen verrauscht; in den unteren Frequenzbereichen sind keine sichtbaren Beeinträchtigungen feststellbar.
  Fehlerhafte Entzerrung bzw. Schräglageneinstellung oder der Verstärker ist defekt. Ausgangspegel am Übergabepunkt und am Ausgang des Hausanschlussverstärkers kontrollieren (über das gesamte Frequenzspektrum).

- In allen Programmen wandert vertikal im Bild eine Rauschzone bzw. es ist ein ganz leichter Brummton zu vernehmen.
  Eventuell fehlerhafter Hausanschlussverstärker (Glättung bzw. Siebung im Netzteil defekt), d. h. 50-Hz-Brummen macht sich im Bild bzw. Ton bemerkbar.

- Totalausfall des Empfangs an allen Teilnehmerdosen.
  Stromversorgung des Hausanschlussverstärkers ausgefallen bzw. Hausanschlussverstärker defekt. Einstellungen am Hausübergabepunkt (durch Manipulation) fehlerhaft (Schiebeschalter bzw. Brücke auf Messung, Dämpfung oder Betrieb ein/aus eingestellt usw.) (Abb. 13.4).

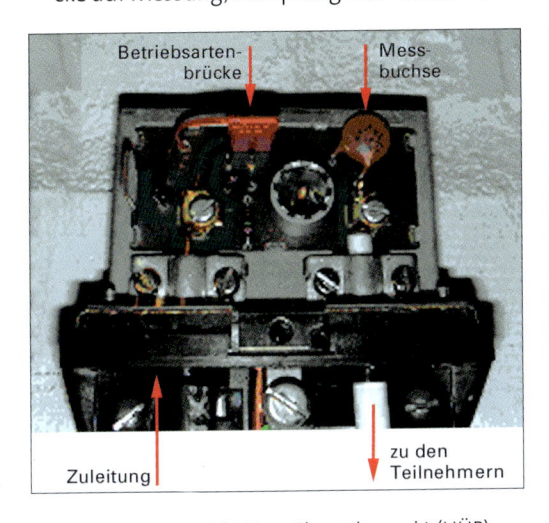

Abb. 13.4 Innenansicht Hausübergabepunkt (HÜP), zwei verschiedene Varianten

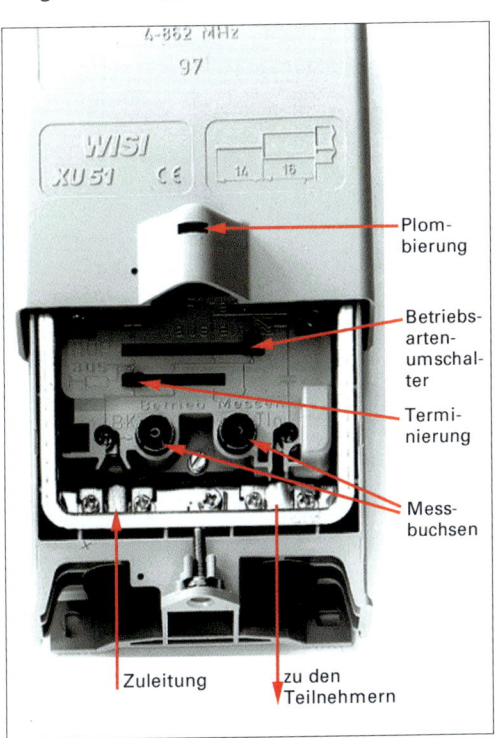

14 Planung und Installation einer DVB-T-Empfangsanlage (Digital Video Broadcasting-Terrestric-Empfangsanlage)

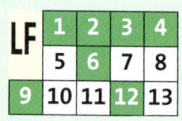

Projektbeschreibung

In einem Mannheimer Vorort bittet eine Kundin Ihren Fachbetrieb für Informations- und Elektrotechnik um Rat, da plötzlich das TV-Signal an der Empfängeranschlussdose im Wohnzimmer ausgefallen ist. Der TV-Empfang im Gästezimmer ist ebenfalls nicht mehr möglich. Demnach ist ein Defekt am relativ neuen Plasmafernsehgerät im Wohnzimmer wohl nicht die Ursache. Der UKW-Radioempfang allerdings funktioniert ungestört.

Die Kundin hatte bisher über eine relativ neuwertige terrestrische Außenantennenanlage (Abb. 14.1) einen sehr guten Empfang von vier öffentlich-rechtlichen TV-Sendern und der lokalen UKW-Rundfunksender, womit sie sehr zufrieden war.

Abb. 14.1
Terrestrische Antennenanlage für TV- und Rundfunkempfang

Aufgaben

14.1 Systematische Fehlersuche mit einem Messempfänger

Beschreiben Sie die systematische Fehlersuche vor Ort, bei der Ihnen ein moderner Messempfänger zur Verfügung steht und beziehen Sie in Ihre Überlegungen die Möglichkeit ein, dass die lokalen analogen TV-Sender auf digitale DVB-T-Technik umgestellt worden sind.

14.2 Wichtige Auswahlkriterien für digitales Fernsehen DVB-S, DVB-C und DVB-T

Nach Messungen und Informationen der Sendeanstalten steht fest, dass künftig kein analoger TV-Empfang im Stadt- und Landkreis Mannheim mehr möglich ist, da die Umstellung der Sendeanlagen auf DVB-T erfolgt ist.

Anlagen A 14.1, A 14.2 und A 14.3 auf CD

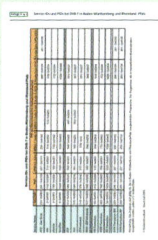

14.2.1 Welche Hintergrundinformationen müssen Sie berücksichtigen, um den Kunden über weitere Schritte, wie die Installation einer DVB-S-, DVB-C- oder einer DVB-T-Empfangsanlage, optimal zu beraten?

14.2.2 Was versteht man unter DVB-S, DVB-C bzw. DVB-T? Erstellen Sie dazu eine Tabelle mit den wichtigsten Eigenschaften (wie Antenne, Empfangsgeräte, Verfügbarkeit, Programmangebot, Einsatzgebiete usw.), die als Beratungsgrundlage für künftige Kundengespräche dienen kann.

14.3 Kundenberatung über Programmangebot, Verfügbarkeit und Ausbau des DVB-T-Sendernetzes

Die Kundin hat sich nach Abwägung der Vor- und Nachteile für eine DVB-T-Anlage entschieden.

14.3.1 Welches Programmangebot steht ihr künftig zur Verfügung?

14.3.2 Woher können Informationen zu Ausleuchtzone, Verfügbarkeit und Ausbau des Sendernetzes bezogen werden?

14.4 Übergabe der Anlage und Unterweisung des Kunden in die Benutzerführung

Beschreiben Sie die Übergabe der Anlage und die Unterweisung des Kunden in die Benutzerführung.

14.5 Installation einer DVB-T-Antenne

Beschreiben Sie die Überlegungen und Vorgehensweise bei der Montage einer Außeneinheit für den Empfang von DVB-T-Sendern (Anlagen A 14.1, A 14.2 und A 14.3).

Digital**V**ideo**B**roadcasting
DVB-S(atellite)   digitales Fernsehsignal über Satellit
   (Digital Video Broadcasting Satellite)
DVB-C(able)   digitales Fernsehsignal über Kabel
   (Digital Video Broadcasting Cable)
DVB-H(andheld)   digitales Fernsehsignal für mobilen Empfang
   (Digital Video Broadcasting Handheld)
DVB-T(errestric)   digitales Fernsehsignal über terrestrische Antenne
   (Digital Video Broadcasting Terrestric)

Lösungen

14.1 Systematische Fehlersuche mit einem Messempfänger

Lösung 14.1

Mit einem TV-Messempfänger (Abb. 14.2), der die Anzeige des Frequenzspektrums zulässt, würden sich beim analogen Fernsehen die zu einem TV-Programm gehörenden Bild- und Toninformationen für ein 7 MHz bzw. 8 MHz breites Frequenzband ergeben, s. Abb. 14.3. Typisch sind hier hohe Pegel beim Bildträger und bei den Tonträgern, während die übrigen Frequenzen im Kanal nur geringe Pegel besitzen.

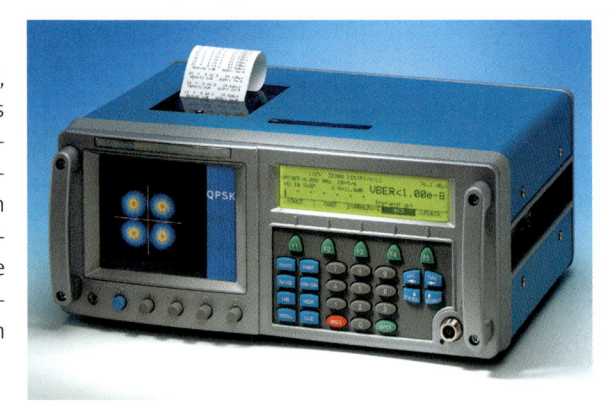

Abb. 14.2 Antennenmessempfänger mit Spektrumdarstellung

Die Messungen an den Empfängeranschlussdosen des Kunden ergeben aber Spektren wie in Abb. 14.4 dargestellt. Hier handelt es sich um ein DVB-T-Signalspektrum, bei dem die Bild- und Toninformationen digitalisiert und nach dem MPEG-2-Standard codiert sind. Weitere Messungen (z. B. an der UHF-Antenne bzw. an den Verteilkomponenten) sind nicht notwendig, da der Fehler eindeutig zuzuordnen ist.

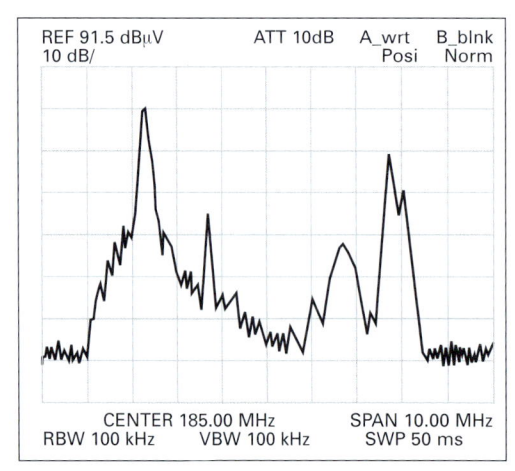

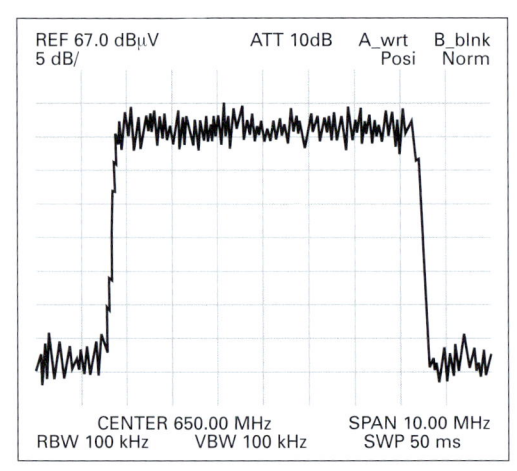

Abb. 14.3 Analoges TV-Signal

Abb. 14.4 Digitales DVB-T-Signal

Damit ist auszuschließen, dass ein Fehler an der terrestrischen Außeneinheit bzw. in der hausinternen Verteilanlage vorliegt. Vielmehr wurde von den Sendeanstalten das analoge TV-Signal abgeschaltet und auf digitale DVB-T-Übertragung umgeschaltet. Mit den analogen TV-Tunern des Kunden ist kein TV-Empfang mehr möglich. Die Kundin hätte aus der Presse bzw. den Medien rechtzeitig über die Umstellung erfahren können.

Lösungen **14**

14.2 Wichtige Auswahlkriterien für digitales Fernsehen DVB-S, DVB-C und DVB-T

Lösung 14.2.1

Digitales Fernsehen DVB steht für **D**igital **V**ideo **B**roadcasting.

Durch die Einführung des digitalen Fernsehens sollen eine bessere Bild- und Tonqualität sowie eine Erweiterung der Nutzungsmöglichkeiten zum Beispiel zur Datenübertragung und Information (z. B. EPG, electronic program guide) erzielt werden. Dazu wurde eine Reihe von weltweit gültigen Standards festgelegt, wobei unterschieden wird, ob das digitale Fernsehsignal über Satellit (DVB-S), Kabel (DVB-C) oder über eine terrestrische Antenne (DVB-T) empfangen wird. Darüber hinaus gibt es noch DVB-H (Digital Video Broadcasting for Handheld Terminals), der als Erweiterung des DVB-T-Standards konzipiert und auf die Besonderheiten von kleinen Displays und den mobilen Empfang ausgerichtet ist.

Mit DVB-T sollen die Programme mittels einer einfachen Stabantenne überall in hoher Qualität zu empfangen sein.

Den verschiedenen DVB-Standards ist gemeinsam, dass Bild, Ton und Zusatzdienste in digitaler Form und bis auf DVB-H nach dem MPEG-2-Verfahren komprimiert übertragen werden. Damit kann man auf einem herkömmlichen Fernsehkanal je nach gewünschter Qualität mehrere Programme gleichzeitig aussenden.

Voraussetzungen für den Empfang:
Um digitale TV- und Radiokanäle zu empfangen, benötigt man einen digitalen Empfänger. Da es bei DVB mehrere Übertragungs-/Empfangsarten, wie zum Beispiel Sat (S), Kabel (C) und terrestrisch (T) gibt, benötigt man einen auf die Übertragsart abgestimmten Empfänger. Somit ergibt es sich, dass DVB-Receiver oder DVB-PCI-Karten (Abb. 14.5 und Abb. 14.6) als DVB-S, DVB-C und DVB-T-Varianten auf dem Markt vorhanden sind.

Abb. 14.5 DVB-S-Receiver

Abb. 14.6 DVB-PCI-Karte

Lösung 14.2.2

Die Übertragungsarten der digitalen Übertragungsverfahren unterscheiden sich nicht nur in der Modulation (also Übertragung) der Signale, sondern auch in der Vielfalt der Programmauswahl und der Qualität des Bildes. Die Tabellen 14.1 und 14.2 zeigen für die Übertragungsarten DVB-S/-C/-T die wichtigsten Unterschiede bzw. Übertragungsparameter.

	DVB-S/S2	DVB-C/C2	DVB-T/T2
Anzahl der Sender	sehr viele Sender > 1000	je nach Kabelanbieter mehrere 100	noch wenige Sender, wird aber ausgebaut ca. 15 – 35
Qualität des Bildes	beste Bildqualität (HDTV)	beste Bildqualität (HDTV)	mittlere Qualität
Hardwarebedarf	neben dem Empfänger, muss eine Satanlage aufgebaut werden	nur der Empfänger + vorhandener Kabelanschluss	Empfänger + Antenne (UHF-Zimmer- oder Außenantenne)

Tabelle 14.1 Übersicht DVB-S/-C/-T bzw. -/2 Senderanzahl, Qualität und Hardwareanforderungen

	DVB-S/S2	DVB-C/C2	DVB-T/T2
Frequenzen	10,7–12,75 GHz	47–470 MHz 470–862 MHz	174–230 MHz 470–862 MHz
Modulation	QPSK / 8PSK / 16APSK / 32APSK	64QAM / 16–256QAM	16QAM / COFDM / 64QUAM
Kanalbandbreite	36 MHz	7 MHz (VHF) 8 MHz (UHF)	7 MHz (VHF) 8 MHz (UHF)
Brutto-Datenrate (max.)	55 MBit/s	41 MBit/s	24 MBit/s
Netto-Datenrate	38,015 MBit/s	38,015 MBit/s	12-24 MBit/s
Datenrate je Programm	3,5-6,5 MBit/s	3,5-6,5 MBit/s	2,5-3,7 MBit/s
Programme pro Kanal	max. 10	max. 12	max. 66

Tabelle 14.2 Übersicht der DVB-S/-C/-T bzw. –2-Übertragungsparameter

14.3 Kundenberatung über Programmangebot, Verfügbarkeit und Ausbau des DVB-T-Sendernetzes

Lösung 14.3

Da für die Kundin das bisher vorhandene Senderangebot hinsichtlich Qualität (analoge Programme, kein HDTV) und Quantität (vier öffentlich-rechtliche Programme) ausreichend war, entscheidet sie sich für die Umstellung auf DVB-T.

Folgende technischen Geräte muss die Kundin für die Umstellung auf DVB-T erwerben:
- einen DVB-T-Tuner zum Einbau in den vorhandenen, noch neuwertigen Plasma-TV
- einen DVB-T-Receiver (Settop-Box) zum Anschluss an den Fernseher im Gästezimmer

Bei der Umstellung auf DVB-T kann die vorhandene terrestrische UHF-Antennenanlage mit Hausverteilstruktur übernommen werden.

Lösung 14.3.1

Der Kundin stehen ab sofort drei Programmbouquets (ARD-Mux, ZDF-Mux und SWR-Mux) mit jeweils vier Programmen zur Verfügung (s. Abb. 14.7).
Bis Ende 2008 war eine ca. 85-%ige Flächendeckung und mindestens 90-%ige Bevölkerungsversorgung vorgesehen (s. Abb. 14.8). Der mobile Im-Haus-Empfang (*portable indoor*; Stabantenne) wird dann auf etwa 20 % der Fläche möglich sein, auf weiteren ca. 20 % ist mobiler Außer-Haus-Empfang (*portable outdoor*; Auto, Zimmerantenne) möglich, und auf den restlichen ca. 45 % ist eine hochwertige stationäre Außenantenne nötig. Durch die Nutzung moderner DVB-T-Empfänger mit mehreren Empfangsteilen (*Diversity*) ist der *portable*-Empfangsbereich mit Stab- und Zimmerantennen jedoch deutlich größer.

Lösung 14.3.2

Die Informationen über Ausleuchtzonen, Senderstandorte und Programmangebot sind ständig aktualisiert im Internet abrufbar (z. B. www.ueberallfernsehen.de).

Lösungen 14

Das Programmangebot in Baden-Württemberg

DVB-T: DasÜberallFernsehen

Beim digitalen Antennenfernsehen DVB-T werden jeweils 4 Programme auf einem Kanal übertragen. Die Programme bilden einen sogenannten Multiplex (kurz Mux).

In Baden-Württemberg werden ausschließlich öffentlich-rechtliche Programme ausgestrahlt. Die privaten Programmveranstalter beteiligen sich nicht an DVB-T. Es werden keine Radioprogramme bei DVB-T ausgestrahlt.

Achtung: Gleichzeitig mit der Einschaltung von DVB-T an den Standorten Aalen, Pforzheim und Waldenburg erfolgen an den bereits genutzten Standorten Stuttgart-Frauenkopf und Heidelberg Kanalwechsel.

Multiplex	Programme
ARD-Mux	Das Erste, arte, PHOENIX, plus
ZDF-Mux	ZDF, 3sat, KiKA/ZDFdokukanal, ZDFinfokanal
SWR-Mux	SWR Fernsehen Baden-Württemberg, BR Bayerisches Fernsehen, hr fernsehen, WDR Fernsehen

Das Programm Kinderkanal wird im zeitlichen Wechsel mit dem Programm ZDFdokukanal gesendet. Kinderkanal 06:00 bis 21:00 Uhr / ZDFdokukanal 21:00 bis 06:00 Uhr

Senderstandort	ARD-Mux	ZDF-Mux	SWR-Mux
Aalen *1	K 53 730 MHz *1	K 23 490 MHz	K 50 706 MHz
Waldenburg *1	K 26 514 MHz		
Stuttgart-Frauenkopf *2			
Hochrhein	K 52 722 MHz	K 33 570 MHz	K 39 618 MHz
Freiburg			
Brandenkopf			
Baden-Baden	K 60 786 MHz	K 33 570 MHz	K 49 698 MHz
Pforzheim *1			
Heidelberg-Königstuhl *2		K 21 474 MHz	
Donaueschingen	K 54 738 MHz	K 22 482 MHz	K 41 634 MHz
Raichberg	K 43 650 MHz	K 22 482 MHz	K 40 626 MHz
Ravensburg			
Ulm			

*1 Inbetriebnahme 5.11.2008   *2 Frequenzwechsel 5.11.2008
*3 Nutzung max. 6 Monate, danach Wechsel auf K 59 (778 MHz)

© Südwestrundfunk   Stand September 2008

Abb. 14.7 Ausschnitt aus einem Pdf-Dokument. Programmangebot DVB-T in Baden-Württemberg (Quelle: www.ueberallfernsehen.de)

14 Planung und Installation einer DVB-T-Empfangsanlage

Abb. 14.8 Übersichtskarte DVB-T-Ausleuchtzonen (Quelle: www.ueberallfernsehen.de)

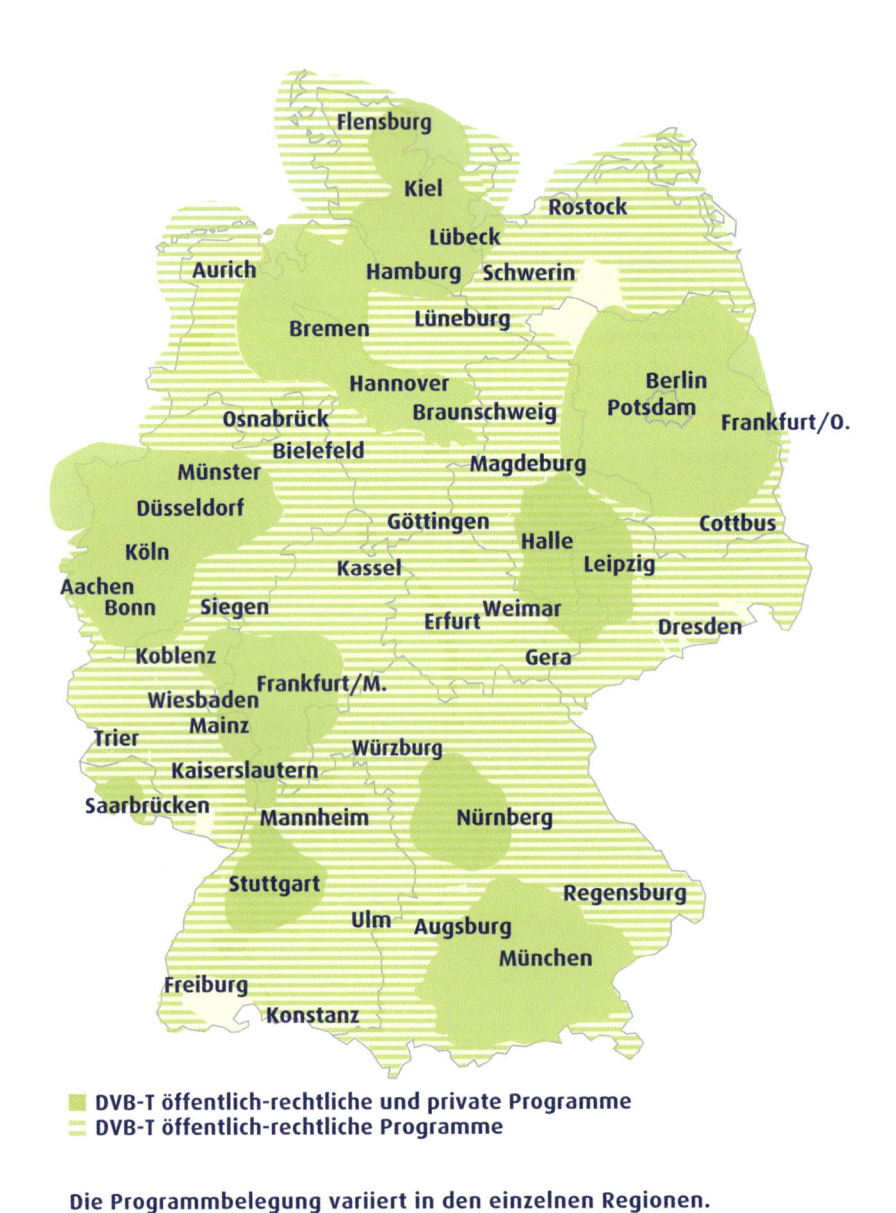

14.4 Übergabe der Anlage und Unterweisung des Kunden in die Benutzerführung

Lösung 14.4

- Übergabe des Abnahmeprotokolls der ARGE SAT mit Besprechung der ausgeführten Leistungen und der eingesetzten Komponenten bzw. der Messwerte. Das Datum der Inbetriebnahme ist für eventuelle Gewährleistungsansprüche wichtig.
- Installation bzw. Inbetriebnahme der Receiver (Settopbox) bzw. TV-Geräte mit integriertem DVB-T-Tuner und Einweisung in die Benutzerführung bzw. Programmierung der Programme in der gewünschten Reihenfolge (nach Herstellerunterlagen)
- Beschreibung der Menüführung (z. B. für Softwaredownloads bzw. Programmupdates)
- Beschreibung der Vorgehensweise bei Totalausfall der Anlage (Stromversorgung bzw. Leitungsschutzschalter für die Außeneinheit eines Receivers (Notbehelf)

14.5 Installation einer DVB-T-Antenne

Lösung 14.5

- Montage einer Richtantenne (Mehrelement-YAGI- oder Reflektorantenne) auf dem Dach (Mastmontage) bzw. Anschluss der Empfänger an eine Zimmerantenne. Die Antennen müssen auf den jeweiligen DVB-T-Senderstandort ausgerichtet werden.
- Bei der Montage und Ausrichtung der Antenne muss die Polarisation des DVB-T-Senders (vertikal bzw. horizontal) berücksichtigt werden.
In Baden-Württemberg und Rheinland-Pfalz werden alle Programme senderseitig horizontal polarisiert ausgestrahlt. Die Empfangsantenne sollte deshalb wie in Abb. 14.9 gezeigt, montiert werden.

Abb. 14.9
UHF-Antenne mit horizontaler Polarisationsausrichtung

- Die Antenne sollte möglichst auf der Seite des Gebäudes montiert werden, die dem Sender zugewandt ist (Sicht- bzw. quasioptische Verbindung).
- In manchen Gebieten wird – z. B. aufgrund von Regionalisierungsanforderungen – das DVB-T-Sendesignal von unterschiedlichen Standorten abgestrahlt. In diesem Fall sind mehrere, entsprechend ausgerichtete Dachantennen über eine Weiche zusammenzuschalten.
- Vorhandene Antennenverstärker werden beim DVB-T-Empfang eventuell nicht mehr benötigt. Sie werden künftig in erster Linie dafür eingesetzt, um in einer Hausverteilanlage mit mehr als zwei Empfängern die Signale zu verstärken bzw. die Anlage zu entkoppeln. Um Übersteuerungen zu vermeiden, sollte die Verstärkung dabei so eingestellt sein, dass nur die Dämpfung durch die nachfolgende Verteilung des Signals ausgeglichen wird. Der Verstärker muss sehr breitbandig ausgelegt sein, da DVB-T COFDM (eine Modulationsart mit 2048, 4096 oder 8192 verschiedenen QAM-modulierten Unterträgern) verwendet und sämtliche Signale im VHF-Bereich (174 bis 230 MHz) und im UHF-Bereich (470 bis 862 MHz) übertragen werden.
- Die Zuleitungskabel (zwischen Antenne und Empfänger) sollten mindestens doppelt abgeschirmt sein (Mindestschirmungsmaß > 90 dB).
- Alle aktiven und passiven Komponenten der Verteilanlage sollten in CLASS-A Technik realisiert werden, um den erhöhten Anforderungen hinsichtlich Schirmungsmaß usw. zu genügen.

- Bei der Verlegung der Leitungen sind die Biegeradien unbedingt einzuhalten. Abgeknickte oder gequetschte Kabel bzw. schlechte Verbindungen (F- bzw. IEC-Stecker und Schraubverbindungen verschlechtern das Signal und können störende Reflexionen (Geisterbilder, Schatten, Totalausfall) bewirken.

- Die Antennenanschlussdosen müssen ebenfalls auf den oben genannten Frequenzbereich ausgelegt sein. Die letzte Antennensteckdose einer Stichleitung muss über einen Endwiderstand verfügen (Vermeidung von Reflexionen, stehende Wellen).

- Optimierung der Ausrichtung der Dachantenne (mit dem Messempfänger) auf maximalen Pegel. Notfalls können – nach erfolgtem Sendersuchlauf – die Pegel- und Qualitätsanzeige des Empfängers (siehe Bedienungsanleitung des Geräteherstellers) verwendet werden. Anschließende Prüfung, ob diese Positionierung hinsichtlich der Empfangspegel auch für die anderen Empfangskanäle in Ordnung ist. Dabei ist es ausreichend, ein Programm je Multiplex zu testen, also z. B. Das Erste, ZDF und Südwest Fernsehen. Sollte die Qualität nach der Optimierung des Aufstellungsortes nicht auf allen Kanälen optimal sein, so können die Antenne auf einen alternativen Senderstandort ausgerichtet, die Höhe und Position der Dachantenne variiert, oder eine Antenne mit einem größeren Gewinn verwendet werden. Bleiben auch diese Maßnahmen erfolglos, so ist ein dauerhaft störungsfreier DVB-T-Empfang nicht gewährleistet und das betreffende Gebiet gilt als unversorgt (s. auch Abb. 14.8 DVB-T-Übersichtskarte). Im Zuge des weiteren DVB-T-Ausbaus können sich die Verhältnisse ändern.

Das DVB-T-Sendesignal ist nach der Inbetriebnahme in aller Regel stabil. Nur sehr selten werden – überwiegend nachts – Wartungsarbeiten an den Sendeantennenanlagen durchgeführt, die zu vorübergehenden Abschaltungen führen. Aufgrund wechselnder Witterungsverhältnisse und den daraus resultierenden Veränderungen bei der Signalausbreitung kann es allerdings am Empfangsort zu Schwankungen im Signalpegel kommen. Bezüglich des Signalpegels ist daher eine Pegelreserve (3 bzw. 6 dB Sicherheitszuschlag) einzuplanen. Anders als beim analogen Empfang, bei dem sich die atmosphärischen Veränderungen bei der Signalausbreitung in zunehmendem Rauschen oder stärkeren Geisterbildern ausdrückten, ist der DVB-T-Empfang sogar bei schwachen Signalen noch sehr gut, bricht aber bei nur geringer Unterschreitung des notwendigen Pegels gänzlich zusammen (Fall off the cliff). In der Folge bleibt der Bildschirm schwarz. Der sehr schmale Bereich zwischen diesen Zuständen ist durch Klötzchenbildung (Brickwall- bzw. Mosaikeffekt), Tonausfälle oder Standbilder gekennzeichnet. Ganze Programmblöcke können verschwinden, und je nach Decoder kommt es zu Tonartefakten (sehr unangenehme, extrem laute Knackgeräusche), dies ein klares Zeichen dafür, dass der Empfang im unteren Grenzbereich liegt. Abb. 14.10 zeigt die Qualität von analogen Empfangssignalen in Abhängigkeit des Träger-Rauschverhältnisses (C/N) im Vergleich zu digitalen DVB-Signalen. Hier ist die Bitfehlerrate (BER, Bit Error Rate) ein wichtiger Parameter zur Bewertung des Empfangssignals.

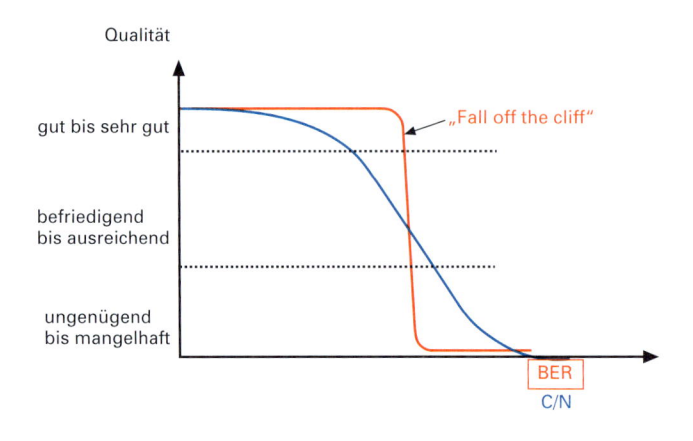

Abb. 14.10
Qualität eines analogen und digitalen TV-Signals in Abhängigkeit von BER (Bit Error Rate, Bitfehlerrate) bzw. vom C/N-Verhältnis (Carrier-Noise, Träger-Rausch-Abstand)

15 Dimensionierung einer Solaranlage für Parallelnetzbetrieb

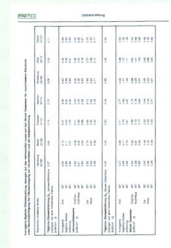

Projektbeschreibung

Für den Netzparallelbetrieb soll eine Solarstromanlage dimensioniert und erstellt werden. Der Generator soll eine Nennleistung von 2,30 kW$_p$ mit einer Toleranz von ± 5 % besitzen und auf einem Haus in Hamburg mit einem Schrägdach von 45° Neigung und direkter Ausrichtung nach Süden montiert werden.

Zu verwenden sind das Solarstrom-Modul Solon Blue 220/03 in der Leistungsklasse 225 W$_p$ sowie der Wechselrichter SMA Sunny Boy 2100 TL.

Die Datenblätter finden Sie in Anlage A 15.1 Solarstrommodul und Anlage A 15.2 Wechselrichter. Anlage A 15.3 zeigt eine Tabelle der korrigierten Globalstrahlung.

Anlagen A 15.1, A 15.2 und A 15.3 auf CD

Aufgaben

15.1 Anzahl der Module ermitteln

Ermitteln Sie die Anzahl der für die genannte Generatorleistung benötigten Module. Berücksichtigen Sie hierbei die Toleranzgrenzen der vorgegebenen Generatorleistung.

> **Lösungshinweis**
> Die Anzahl benötigter Module errechnet sich nach N = geplante Generatorleistung/Nennleistung des vorgesehenen Moduls.

15 Dimensionierung einer Solaranlage für Parallelbetrieb

15.2 Generator anpassen / Wechselrichter prüfen

Führen Sie eine Anpassungsprüfung Generator/Wechselrichter durch, hinsichtlich
a) der Dimensionierung der Ein- und Ausgangsleistungen
b) der Einhaltung der Grenzen der Eingangsspannungen des Wechselrichters durch die Generatorspannungen.

> **Lösungshinweis**
> Durch prozentualen Vergleich der installierten Nennleistung des Generators mit der maximalen Eingangsleistung des Wechselrichters ist die Unterdimensionierung des Wechselrichters in % zu ermitteln. Es ist zusätzlich zu prüfen, inwieweit die maximale und minimale Ausgangsspannung des Generators innerhalb des zulässigen Eingangsspannungsbereichs des Wechselrichters liegen.
> Die höchste Spannung, die der Generator abgeben kann, ist die Leerlaufspannung bei der niedrigsten Temperatur, die im Kenndatenblatt für das Modul angegeben wird. Die niedrigste Spannung des Generators ist die MPP-Spannung, die bei maximaler Temperatur auftritt.
> Mit Hilfe des Temperaturkoeffizienten der Spannung (Moduldatenblatt, siehe Anlage A 15.1) sind diese Werte für −10 °C und +70 °C zu ermitteln.

15.3 Jahresertrag ermitteln

Errechnen Sie unter Beachtung des Standortes und der Aufstellung des Generators den Jahresertrag der Anlage.

> **Lösungshinweis**
> Der Jahresertrag errechnet sich nach der Beziehung
> $$E_{AC} = 365 \text{ Tage} \cdot PR \cdot P \cdot \frac{G_k}{S_{Nenn}} \text{ [kWh]}, \text{ wobei}$$
> PR die **P**erformance **R**atio mit 0,80 angenommen wird,
> P die geforderte Generatornennleistung in kW ist,
> G_k die auf den Standort bezogene korrigierte Globalstrahlung (siehe Anlage A 15.3) und S_{Nenn} die Standardbestrahlung (kW/m²) bedeuten.

15.4 Vergütung ermitteln

Ermitteln Sie unter der Voraussetzung, dass der gesamte erzeugte Solarstrom in das Netz abgegeben wird, die aus dem Jahresertrag resultierende Vergütung für 2008.

Die Vergütung für eine derartige Anlage wurde per Gesetz für das Jahr 2008 mit 46,75 Cent/kWh und für 2009 mit 43,01 Cent/kWh festgeschrieben.

> **Lösungshinweis**
> Die Jahresvergütung wird durch Multiplikation des Jahresertrags mit dem Vergütungssatz errechnet.

Lösungen

15.1 Anzahl der Module ermitteln

Lösungen 15.1

Ermittlung der benötigen Module für den Generator mit 2,30 kW$_p$ Nennleistung:

N = 2300 W$_p$, dividiert durch die Nennleistung des gewählten Moduls Solon Blue 220/03 in der Leistungsklasse 225 W$_p$.
Das ergibt 10,22.
Gewählt werden 10 Module.

Die Nennleistung des Generators ergibt sich aus 10 · 225 W$_p$ = 2250 W$_p$.
Die Toleranzabweichung von der vorgesehenen Generatornennleistung P beträgt 2,22 % und wird akzeptiert.

15.2 Generator anpassen/Wechselrichter prüfen

Lösungen 15.2

a) Die maximale Wechselrichterleistung am Eingang $P_{DC,max}$: 2200 W ist mit der Generatornennleistung P_N: 2250 W$_p$ zu vergleichen. Die Differenz ΔP beläuft sich auf 50 W oder $\Delta P \cdot 100/P_N$ = 2,3 %.

Schlussfolgerung: Der Wechselrichter ist ausreichend dimensioniert.

b) Prüfung auf Einhaltung der Spannungsgrenzen:

Zunächst sind die höchste und niedrigste Spannung zu ermitteln, die der Generator abgeben kann. Dabei ist deren Temperaturabhängigkeit zu berücksichtigen. Die Kenndaten des Moduls sind für 25 °C und der Arbeitsbereich des Moduls laut Kenndatenblatt mit –10 °C bis +70 °C angegeben.
Für diese Grenztemperaturen müssen die Spannungen errechnet werden.
Das betrifft die Leerlaufspannung U_{oc} bei –10 °C und zum andern die Spannung U_{MPP} bei +70 °C.

Der Temperaturkoeffizient der Spannung für das Modul beträgt $-0,35\,\frac{\%}{K}$.

Die Differenzen zu +25 °C betragen dann –35 K bzw. +45 K.

$U_{oc(-10°C)} = 36,6\,V \cdot \left(1 - 35\,K \cdot \left(-0,35\,\frac{\%}{K}\right)\right) = 41,08\,V.$

Der Generator kann im Leerlauf bei –10 °C eine maximale Spannung von 41,08 V · 10 = 410,8 V abgeben.

Für 70 °C errechnet sich die Spannung zu $U_{MPP(+70°C)} = 28,9\,V \cdot \left(1 + 45\,K \cdot \left(-0,35\,\frac{\%}{K}\right)\right) = 24,35\,V.$

Die Generatorspannung beträgt bei 70 °C dann 24,35 · 10 = 243,5 V.

Der Wechselrichter besitzt einen Eingangsspannungsbereich von 125 V bis 600 V.
Die minimale und die maximale Ausgangsspannung des Generators liegen im Eingangsspannungsbereich des Wechselrichters.

15 Dimensionierung einer Solaranlage für Parallelbetrieb

15.3 Jahresertrag ermitteln

Lösungen 15.3

Ermittlung des Jahresertrags

E_{AC} = 365 Tage · PR · P · (G_k/S_{Nenn})
PR wird mit 0,8 angenommen,
P = 2,25 kW

G_k (siehe Anlage A 15.3) beträgt für Hamburg, bei Südorientierung und 45° Neigung
G_k = 2,96 kWh/m² · Tag;
S_{Nenn} = 1 kW/m²

E_{AC} = 365 Tage · 0,8 · 2,25 kW · 2,96 $\frac{kWh}{m^2 \cdot Tag}$ · $\frac{m^2}{kW}$ = 1945 kWh

15.4 Vergütung ermitteln

Lösungen 15.4

Für eine solche Anlage wird 2009 die in das Netz eingespeiste kWh mit 43,01 Cent/kWh vergütet.

Es ergibt sich eine Vergütung von 43,01 $\frac{Cent}{kWh}$ · 1945 kWh = 837 €.

Quellenverzeichnis

Autoren und Verlag bedanken sich bei den nachfolgenden Firmen und Institutionen für die Unterstützung, insbesondere für die Bereitstellung von Bildern.

Allianz Global Corporate & Specialty AG, München, http://azt.allianz.de
AVM Computersysteme Vertriebs GmbH, Berlin, http://www.avm.de
BEHA-AMPROBE GmbH, Glottertal, http://www.amprobe.de
Burt Daten- und Sicherungssysteme GmbH, Bietigheim, http://www.burt.de
Justin Cormack, London, http://en.wikipedia.org/wiki/User:Justinc
Electrolux Hausgeräte Vertriebs GmbH, D-90429 Nürnberg, http://www.aeg-electrolux.de
ELTAKO GmbH, Fellbach, http://www.eltako.de
Europoles GmbH & Co. KG, Neumarkt/Opf., http://www.europoles.de
Fujitsu Siemens Computers GmbH, München, http://www.fujitsu-siemens.de
Gaggenau Hausgeräte GmbH, München, http://www.gaggenau.com
GMC-I Messtechnik GmbH, Nürnberg, http://www.gossenmetrawatt.de
Hager Electro GmbH, Blieskastel, http://www.hager.de
Hörmann KG, Steinhagen, http://www.hoermann.de
JURA Elektroapparate AG, Niederbuchsiten (CH), http://www.juraworld.de
Franz Kaldewei GmbH & Co. KG, Ahlen, http://www.kaldewei.de
Kathrein-Werke KG, Rosenheim, http://www.kathrein.de
KWS-Electronic GmbH, Großkarolinenfeld, http://www.kws-electronic.de
Nabertherm GmbH, Lilienthal, http://www.nabertherm.de
NIEDAX GmbH & Co. KG, Linz/Rhein, http://www.niedax.de
Norddeutscher Rundfunk, Hamburg, http://www.ueberallfernsehen.de
Philips Deutschland GmbH, Hamburg, http://www.philips.de
Phoenix Contact GmbH & Co. KG, Blomberg, http://www.phoenixcontact.de
PMA Prozeß- und Maschinen-Automation GmbH, Marcom, Kassel, http://www.pma-online.de
SAGEM Communication Germany GmbH, Eschborn, http://www.sagem.de
Siemens AG, München, http://www.siemens.de
SMA Solar Technology, Niestetal, http://www.sma.de
SOLON AG für Solartechnik, Berlin, http://www.solonag.de
Somfy GmbH, Rottenburg/Neckar, http://www.somfy.de
TechniSat Digital GmbH, Daun, http://www.technisat.de
WISI Communications GmbH & Co. KG, Niefern-Öschelbronn, http://www.wisi.de

Notizen

Notizen

Notizen

Notizen

Notizen

Notizen

Notizen

Notizen

Notizen

Notizen

Inhalt der CD

Anlagen	Kapitel 1:	Anlage A 1.1	Gebäudegrundriss	1 Seite
		Anlage A 1.2	Verteilerplan Stromkreise 1 bis 5	1 Seite
		Anlage A 1.3	Steuerstromkreis	1 Seite
		Anlage A 1.4	Klemmenbelegungsplan	1 Seite
		Anlage A 1.5	Funktionsplan der Kleinsteuerung	1 Seite
		Anlage A 1.6	Hersteller Datenblatt	1 Seite
	Kapitel 2:	Anlage A 2.1	Grundriss der Maschinenwerkstatt	1 Seite
		Anlage A 2.2	Strombelastbarkeit von Kabeln und Leitungen	1 Seite
	Kapitel 3:	Anlage A 3.1	Grundrissplan der Küche	1 Seite
		Anlage A 3.2	Stromlaufplan	1 Seite
		Anlage A 3.3	Materialliste	1 Seite
		Anlage A 3.4	Anschlussplan	1 Seite
		Anlage A 3.5	Funktionsplan	1 Seite
		Anlage A 3.6	Energieverteiler	1 Seite
		Anlage A 3.7	Belastungstabelle	1 Seite
		Anlage A 3.8	Materialliste	1 Seite
		Anlage A 3.9	Einbruchmeldezentrale L 108	1 Seite
	Kapitel 4:	Anlage A 4.1	Formelzeichen und Indizes	1 Seite
	Kapitel 5:	Anlage A 5.1	Durchzuführende Arbeiten	1 Seite
		Anlage A 5.2	Materialkosten – Kalkulation – Angebotsendpreis	1 Seite
		Anlage A 5.3	Anschreiben an den Kunden	1 Seite
		Anlage A 5.4	Stromlaufplan	1 Seite
		Anlage A 5.5	Funktionsplan der Kleinsteuerungsanlage	1 Seite
	Kapitel 6:	Anlage A 6.1	Blockschaltbild	1 Seite
	Kapitel 8:	Anlage A 8.1	Feuerungsverordnung	1 Seite
	Kapitel 10:	Anlage A 10.1	Benutzerhandbuch Fritz!Box	151 Seiten
		Anlage A 10.2	DSL-Paket	3 Seiten
		Anlage A 10.3	Bausteine der zu planenden Anlage	1 Seite
	Kapitel 11:	Anlage A 11.1	Seite 1 Anschlussbild Logik-Platine	1 Seite
			Seite 2 Anschlussbild Leistungsplatine	1 Seite
			Seite 3 Leistungsprint Jura E50 / E55 / E65 / E75 / AEG	1 Seite
			Seite 4 Bestückungsliste E-Serie Leistungsprint	1 Seite
			Seite 5 Leistungsprint E-Serie	1 Seite
			Seite 6 Leistungsprint E-Serie (Overlay)	1 Seite
			Seite 7 Wasserlaufplan Jura E-Serie	1 Seite
			Seite 8 Wasserlauf-(Fluid-)plan	1 Seite
		Anlage A 11.2	Kostenvoranschlag/Reparaturbericht	1 Seite
		Anlage A 11.3	Rechnung	1 Seite
	Kapitel 12:	Anlage A 12.1	Seite 1 Wohnhaus Schnitt	1 Seite
			Seite 2 Grundriss Dachgeschoss	1 Seite
			Seite 3 Grundriss Obergeschoss	1 Seite
			Seite 4 Grundriss Erdgeschoss	1 Seite
			Seite 5 Grundriss Kellergeschoss	1 Seite
		Anlage A 12.2	Produktkatalog WISI	196 Seiten
		Anlage A 12.3	Seite 1 Pegelberechnungsplan	1 Seite
			Seite 2 Tabelle Nutzpegel	1 Seite
		Anlage A 12.4	Abnahmeprotokoll	6 Seiten
		Anlage A 12.5	Montageanleitung für F-Kompressionsstecker	1 Seite
	Kapitel 14:	Anlage A 14.1	Service-IDs und PIDs bei DVB-T in Baden-Württemberg und Rheinland-Pfalz	1 Seite
		Anlage A 14.2	Wege zum guten DVB-T-Empfang	4 Seiten
		Anlage A 14.3	Produktkatalog TechniSat	196 Seiten
	Kapitel 15:	Anlage A 15.1	Datenblatt Solon Blue 220/03	2 Seiten
		Anlage A 15.2	Technische Daten Wechselrichter SMA Sunny Boy 2100TL	1 Seite
		Anlage A 15.3	Globalstrahlung	1 Seite